"十二五"职业教育国家规划教材
经全国职业教育教材审定委员会审定

微课版

电路分析基础

新世纪高职高专教材编审委员会 组编

主 编 童建华

副主编 樊劲宇 戴 明 郭稳涛

第三版

U0245291

大连理工大学出版社

图书在版编目(CIP)数据

电路分析基础 / 童建华主编. — 3 版. — 大连：
大连理工大学出版社，2018.8(2021.1 重印)
新世纪高职高专电子信息类课程规划教材
ISBN 978-7-5685-1545-0

Ⅰ．①电… Ⅱ．①童… Ⅲ．①电路分析－高等职业教
育－教材 Ⅳ．①TM133

中国版本图书馆 CIP 数据核字(2018)第 130957 号

大连理工大学出版社出版

地址：大连市软件园路 80 号　邮政编码：116023
发行：0411-84708842　邮购：0411-84708943　传真：0411-84701466
E-mail：dutp@dutp.cn　URL：http://dutp.dlut.edu.cn
大连日升彩色印刷有限公司印刷　　大连理工大学出版社发行

幅面尺寸：185mm×260mm　　　印张：19　　　字数：436 千字
2009 年 3 月第 1 版　　　　　　　　　2018 年 8 月第 3 版
2021 年 1 月第 4 次印刷

责任编辑：马　双　　　　　　　　　　责任校对：高智银
封面设计：张　莹

ISBN 978-7-5685-1545-0　　　　　　　　定　价：46.80 元

前　言

　　《电路分析基础》(第三版)是"十二五"职业教育国家规划教材,也是新世纪高职高专教材编审委员会组编的电子信息类课程规划教材之一。

　　本教材是根据教育部高等职业教育电子信息类专业电路分析基础课程教学要求以及该课程教学内容的特点,结合计算机仿真与实际操作实验编写而成的。

　　电路分析基础是电类专业的入门课程,是学好电类专业课的基础。本教材从高等职业教育的特点及要求出发,系统地介绍了电路的基本概念、基本定律和基本分析方法。主要内容包括电路的基本概念和定律;直流电路的分析;正弦交流电路的基本概念;正弦交流电路的分析;互感电路;三相电路;非正弦周期电路;动态电路。

　　本教材的编写目标是适应电路内容的知识更新和课程体系改革的需要,着重介绍经典的电路分析方法,力求做到以应用为目的,以必需、够用为度,讲清概念,结合实际、强化训练,突出适应性、实用性和针对性;在例题和习题的选择方面,适当淡化手工计算的技巧,并根据该课程具有较强的实践性特点,在每一章中都引入计算机辅助分析与仿真测量,同时提供了相关电路的实际操作实验,供学习各章节时选用,以达到理论与实践的结合和"讲、学、做"的统一。全书在内容叙述上,深入浅出、通俗易懂、重点突出、概念清楚。

　　目前,电路分析与仿真软件的应用已经非常普及,本教材各章中都配有计算机仿真内容,作为教学的必要内容来要求。将计算机仿真与电路分析的理论教学相结合有很多好处,传统的课程内容侧重于用数学方法描述和求解电路,而计算机仿真可以在分析结果的可视化方面补充理论分析,能直观地呈现电路的输入、输出波形与电压、电流、功率等数值和参数,有利于对电路性质、电路基本概念和基本定律的理解与掌握。利用计算机仿真还可以接触到更接近于实际元器件的模型,进行虚拟测量与实验等,是培养学生创新能力的重要手段。同时,学生在计算机仿真的基础上,再进行实际操作实验,可以更好地掌握实验的原理与步骤,领会实验的注意事项,降低实验过程中测量仪器仪表的损坏率,并有利于学生增强创新意识、提高实践能力和培养自学能力,有利于学生学以致用、解决实际工作中所遇到的问题。

本教材既可以作为高职高专院校电子信息类和电气类各专业的教材,也可供相关电类工程技术人员参考使用。

书中打 * 号部分为选修内容,属于选修模块,其余是必修的基础模块。本教材的基本教学时间为 96 学时,包括必修和选修的理论知识、电路仿真和实际操作实验,以及机动时间。选修内容可根据各专业需要进行取舍。学时分配方案如下表所示,仅供参考,各院校可根据具体情况在此基础上增减学时。

章节	内 容	参考学时	章节	内 容	参考学时
1	电路的基本概念和定律	8	7	非正弦周期电路	6
2	直流电路的分析	18	8	动态电路	12
3	正弦交流电路的基本概念	8		电路实验指导	12
4	正弦交流电路的分析	16		机动	4
5	互感电路	6		合计学时	96
6	三相电路	6			

本教材由太湖创意职业技术学院童建华任主编,江苏省吴中中等专业学校樊劲宇、无锡商业职业技术学院戴明、湖南机电职业技术学院郭稳涛任副主编,无锡市科学技术普及促进协会唐道济、无锡市松信环境科技有限公司刘兴华参与了教材编写。具体分工如下:戴明编写第 1、3、8 章理论部分,童建华编写第 2、4 章和全部习题,樊劲宇编写第 5~7 章理论部分,郭稳涛负责全书的主要仿真训练项目,唐道济负责全书的主要实践项目,刘兴华负责全书的部分仿真项目与实践项目。全书由童建华统稿与定稿。

在编写本教材的过程中,编者参考、引用和改编了国内外出版物中的相关资料以及网络资源,在此表示深深的谢意! 相关著作权人看到本教材后,请与出版社联系,出版社将按照相关法律的规定支付稿酬。

由于编者水平有限,书中难免存在疏漏与错误之处,恳望使用本教材的广大读者在使用过程中,对书中的错误和不足予以关注,并将意见和建议及时反馈给我们,以便修订时进行完善。

编 者

2018 年 8 月

所有意见和建议请发往:dutpgz@163.com

欢迎访问职教数字化服务平台:http://sve.dutpbook.com

联系电话:0411-84707424 84706671

目　录

目　录

电路的基本概念和定律 第1章

【教学导航】

【教学目标】

➤ 掌握电路的组成；

➤ 掌握电路的基本物理量；

➤ 理解欧姆定律；

➤ 理解电流和电压的参考方向；

➤ 理解电源有载工作、开路与短路的原理；

➤ 掌握负载获得最大功率的条件；

➤ 掌握基尔霍夫定律及其应用。

【教学重点】

➤ 电路的基本概念；

➤ 电路模型；

➤ 电路中的基本物理量；

➤ 欧姆定律；

➤ 基尔霍夫电流定律、基尔霍夫电压定律。

【教学难点】

➤ 电压和电流的参考方向；

➤ 电源和负载的判断；

➤ 基尔霍夫定律的应用。

【参考学时】 6学时

1.1 电路与电路模型

1.1.1 电路

电路，就是电流流通的路径。图1-1(a)是用一个开关控制一个灯泡的实际电路（例如我们最熟悉的手电筒的亮灭控制电路）。图中有电池、灯

拓展:室内家居照明电路

1

泡、开关,还有连接电路元件用的一些电线(导线)。电路中各个组成部分的作用如下:

(1)电池:是产生电能的元件(设备),它是将非电能转换成电能的装置。这里干电池(或蓄电池)将化学能转换成电能,而发电机可以将热能、水能、风能、原子能等转换成电能。它们是电路中能量的源泉,在其内部进行着由非电能到电能的转换。我们把将非电能转换成电能的装置(或设备)称为电源。

(2)灯泡:是消耗电能的元件,它将电能转换成光能和热能,称为负载。负载是将电能转换成非电能的装置。例如,电炉将电能转换成热能,电动机将电能转换成机械能等。负载是电路中的用电器,是取用电能的装置,在它的内部进行着由电能到非电能的转换。

(3)开关:控制元件(或设备),控制电路的接通与断开。

(4)导线:起着连接电路元件和传输电能的作用。

可以看出:电路就是由各种电路元件和设备按一定方式连接起来,能够完成某种功能的整体,它是电流流通的路径。

在实际电路中,应该包含电源、负载和中间环节(除电源和负载以外的其他组成部分)。中间环节是把电源与负载连接起来的部分,起传递和控制电能的作用。在电路分析中,实际电路中的各种元件都是用符号或理想化的模型来表示的。图 1-1(a)所示的实际电路,对应的电路图和电路模型分别如图 1-1(b)和 1-1(c)所示。电路的分析与计算,主要是通过电路模型图来进行的。

图 1-1 实际电路、电路图与电路模型

电路按其功能可分为两大类:其一,把用于电力及一般用电系统中的电路称为电力电路,它主要起电能的传输、转换和分配作用。电力电路就是一个典型的例子:发电机组将其他形式的能量(热能、水的位能、原子能或光能等)转换成电能,经变压器、输电线路传输到各用电部门。对于这一类电路,一般要求在传输和转换过程中尽可能地减少能量损耗以提高效率。其二,在电子技术、电子计算机和非电量电测中广泛应用的信号电路,其主要作用是传递和处理信号(例如音乐、文字、图像、温度、压力等)。在这类电路中,虽然也有能量的传输和转换问题,但是因为其数量很小,不是关注的重点。一般所关注的是信号传递的质量,如要求不失真、准确、灵敏、快速等。因此,在这类电路中,起电源作用的常称为信号源,又称为激励,而把信息的传递与处理电路的输出信号称为响应。

1.1.2 电路图

在电路分析理论中,常常把工程实际中的各种用电设备和电路元件用理想化的电路元件来表示。比如,电阻元件只具有消耗电能的特性,因此就可以将具有这一特性的电灯泡、电炉等器件用电阻元件来代替。

用理想电路元件构成的电路称为电路模型,用特定的符号表示实际电路元件而连接的图形就称为电路图。

一般的理想元件具有两个端钮,称为二端电路元件。图 1-2 是几种理想电路元件模型的一般符号。

(a)理想电压源　(b)理想电流源　(c)电阻元件　(d)电容元件　(e)电感元件　(f)不明性质元件

图 1-2　几种理想电路元件模型的一般符号

根据理想电路元件的模型,图 1-1(a)中的电池(电源 E)可用理想电压源 U_S 和电源内阻 R_0 串联的电路来表示,灯泡(负载)可用理想电阻 R 表示。U_S 给电路提供电能;R_0 和 R 是理想电阻元件,只消耗电能;连接元件的细实线是理想导线,起传输电能的作用。

用图 1-1(c)形式的电路模型来描述的电路称为集总参数电路。这种电路模型中的各元件被认为没有几何尺寸,就像在运动学中研究物体运动时,在一定条件下将某物体看作质点一样。

1.2 电路的基本物理量

在电路中,分析和研究的物理量有很多,但基本物理量是电压、电流和电功率。下面分别对其进行介绍。

1.2.1 电　流

1.电流的形成

在金属导体中存在着大量的带负电荷的自由电子。常态下,这些自由电子在金属内部做无规则的热运动。若在导体两端施加电场,则在电场力的作用下,其内部的自由电子将逆着电场力方向运动而形成电流(电子流),如图 1-3 所示。这种电流称为传导电流。因此,电流是电荷或带电质点做有规则的定向运动形成的。

电流的定义

图 1-3　传导电流的形成

2. 电流的大小

电流的大小用电流强度来表征,简称电流,电流用字母 I 或 i 表示。

在电路分析中,对于物理量符号大小写的一般规定为:大写字母表示该物理量不随时间变化,而小写字母表示该物理量随时间是变化的。

电流的大小

电流强度在数值上等于单位时间内通过导体横截面的电荷量。在图 1-3 中,假设在 Δt 时间内通过导体横截面 S 的电荷量为 Δq,若电流的大小和方向随时间变化,则变化的电流 i 定义为:

$$i = \lim_{\Delta t \to 0} \frac{\Delta q}{\Delta t} = \frac{\mathrm{d}q}{\mathrm{d}t} \tag{1-1}$$

对于大小和方向不随时间变化的恒定直流电流 I,则有 $I = \Delta q / \Delta t =$ 恒量。因此,在 t 时间内通过导体横截面的电荷量为 Q 时,直流电流的大小为:

$$I = \frac{Q}{t} \tag{1-2}$$

3. 电流的单位

在国际单位制中,电流的单位用安培表示,简称安(A)。也可以用毫安(mA)或微安(μA)做单位。

$$1 \ 安(A) = 10^3 \ 毫安(mA) = 10^6 \ 微安(μA)$$

根据电流的定义,由式(1-1)和式(1-2),安培(A)与电荷量单位库仑(C)及时间单位秒(s)的关系为:

$$1 \ 安培(A) = \frac{1 \ 库仑(C)}{1 \ 秒(s)} \tag{1-3}$$

就是说,如果在 1 秒内通过导体横截面的电荷量为 1 库仑,则电流强度为 1 安培。

4. 电流的参考方向

习惯上,电流的正方向规定为正电荷运动的方向。在一些简单电路中,电流就是从电源的正极流出,再从电源的负极流入。但是,在一些比较复杂的电路中,要知道电流的实际方向是比较困难的,因此在分析该电路之前,需要预先假设各支路中的电流方向,然后根据这个假设的参考方向来分析电路,最后由分析结果的正负值来确定实际的电流方向。

电流的方向

电流的参考方向可以任意假设,用箭头来标定。若电流的实际方向与参考方向相同,则电流为正值;若电流的实际方向与参考方向相反,则电流为负值。

5. 电流的分类

电流可能随时间按不同的规律变化,也可以无规律变化,如图 1-4 所示。

通常,将大小和方向随时间变化的电流称为交流电流,简称交流(AC 或 ac),用小写字母 i 表示;将大小和方向都不随时间改变的电流称为恒定直流电流,简称直流(DC 或 dc),用大写字母 I 表示。而把方向不随时间改变,但大小随时间变化的电流称为脉动直流电流。图 1-4(a)是按正弦规律变化的电流,称为正弦交流电流;图 1-4(b)是无规律变化交流电流;图 1-4(c)是恒定不变的电流,称为恒定直流电流;图 1-4(d)称为脉动直流电流。

(a)正弦交流电流　　(b)无规律变化交流电流　　(c)恒定直流电流　　(d)脉动直流电流

图1-4　交流电流和直流电流

1.2.2　电　压

1.电压

要使电源外部电路中的电荷运动形成电流,那么电荷上就必须有电场力的作用。如图1-5所示。假设电源的 A 极板带正电荷,B 极板带负电荷,在两极板间形成电场,其方向由 A 指向 B。当用导线将负载与电源的正、负极板相连形成一个闭合电路时,正电荷将在电场力作用下由正极板 A 经过导线和负载向负极板 B(实际上是自由电子由负极板 B 经导线和负载向正极板 A)运动而形成电流,这时电场力对正电荷做功,我们把电场力做功的这种本领用电压来衡量。

图1-5　电压和电动势

A、B 两点间的电压用 u_{AB} 表示,在数值上等于电场力将单位正电荷由 A 点经外电路移动到 B 点所做的功。如果电场力移动的电荷为 dq,所做的功即 dw,那么 A、B 两点间的电压 u_{AB} 为:

$$u_{AB} = \frac{dw}{dq} \tag{1-4}$$

对于大小和方向均不随时间变化的直流电压,即有:

$$U_{AB} = \frac{W}{Q} \tag{1-5}$$

在国际单位制(SI)中,电压的单位为伏特,简称伏(V),根据电压的定义,由式(1-4)和式(1-5),伏特(V)与电能单位焦耳(J)和电荷量单位库仑(C)的关系为:

$$1 伏特(V) = \frac{1 焦耳(J)}{1 库仑(C)} \tag{1-6}$$

式(1-6)的含义是:电场力将1库仑的正电荷从 A 移动到 B 做了1焦耳的功,则 A、B 间的电压为1伏特。在理论计算和工程实际中,较大的电压用千伏(kV)做单位,如高压供电系统;较小的电压用毫伏(mV)或微伏(μV)做单位,如在电子电路中。

$$1 千伏(kV) = 10^3 伏(V)$$
$$1 伏(V) = 10^3 毫伏(mV) = 10^6 微伏(μV)$$

对外电路而言,电压的方向规定为正电荷的运动方向。如图1-5所示,正电荷经负载由 A 点向 B 点运动,若用箭头表示 A、B 间的电压方向,则箭头由 A 指向 B;若用"+、－"表示,则 A 为"+",B 为"－",A、B 间的电压用 U_{AB} 表示。

如果两点间的电压大小随时间发生变化,则为交流电压,用小写字母 u 表示。如果两点间的电压大小不随时间变化,则为直流电压,用大写字母 U 表示,这种不变的电压也称恒定电压。

2. 电位

在电子电路和电气设备的调试和检修中,经常要测量各点的电位。电位是衡量电路中各点所具有的电位能大小的物理量。电位在数值上被定义为:电场力将单位正电荷从给定点移动到参考点(又称零电位点或接地点)所做的功。在电路分析中用小写字母 $v(t)$ 或 v 表示变化的电位,用大写字母 V 表示恒定电位。

电位的测试

电位与电压之间的关系可表述为:电路中某点 A 的电位,等于该点 A 与参考点"⊥"之间的电压;电路中两点 A、B 之间的电位,等于这两点之间的电位差。若设参考点"⊥"为 O 点,有 $V_O = 0$ V,即电压与电位的关系为:

$$U_{AB} = V_A - V_B \tag{1-7}$$

$$V_A = U_{AO}, \quad U_{AO} = V_A - V_O = V_A - 0 = V_A \tag{1-8}$$

电路中某点的电位的大小与参考点的选择有关,而电路中两点之间的电压则与参考点的选择无关。

由于电路中两点间的电压等于该两点间的电位差,所以电压也称为电位差。电压与电位都是以电场力移动正电荷做功来定义的,所以,电位的单位与电压的单位相同。

3. 电动势

电动势是对电源而言的,在图1-5所示的电路中,为了维持导线中的电流,必须使电源的 A、B 两极板间保持一定的电压,这就要借助非电场力使移动到 B 极板的正电荷经过另一路径回到 A 极板。

电动势定义为:非电场力将单位正电荷从电源负极移动到正极所做的功。因此,电动势 E 与电压 U 在表示形式上相同,但应该注意的是:E 是对电源内部而言的,而 U 则是对电源以外的电路而言的。

电动势的真实方向规定为在电源内部正电荷运动的方向。电动势的单位与电压的单位相同。

1.2.3 电功率

1. 电功率

电功率、电能的测量

如果在 dt 时间内,正电荷 dq 在电场力作用下,经外电路从 A 点移动到 B 点所做的功为 dw,则把在单位时间内电场力所做的功记为 p,称为电功率。因此,电功率是描述电场力做功速率的一个物理量,即

$$p = \frac{dw}{dt} \tag{1-9}$$

根据电流和电压的定义,则有

$$p(t) = \frac{dw(t)}{dt} = \frac{dw(t)}{dq(t)} \frac{dq(t)}{dt} = u(t)i(t) \tag{1-10}$$

对于直流电路,将电功率记为 P,则

$$P = UI \tag{1-11}$$

在国际单位制(SI)中,功率的单位是瓦特,简称瓦(W),即

$$1 \text{ 瓦特(W)} = 1 \text{ 伏特(V)} \times 1 \text{ 安培(A)} = \frac{1 \text{ 焦耳(J)}}{1 \text{ 库仑(C)}} \times \frac{1 \text{ 库仑(C)}}{1 \text{ 秒(s)}} = \frac{1 \text{ 焦耳(J)}}{1 \text{ 秒(s)}} \quad (1\text{-}12)$$

式(1-12)表明,当电路中流过的电流为 1 A,电路两端的电压为 1 V 时,该电路的电功率为 1 W。

对于大功率,采用千瓦(kW)或兆瓦(MW)做单位;对于小功率,采用毫瓦(mW)或微瓦(μW)做单位。

$$1 \text{ MW} = 10^3 \text{ kW}$$
$$1 \text{ kW} = 10^3 \text{ W}$$
$$1 \text{ W} = 10^3 \text{ mW}$$
$$1 \text{ mW} = 10^3 \text{ } \mu\text{W}$$

2. 电能

在 dt 时间内,电场力移动正电荷所做的功 dw 称为电场能,简称电能,它与电功率的关系为

$$dw = p\,dt \quad (1\text{-}13)$$

对于直流电路,电功率不随时间变化,P 为恒定值,则在 t 时间内所消耗的电能 W 为

$$W = Pt \quad (1\text{-}14)$$

在国际单位制(SI)中,电能的单位为焦耳,简称焦(J),即

$$1 \text{ 焦耳(J)} = 1 \text{ 瓦特(W)} \times 1 \text{ 秒(s)} \quad (1\text{-}15)$$

日常生活中常用"度"来衡量所使用电能的多少。即如果功率为 1 kW 的设备用电 1 小时,则其所消耗的电能为 1 度,即

$$1 \text{ 度} = 1 \text{ 千瓦} \times 1 \text{ 小时} = 1000 \text{ 瓦} \times 3600 \text{ 秒} = 3.6 \times 10^6 \text{ 焦耳} \quad (1\text{-}16)$$

在国际单位制(SI)中,电磁学采用四个基本单位:长度单位米(m)、质量单位千克(kg)、时间单位秒(s)和电流单位安培(A)。

除了 SI 单位之外,可以根据实际情况,在需要使用较大单位和较小单位时在 SI 单位前加词头,例如大的长度单位用千米(km)表示,小的长度单位用毫米(mm)表示等。常用的词头见表 1-1,以后讨论电路物理量的单位时,均按国际单位制执行。

表 1-1　　　　　　　　　　　　　SI 单位常用词头

词头	代号		因数	词头	代号		因数
	中文	英文			中文	英文	
兆(mega)	兆	M	10^6	厘(centi)	厘	c	10^{-2}
千(kilo)	千	k	10^3	毫(milli)	毫	m	10^{-3}
百(hecto)	百	h	10^2	微(micro)	微	μ	10^{-6}
十(deca)	十	Da	10	皮(pico)	皮	p	10^{-12}

1.3 欧姆定律

1.3.1 欧姆定律的表达式

在金属导体中,自由电子受电场力作用做定向运动,电子、原子及阳离子会发生碰撞,使电子的运动受到阻碍。

对于任何元件,加在元件上的电压和流过元件的电流总存在一定的函数关系。德国科学家欧姆在 1826 年通过科学实验总结出了二端耗能元件(如电炉、白炽灯)上的电压 u 与电流 i 成正比的电路规律,即

$$u = Ri \tag{1-17}$$

对于直流电路,电流与电压均为恒定值,则欧姆定律的表达式为

$$U = RI \tag{1-18}$$

式中 R 是比例常数,图 1-6 是欧姆定律的典型电路。需要注意的是,式(1-17)是在电压 u 与电流 i 为关联正方向的情况下得到的,如果 R 上的电压与电流方向相反,则欧姆定律的前面应加上"$-$"号,即 $U = -RI$。

式(1-17)中的比例常数 R 就是用来表征导体对电流起阻碍作用的电路参数,称为电阻。具有电阻性质的二端元件称为电阻元件,简称电阻。电阻的 SI 单位是欧姆,简称欧,国际标准符号为 Ω。

图 1-6 欧姆定律的典型电路

$$1\ \Omega = \frac{1\ V}{1\ A}$$

上式说明:当电阻元件上的电压为 1 V,通过的电流为 1 A 时,该电阻元件的电阻值等于 1 Ω。对于大电阻常用千欧(kΩ)或兆欧(MΩ)做单位,小电阻用毫欧(mΩ)做单位。

$$1\ M\Omega = 10^3\ k\Omega = 10^6\ \Omega$$

$$1\ \Omega = 10^3\ m\Omega$$

欧姆定律说明:当电流流过电阻时,必然导致电压的下降,减少量称为电压降。对同样大小的电流,电阻越大,电压降越大。

式(1-18)可改写为

$$I = \frac{U}{R} \tag{1-19}$$

式(1-19)说明:流过电阻的电流与加在电阻上的电压成正比,与电阻的阻值成反比。把上式中电阻的倒数称作电导,电导是表征电阻元件导电能力强弱的电路参数,用符号 G 表示,即

$$G = \frac{1}{R} \tag{1-20}$$

电导的 SI 单位是西门子,简称西,用符号 S 表示。

因此,欧姆定律也可以表示为

$$I = \frac{U}{R} = GU \tag{1-21}$$

1.3.2 电流和电压的参考方向

从前面的讨论已经知道,关于电流和电压的方向,都有实际方向和参考方向之分。电流的实际方向规定为正电荷的运动方向,电压的实际方向规定为电位降落(高电位到低电位)的方向。而参考方向是在进行电路分析时,特别是分析复杂电路时,人为预先假设的电流或电压的正方向,两者应加以区别。

所谓电路分析,就是通过分析电路的连接关系,利用各元件上的电流与电压的关系(大小与方向的关系),计算出各元件上的电流或电压,再去计算其他的物理量。但是,在分析复杂电路之前,有些元件上的电流或电压的实际方向很难判定,只有通过分析计算才能知道。因此,在分析计算之前,对电流、电压先假设一个正方向,这个方向称为参考方向。

参考方向是为了便于对电路进行分析计算而预先假设的方向,不一定与实际方向一致。只有当依据参考方向而计算的电流或电压的结果为正时,实际方向才与其参考方向一致;反之,计算结果为负时,表示实际方向与其参考方向相反。因此,也只有在参考方向选定之后,电流或电压的值才有正负之分。

对于一段电路,如图 1-7(a)所示,若假设电流 i 的参考方向是由 a 流向 b,电压 u 的参考方向是 a 为"+"极性端,b 为"−"极性端,则把这段电路上电流、电压的参考方向称为关联参考方向。否则,如图 1-7(b)所示的电流、电压参考方向,称为非关联参考方向。在电路分析中,明确一段电路上的电流、电压参考方向是否关联是非常重要的。

图 1-7　电压和电流的参考方向

参考方向原则上是任意选取的。但是习惯上,对于无源元件(如电阻、电容等)通常取电压、电流为关联参考方向;而对于电源(如干电池、发电机等)通常取电压、电流为非关联参考方向。后续章节中若无特殊说明,就认为电路图中所标的电流、电压方向均为关联参考方向。

注意,u、i 参考方向一经确定,计算过程中不得随意改变,否则会造成计算错误。

下面介绍电源与负载的相关内容。

(1)u、i 方向与功率 p 的关系

①u、i 取关联参考方向时,如图 1-7(a)所示:$p=ui$。

②u、i 取非关联参考方向时,如图 1-7(b)所示:$p=-ui$。

在 u、i 取关联参考方向时,若 $p>0$,则该元件吸收功率;若 $p<0$,则该元件发出功率。

对于直流电路,电压与电流均为恒定值,则功率也为恒定值,用大写字母 P 表示。若电压、电流为关联参考方向,则等式的右边取正号,$P=UI$,否则取负号,即 $P=-UI$。

(2)电源与负载的判别方法

①电源:U、I 实际方向相反,$P<0$,发出功率;

②负载:U、I 实际方向相同,$P>0$,吸收功率。

1.3.3 电阻元件

电阻的定义

1. 电阻元件的伏安关系

在电路分析中,常用元件上的电压 u 与电流 i 的函数关系来描述元件的特性,这一关系称为伏安特性或伏安关系,用 VAR 表示。

对于电阻元件,如果其阻值大小与所加的电压大小和流过的电流大小无关,其伏安特性必然符合欧姆定律,在 u-i 坐标平面中为一条直线,这种电阻称为线性电阻。线性电阻的伏安特性曲线如图 1-8 所示。图中直线的斜率就等于电阻值,即

$$\tan\alpha = R = \frac{u(t)}{i(t)} \tag{1-22}$$

当然,也可以用式(1-21)来描述电阻上电流与电压之间的关系,其关系曲线如图 1-9 所示。图中直线的斜率等于电导值,即

$$\tan\theta = G = \frac{i(t)}{u(t)} \tag{1-23}$$

在实际中,有一些电阻元件的伏安特性曲线不是线性的,如图 1-10 所示的二极管伏安特性曲线就是非线性的,其电压与电流的比值是变化的,这种元件的电阻值是电压或电流的函数,称为非线性电阻。但是,在电压或电流的一定范围内,电压变化量与电流变化量的比值近似为常数(如图中的 ab 段)。因此,可在该范围内把非线性电阻用线性电阻来代替,使问题的分析得以简化。非线性电阻的这一替代方法称为非线性电阻的局部线性化法,是电子电路分析中一种非常重要的方法。

图 1-8 用 R 表示的 VAR

图 1-9 用 G 表示的 VAR

图 1-10 二极管伏安特性曲线

2. 金属导体的电阻

欧姆通过实验还指出:对于均匀截面的金属导体,其电阻与导体的长度成正比,与导体的横截面积成反比,另外还与材料的导电能力(电阻率或电导率)有关,即

$$R = \rho\frac{l}{S} \tag{1-24}$$

式中,l 是导体长度,单位为米(m);S 是导体横截面积,单位为平方米(m^2);ρ 是导体的电阻率,单位为欧·米($\Omega \cdot m$),也可用 $\Omega \cdot mm^2/m$(面积单位用 mm^2)。

电阻率的倒数称作电导率,用符号 γ 表示,单位为西门子每米(S/m),即

$$\gamma = \frac{1}{\rho} \tag{1-25}$$

不同的材料有不同的电阻率,表 1-2 列出了常用电工材料在 20 ℃时的电阻率及其温度系数。由表 1-2 可知,银的电阻率最小,是最好的导电材料,铜次之,再次为铝。由于银

10

的储量很少,价格昂贵,所以其作为导体仅用在特殊的地方,如某些开关接触器的触点和某些半导体元件的引线等。在输配电系统中,大量使用的导电材料是铜和铝,电子线路中使用的导电材料是铜,在一些特殊的高频电子设备中还使用镀银导线。

表 1-2 常用电工材料的电阻率及其温度系数

材料	电阻率 $\rho(\Omega \cdot \text{mm}^2/\text{m})$ (20 ℃)	电阻率温度系数 $\alpha(℃^{-1})$ (20 ℃)
银	0.0159	0.00380
铜	0.0175	0.00393
铝	0.0283	0.00410
铁	0.0978	0.0050
钨	0.0578	0.0051
康铜	0.48	0.000008
锰铜	0.47	0.000003
黄铜	0.07	0.002
镍铬合金	1.09	0.00016
铁铬合金	1.26	0.00028

3. 温度对电阻的影响

金属导体的电阻率 ρ 与温度有关,一般金属材料的电阻率 ρ 随着温度的升高而增加。因为当温度升高时,原子和阳离子在原地的振动以及自由电子不规则的热运动加剧,它们对在电场力作用下运动电荷的阻碍也相应地增加。

设温度(℃)为 t_1 时电阻率为 ρ_1,温度为 t_2 时电阻率为 ρ_2,则电阻率的变化 $\Delta\rho$ 与温度的变化 Δt 关系为

$$\Delta\rho = \alpha\rho_1\Delta t \tag{1-26}$$

式中,$\Delta\rho = \rho_2 - \rho_1$,$\Delta t = t_2 - t_1$;$\alpha$ 为电阻率的温度系数,单位为 ℃$^{-1}$。

设温度为 t_1 时电阻为 R_1,温度为 t_2 时电阻为 R_2,根据电阻率与温度的关系,很容易导出电阻与温度的关系式为

$$\Delta R = \alpha R_1 \Delta t$$
$$R_2 = R_1[1 + \alpha(t_2 - t_1)] \tag{1-27}$$

式中,$\Delta R = R_2 - R_1$,$\Delta t = t_2 - t_1$。

1.4 电源有载工作、开路与短路

1.4.1 电源有载工作

在实际中分析与应用的电路是含有电源的闭合电路。如图 1-11 所示是一个简单的电源有载工作电路,其中电源电压为 U_S,电源内阻为 R_0,负载电阻为 R_L。下面以这个最简单的有源闭合电路为例,说明电源有载工作电路的常规分析方法。

（1）电流的大小由负载决定。开关闭合时，应用欧姆定律得到电路中的电流

$$I = \frac{U_S}{R_0 + R_L} \tag{1-28}$$

负载端电压

$$U = IR_L \text{ 或 } U = U_S - IR_0 \tag{1-29}$$

（2）电源外特性。式(1-29)表示：电源端电压(U)小于电源电压(U_S)，两者之差等于电流在电源内阻上产生的电压降(IR_0)。电流越大，则端电压下降得越多。

表示电源端电压 U 和输出电流 I 之间关系的曲线，称为电源的外特性曲线，如图1-12所示，曲线的斜率与电源的内阻 R_0 有关，电源的内阻一般很小，当 $R_0 \ll R_L$ 时，$U \approx U_S$，表明当负载变化时，电源的端电压变化不大，即带负载能力强。

图 1-11　电源有载工作电路

图 1-12　电源外特性曲线

1.4.2　电源开路与短路

1.电源开路

在图 1-13 中，当开关 S 断开时，就称为电路处于开路状态。

开路时，电源没有带负载，所以又称电源空载状态。电源开路，相当于电源的负载为无穷大，因此电路中电流为零。无电流，则电源内阻没有电压降损耗，电源的端电压等于电源电动势，电源也不输出电能。

电源开路时的电路特征为：① $I=0$；② $U=U_S$。

2.电源短路

在图 1-14 中，当电源的两端由于某种原因被电阻值接近为零的导体连接在一起时，电源处于短路状态。

图 1-13　电源开路

图 1-14　电源短路

电源处于短路状态,外电阻可视为零,电源端电压也为零,电流不经过负载,电流回路中仅有很小的电源内阻 R_0,因此回路中的电流很大,这个电流称为短路电流,用 I_{SC} 表示。

电源短路时的电路特征为:① $U = 0$;② $I = I_{SC} = U_S / R_0$。

电源处于短路状态时,将产生很大的短路电流,其危害性是很大的,会使电源或其他电气设备因严重发热而烧毁,因此应该通过在电路中增加安全保护措施来预防短路带来的危害。产生短路的原因往往是绝缘物质损坏或接线不慎,因此在实际工作中要经常检查电气设备和线路的绝缘情况。此外,在电源一侧应接入熔断器和自动断路器,当发生短路时,能迅速切断电源从而防止电气设备的进一步损坏。

1.4.3 负载获得最大功率的条件

在实际电路中,许多电子设备所用的电源,其内部结构都相当复杂,但向外供电时皆引出两端与负载相连,所以可将它们看作一有源二端网络。一般地,所接电路负载不同,向负载输出的功率就不同。那么,在什么条件下负载可以获得最大功率呢?

负载在任意线性电路中与其他部分的关系可用图 1-15 的等效电路来表示。其中 R_L 为负载电阻。

负载所获得的功率为

$$P_L = I^2 R_L = \left(\frac{U_S}{R_0 + R_L}\right)^2 R_L = \frac{U_S^2}{R_0^2 + 2R_0 R_L + R_L^2} R_L$$

$$= \frac{U_S^2}{(R_0^2 - 2R_0 R_L + R_L^2) + 4R_0 R_L} R_L$$

$$= \frac{U_S^2}{(R_0 - R_L)^2 + 4R_0 R_L} R_L = \frac{U_S^2}{(R_0 - R_L)^2 / R_L + 4R_0} \tag{1-30}$$

图 1-15 等效电路

根据式(1-30)可知,当 $R_L = R_0$ 时,分母中的 $(R_0 - R_L)^2 / R_L$ 项为 0,此时负载将获得最大功率值。这被称为最大功率传输定理。

通常称 $R_L = R_0$ 为最大功率匹配条件,此时负载 R_L 获得的最大功率为

$$P_{Lmax} = \frac{U_S^2}{4R_0} \tag{1-31}$$

如图 1-16 所示为负载获得的功率与负载大小之间的关系曲线。当 $R_L = 0$ 或 $R_L = \infty$ 时,式(1-30)中的分母项均为 ∞,则 $P_L = 0$;当 $R_L \neq R_0$ 时,无论 R_L 是大于还是小于 R_0,$(R_0 - R_L)^2 / R_L$ 项都不为 0,负载获得的功率值都要小于 P_{Lmax},此时负载的功率计算式为

$$P_L = I^2 R_L = \left(\frac{U_S}{R_0 + R_L}\right)^2 R_L \tag{1-32}$$

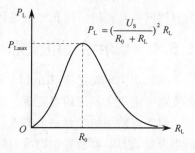

图 1-16 功率随负载变化的曲线图

在工程上,把获得最大功率传输的条件称为阻抗匹配。阻抗匹配的概念在实际中较为常见,如在有线电视接收系统中,由于同轴电缆的传输阻抗为 75 Ω,为了保证阻抗匹配以获得最大功率传输,就要求电视接收机的输入阻抗也为 75 Ω。有时候很难保证负载电阻与电源内阻相

等，为了实现阻抗匹配就必须进行阻抗变换，常用的阻抗变换器有变压器、射极输出器等。

【例 1-1】 电路如图 1-17 所示，试求：(1)$R_L = 6\ \Omega$ 时所获得的功率是多少？(2)R_L 为何值时能获得最大功率，此时的功率值又是多少？

解：(1)当 $R_L = 6\ \Omega$ 时

$$P_L = I^2 R_L = \left(\frac{4}{2+6}\right)^2 \times 6 = 1.5\ \text{W}$$

(2)当 $R_L = 2\ \Omega$ 时，负载可获得最大功率。最大功率为

$$P_{L\max} = \frac{4^2}{4 \times 2} = 2\ \text{W}$$

图 1-17　【例 1-1】电路

1.5　基尔霍夫定律

德国物理学家基尔霍夫(G. R. Kirchhoff)在 1874 年首先阐明了复杂电路中电流与电压关系的两条定律。下面是基尔霍夫定律中涉及的几个基本概念。

基尔霍夫定律中电流电压的测试

支路：电路中流过同一电流的一段电路称为支路。如图 1-18 所示电路，R_1 和 U_{S1} 构成的 AIH 一段电路流过的是同一电流，为一条支路；B、C 之间是一个电阻 R_3，也是一条支路；G、F 之间是一条导线，从广义上讲也是一条支路(本教材中不涉及广义支路)，但是可认为 G、F 之间导线的阻值为 0，因此可将 G、F 看成同一个连接点，而不是一条支路。

节点：电路中三条或三条以上支路的公共连接点称为节点。如图 1-18 所示电路中，B、C、F 和 G 均为节点。

回路：电路中任一闭合路径称为回路。如图 1-18 所示，图中 $ABJGHIA$、$BCFGJB$、$ABCDEFGHIA$ 等都是回路。

图 1-18　支路、节点、回路与网孔

网孔：在一个平面电路中，若某回路内部不包含其他回路的支路，则称该回路为网孔。在图 1-18 所示电路中，$ABJGHIA$、$BCFGJB$ 和 $CDEFC$ 是该电路仅有的三个网孔(或称为自然网孔)。显然，网孔一定是回路，但回路不一定是网孔。

1.5.1　基尔霍夫电流定律(KCL)

基尔霍夫电流定律(Kirchhoff's Current Law，KCL)描述的是与同一节点相连接的各支路中电流之间的约束关系。因此，该定律也称为节点电流定律。

对于电路中的任意一个节点，单位时间内流入该节点的电荷量必然等于流出该节点的电荷量，否则，就会发生电荷的"堆积"，这在集总参数电路中是不可能的，这就是电流的连续性原理。KCL 正是对这一原理的具体表述。

基尔霍夫电流定律：对于集总参数电路，在任一时刻，流入某一节点的电流之和等于流出该节点的电流之和。即

$$\sum I_入 = \sum I_出 \qquad 或 \qquad \sum i_入 = \sum i_出 \qquad\qquad (1\text{-}33)$$

KCL 也可以表述为：对集总参数电路中任意一个节点，在任意时刻流入或流出该节点电流的代数和恒等于零。即

$$\sum I = 0 \qquad 或 \qquad \sum i = 0 \qquad\qquad (1\text{-}34)$$

对于式(1-34)，习惯上规定流入节点的电流为正，流出节点的电流为负。当然反之也成立。

例如图 1-19 所示的各支路连接关系：I_1、I_4 是流入节点 A 的电流，I_2、I_3、I_5 是流出节点 A 的电流，根据基尔霍夫电流定律可得：

$$I_1 + I_4 = I_2 + I_3 + I_5$$

上式也可以改写为：

$$I_1 + I_4 - I_2 - I_3 - I_5 = 0$$

或

$$-I_1 - I_4 + I_2 + I_3 + I_5 = 0$$

图 1-19 节点

KCL 也可推广到更广义的范围，如图 1-20 所示的电路中共有 4 个节点，6 条支路，设各支路的电流参考方向如图所示，根据 KCL：

对节点 A $\qquad\qquad I_1 - I_4 + I_6 = 0$

对节点 B $\qquad\qquad I_2 + I_5 - I_6 = 0$

对节点 C $\qquad\qquad I_3 + I_4 - I_5 = 0$

将以上三式相加可得

$$I_1 + I_2 + I_3 = 0$$

此式表明，对任意的封闭面 S（广义节点或虚拟节点），流入（或流出）封闭面的电流代数和等于零，如图中的虚线框（广义节点）所示。

【例 1-2】 已知电路如图 1-21 所示，求 I_1、I_2、I_3 和 I。

图 1-20 KCL 的推广应用

图 1-21 【例 1-2】电路

解：根据 KCL 有

$$I_1 = 6 + 12 = 18 \text{ A}$$

$$I_2 = I_1 - 15 = 18 - 15 = 3 \text{ A}$$

$$I_3 = I_2 - 5 - 12 = 3 - 5 - 12 = -14 \text{ A}$$

$$I = I_3 + 15 = -14 + 15 = 1 \text{ A}$$

本例中，如果仅要求求电流 I，则利用广义节点的概念，将图中虚线圆圈看作一个广

义节点,可以立即得到电流 $I = 6 - 5 = 1$ A,非常简单。

说明:

(1)KCL 与电路元件的性质无关;

(2)对于电路中任意节点,可列出 KCL 方程求得未知电流;

(3)KCL 可以推广到电路中任意封闭面。

1.5.2　基尔霍夫电压定律(KVL)

基尔霍夫电压定律(Kirchhoff's Voltage Law,KVL)描述的是任一回路中各个元件(或各段电路)上电压之间的约束关系。因此,该定律也称为回路电压定律。

基尔霍夫电压定律:对于集总参数电路,在任一时刻任一回路中,沿该回路全部支路电压的代数和等于零,即

$$\sum u = 0 \tag{1-35}$$

【例 1-3】　列出图 1-22 所示电路的 KVL 方程。

解:先在电路中标定各元件的电压参考方向或电流参考方向,电阻元件上的电压方向取电流的关联正方向(即取 U 与 I 方向一致),然后选择回路绕行方向,最后列写 KVL 方程:$-U_S + U + IR_S = 0$。

图 1-22　【例 1-3】电路

KVL 说明了电路中各段电压(电位差)之间的关系。当电路中的参考点(零电位点)选定后,电路中各点的电位就只有一个值,这就是电位的单值性。因而,从回路中某一点开始绕行一周后回到起始点,总电位的变化为零。也就是说,在任一闭合回路内沿任一方向绕行一周后,各段电压的代数和为零。

说明:

(1)KVL 与电路元件的性质无关;

(2)使用 KVL 的方法:先标定各支路(或元件)上的电流或电压参考方向,再选定回路绕行方向,最后列出 KVL 方程。通常,电路中的 R 元件上电压与电流的参考方向取关联正方向,电源的电压由本身的正负极性来确定。

(3)KVL 可推广至假想回路。如图 1-23 所示电路不是闭合的回路,但同样可根据 KVL 列出方程:$-U_S + U + IR_S = 0$ 或 $U_S = U + IR_S$。

图 1-23　不闭合的回路

【仿真训练】

电路分析是研究电路的基本规律和计算方法的工程学科。电路仿真分析的任务是利用计算机仿真软件,对电路的基本规律和计算方法进行仿真分析,对已知其电路结构和元件参数的各类电路的特性进行仿真分析。本书所用的电路仿真软件为美国国家仪器有限公司(National Instruments)的 Multisim 10.0,该仿真软件具有界面直观、功能强大、操作方便和易学易用等特点,在电路分析和模拟电子电路、数字电子电路、模拟数字混合电路、

射频电路、继电逻辑控制电路、PLC 控制电路等电路的仿真与设计中得到了广泛应用,尤其适用于对复杂电路系统的分析和设计,因而 Multisim 10.0 仿真软件受到电类专业的师生与工程技术人员的青睐。

本节主要介绍利用 Multisim 10.0 仿真软件对电路的基本规律进行仿真分析。电路的基本规律包括两类:一类是由元件本身的性质所造成的约束关系,即元件约束,不同的元件要满足各自的伏安特性,欧姆定律就体现了电阻元件的这种约束关系;另一类是由电路拓扑结构所造成的约束关系,即结构约束。结构约束取决于电路元件间的连接方式,即电路元件之间的互连必然使各支路电流或电压存在联系或约束。基尔霍夫定律就体现了这种约束关系。

仿真训练 1   欧姆定律仿真

一、仿真目的
(1)学习使用 Multisim 软件;

(2)加深对线性电阻元件的理解;

(3)通过仿真验证欧姆定律。

二、仿真原理
线性电阻元件两端的电压与流过的电流成正比,比例常数就是这个电阻元件的电阻值。欧姆定律确定了线性电阻两端的电压和流过电阻的电流之间的关系,其数学表达式为:$U=RI$。式中的 R 为电阻的阻值(Ω),I 为流过电阻的电流(A),U 为电阻两端的电压(V)。

三、仿真设备
带 Multisim 软件的计算机 1 台。

四、仿真内容和步骤
1. 仿真内容

利用计算机的电路仿真软件,测试如图 1-24 所示电路中的电流的大小。电路中的电源电压为 10 V,电阻 R_1 在图(a)和图(b)中分别为 10 Ω 和 1 kΩ。

2. 仿真步骤

(1)在 Multisim 10.0 软件窗口中创建如图 1-24 所示的电路。Multisim 10.0 的元件库中有数千种电路元器件可供选用。其中电阻、连接点在基本元件库(Basic),直流电压源、接地符号在电源库(Power Source Components)。连接好电路后按电路图中的要求设置电阻和电源数值(双击电路元件可在弹出的面板中设置其参数)。从测量器件库(Measurement Components)中取出电流表和电压表(说明:图中 U_1 和 U_2 是仿真软件中电表的标号),将电流表 U_1 串接在电路中,将电压表 U_2 并接在电路中(注意电流表与电压表图标的正、负极性)。另外要注意的是,软件分析中必须有一个接地点。

(2)创建电路完成后,按下仿真"运行/停止"开关(Simulation Switch),启动仿真。仿真结果如图 1-24 中电压表和电流表读数所示。

(3)在关闭仿真"运行/停止"开关后双击电阻元件,按表 1-3 中的电阻值设置其参数,

图 1-24　欧姆定律仿真电路

重复步骤(2)和(3),将仿真数据填入表 1-3。

表 1-3　　　　　　　　　　欧姆定律仿真数据记录表

R /Ω	100	200	500	1 k	2 k	5 k
测量值 I /mA						
测量值 U /V						

(4)将仿真结果与理论计算值做对比,验证欧姆定律并绘制伏安特性曲线。

五、思考题

在测量电路中的电压与电流时,电压表与电流表的接法有什么要求?为什么?

仿真训练 2　基尔霍夫定律仿真

一、仿真目的

(1)通过仿真,验证基尔霍夫定律(KCL、KVL);

(2)加深对参考方向的理解。

二、仿真原理

(1)基尔霍夫电流定律(简称 KCL)内容为:在任意时刻,对于集总参数电路的任意节点,流出或流入某节点电流的代数和恒为零($\sum I = 0$)。

(2)基尔霍夫电压定律(简称 KVL)内容为:在任意时刻,对于集总参数电路的任意回路,某回路上所有支路电压的代数和恒为零($\sum U = 0$)。

(3)参考方向。分析电路时首先要选定电路中电流或电压的参考方向。参考方向是任意选定的,但一经选定,在列 KCL 方程时即以此为准,电流或电压的实际方向由结果的正负决定。通常电阻元件上电压与电流取关联参考正方向。

三、仿真仪器

带 Multisim 软件的计算机 1 台。

四、仿真内容和步骤

1.KCL 仿真。利用仿真软件测试如图 1-25 所示电路中各支路电流,并验证 KCL。电路中的电源电压 $V_1 = 6$ V,$R_1 = 100$ Ω,$R_2 = 200$ Ω,$R_3 = 300$ Ω。

(1)在 Multisim 10.0 软件窗口中创建图 1-25 所示的电路。其中电阻、连接点在基本元件库,直流电压源、接地符号在电源库,电流表在测量器件库,要特别注意电流表的极性与电路图中参考方向的吻合。

(2)启动仿真"运行/停止"开关,将仿真和计算数据填入表1-4。

表 1-4 KCL 仿真数据记录表

各支路电流/mA	I_1	I_2	I_3	I_4	$\sum I$
测量值/mA					
计算值/mA					

(3)将测量值与计算值进行比较,验证 KCL。

2.KVL 仿真。利用仿真软件测试如图 1-26 所示电路中各电阻上的电压并验证 KVL。电路中 $V_1 = 6$ V,$R_1 = 1$ kΩ,$R_2 = 2$ kΩ,$R_3 = 3$ kΩ。

图 1-25 KCL 仿真电路

图 1-26 KVL 仿真电路

(1)在 Multisim 10.0 软件窗口中创建图 1-26 所示的电路。其中电阻、连接点在基本元件库,直流电压源、接地符号在电源库,电压表在测量器件库,要特别注意电压表的极性与电路图中参考方向的吻合。

(2)启动仿真"运行/停止"开关,将仿真和计算数据填入表1-5。

表 1-5 KVL 仿真数据记录表

电压值/V	U_1	U_2	U_3	$\sum U$
测量值/V				
计算值/V				

(3)将测量值与计算值进行比较,验证 KVL。

五、思考题

若参考方向更改后,结论是否满足 KCL 和 KVL?

仿真训练 3 电路中的电压与电位仿真

一、仿真目的

(1)理解电路中电位和电压的意义及关系;

(2)学习测量电路中各点电位的方法和测量元件两端电压的方法;

(3)能利用 Multisim 软件中的"测量探针"进行电路仿真;

（4）能利用 Multisim 软件中的"直流工作点分析"进行电路仿真。

二、仿真原理

在电路中，每一点都有一定的电位，电位是相对于电路中的参考点而言的。参考点是计算电位的起点，也称零电位点。理论上，参考点（或称接地点）可以任意选定，但在实际中，为了方便起见，常取电路的公共点为零电位点，当参考点选定后，电路中各点的电位就有一个固定的值，这就是电位的单值性。参考点改变，各点电位也随之改变，它们同时升高或降低，这就是电位的相对性。

选定一个参考点（接地点），该点的电位为 0 V（$V_o = 0$ V）。电路中某点的电位 V_a，就是该点与参考点之间的电压，即 $V_a = U_{ao}$，电路中任意两点间的电压就等于该两点间的电位差，即 $U_{ab} = V_a - V_b$。

三、仿真仪器

带 Multisim 软件的计算机 1 台。

四、仿真内容和步骤

1. 利用仿真软件中的电压表，测试图 1-27（a）所示电路中各点的电位。其中 $V_1 = 15$ V，$V_3 = 3$ V，$R_1 = 3$ kΩ，$R_2 = 2$ kΩ，$R_3 = 1$ kΩ，图中的 o, a, b, c, d 为电位测试点。

(a) 电路组成　　　　　　　　　　(b) 仿真结果

图 1-27　直流电路的电位、电压仿真测量

（1）在 Multisim 10.0 软件窗口中创建图 1-27（a）所示的电路，按电路图中要求设置电阻和电源数值，把电压表接在各元件的两端（注意电压表图标的正、负极性）。

（2）按下仿真"运行/停止"开关，启动电路，得到各电压表的读数如图 1-27（b）所示，将仿真和计算结果填入表 1-6。

表 1-6　　　　　　　　　　**电位测量数据记录表（1）**

电位/V	V_o	V_a	V_b	V_c	V_d
测量值/V	0				
计算值/V					

2. 利用仿真软件中的"测量探针"，测试图 1-28（a）所示电路中的各点电位。

（1）按图 1-28（a）所示在 Multisim 10.0 窗口中连接电路。

（2）利用"测量探针"进行电流与电压的测量。从仪器库（Instruments）中选用测量探针（Measurement Probe），分别探测电路中 a, b, c 点的电位与电流。

（3）按下仿真"运行/停止"开关，得到各探测点的电位与电流的数值，将仿真和计算结果填入表 1-7。

(a)利用"测量探针"进行电路仿真　　　　(b)利用"直流工作点分析"进行电路仿真

图 1-28　电压与电位的测量仿真图

表 1-7　　　　　　　　　　　　　**电位测量数据记录表(2)**

电位/V	V_o	V_a	V_b	V_c
测量值/V	0			
计算值/V				

3.利用仿真软件中的"直流工作点分析",分析图 1-28(b)所示电路中的各点电位。

从 Simulate/Analysis/DC Operating Point Analysis(仿真/分析/直流工作点分析)中,选择电路中的电流和各测量点的电位进行输出,通过仿真(Simulate)即可得到图 1-28(b)所示的结果,电路中的电流和各点的电位均在数据表中显示出来,与表 1-7 中的数据进行比较。

五、注意事项

(1)在测量电压和电位时注意极性。

(2)测量电路中各点电位时,每次只能取一个参考点(零电位点)作为其他各点电位的起点。

六、思考题

(1)电压与电位的关系是什么? 如何由电位来求电压,若已知电压,又如何求电位?

(2)选择不同的参考点,电路中各点的电位有无变化? 这时任意两点间的电压有无变化?

仿真训练4　电路的功率仿真

一、仿真目的

(1)掌握功率与电流、电压之间的关系,学会用瓦特表测量功率的方法;

(2)掌握负载获得最大功率的条件。

二、仿真原理

功率与电流、电压之间的关系为:$P=UI$。当一个负载 R_L 接在含有内阻 R_0 的电源 U_s 上时,负载 R_L 获得最大功率 P_{0max} 的条件为:当负载电阻与电源内阻相等($R_L=R_0$)时,负载 R_L 可获得最大的功率,且为电源 U_s 输出功率的一半,其值为 $P_{0max}=I^2R_L=I^2R_0=IU_s/2,I=U_s/(R_L+R_0)$。

三、仿真仪器

带 Multisim 软件的计算机 1 台。

四、仿真内容和步骤

1.仿真内容

利用仿真软件中的瓦特表,测量图 1-29 所示电路中负载 R_2 上获得最大功率的条件。电路中的电源 $V_1=10$ V,$R_1=500$ Ω,R_2 是阻值为 1 kΩ 的滑动变阻器。

(a)功率测量电路　　　　　　　(b)功率测量电路的仿真

图 1-29　功率测量仿真

2.仿真步骤

(1)在 Multisim 软件中建立如图 1-29(a)所示的功率测量电路,设置电源电压为 10 V,电源内阻 R_1 为 500 Ω,负载电阻 R_2 选用阻值可调的 1 kΩ 电位器。

(2)从仪器库(Instruments)中选出瓦特表(Wattmeter),用来测量 10 V 电源的输出功率和负载(1 kΩ 可调电位器)所消耗的功率。瓦特表的左边两个接线端(标注:V)为电压测量端,并联在被测电路的两端;瓦特表的右边两个接线端(标注:I)为电流测量端,串联在被测电路中,接入方法如图 1-29(b)所示。

(3)按下仿真"运行/停止"开关,启动电路的仿真,双击瓦特表以显示被测电路的功率。

(4)通过按键调整负载 R_2 的大小(按键 A 为增大,组合键 Shift+A 为减少),可观察到电源输出功率及负载消耗功率的数值变化情况,将功率随阻值变化的情况填入表 1-8。

表 1-8　　　　　　　　　　电路的功率仿真

R_2/Ω	100	200	300	400	500	600	700	800	900	1 k
测量值/mW										
计算值/mW										

(5)根据仿真结果,分析负载为多大时其所获功率最大。

五、思考题

(1)瓦特表在电路中的接法是什么?可调电位器阻值的调节方法是什么?

(2)负载获得最大功率的条件是什么?

【技能训练】

技能训练1 数字万用表的使用

电阻标称值的测试

一、训练目的

(1)学习使用数字万用表测量电流、电压和电阻;

(2)掌握数字万用表的基本操作技能。

二、训练说明

数字万用表具有功能多、用途广、准确度高、读数直观、使用方便等特点,是电子产品调试、检测、维修过程中最常用的工具。它能测量电流(交流、直流)、电压(交流、直流)、电阻、电容等电参数。

(1)电压的测量。将数字万用表转换开关拨至电压挡上,测交流电压拨至交流挡,测直流电压拨至直流挡。并根据被测电压的大小选择合适的量程,若未知电压的大小则应先置最高挡位,再根据测量结果来调整,防止损坏仪表。测量电压时应把红、黑表笔并联到被测量的元件或被测电路的两端。然后根据所选挡位和所显示的数据读出测量结果。电压数据的单位由所选择的挡位确定,电压的极性由显示的正负号确定。

(2)电流的测量。将数字万用表转换开关拨至电流挡,根据被测电流的大小选择合适的量程,如果不知被测电流的大小,量程先选择最高挡。测量时数字万用表的红、黑表笔应串联在被测电路中,由被测电流的正负获知电流参考方向与实际方向是否一致。

(3)电阻的测量。测量某电阻时,一定要使被测电阻与其他电路没有任何接触,也不要用手接触表笔的导电部分,以免影响测量结果。电阻的测量值由显示值与所选挡位确定。

数字万用表内的电源通常是一块 6 V 或 9 V 的电池,对外而言其红表笔相对黑表笔来说是正端。数字万用表测试时若最高位显示为"1"(最高位的"1"表示数据溢出状态),表示量程选得太小,应调大量程,直至有读数显示。

三、训练器材

直流电压源(1.25~24 V)1 台,交流电压源(3~24 V)1 台,数字万用表 1 只,阻值不同的系列电阻若干。

四、训练内容与步骤

(1)利用数字万用表电阻挡测量电阻

先把数字万用表的量程转换开关拨到电阻挡上,再把红、黑两支表笔的插头一端分别插入万用表的"V/Ω"和"COM"输入端中。训练中要求使用电阻挡的不同量程,将表笔分别与电阻的两端连接,读出电阻的阻值,记入表 1-9 中。

表 1-9 电阻值测量记录表

标称值/Ω	10	51	100	510	1 k	1.5 k	10 k	30 k	100 k
测量值/Ω									

（2）利用数字万用表直流电压挡测量直流电压

分别将直流电压源的输出调至表 1-10 所示的值，选择数字万用表的直流电压挡的合适量程进行测量，并将其测量数据记入表 1-10 中。然后将数字万用表的红、黑两表笔交换位置，再次测量电压的大小，看一看测量会有什么结果。

表 1-10 直流电压测量记录表

直流电压源/V	2	4	6	8	10	12	14	16	18	20
正接测量值/V										
反接测量值/V										

（3）利用数字万用表交流电压挡测量交流电压

分别将交流电压源的输出调至表 1-11 所示的值，选择数字万用表的交流电压挡的合适量程进行测量，并将其测量数据记入表 1-11 中。

表 1-11 交流电压测量记录表

交流电压源/V	3	6	9	12	15	18	24
测量值/V							

五、注意事项

（1）量程开关应置于正确测量位置。

（2）用数字万用表测量电流时，只能串联接入被测电路中，不能并联接到被测电路的两端（并联相当于把被测负载短路）；用数字万用表测量电压时，应并联接到电路的两个测量端。

（3）用数字万用表测量在线电阻时，被测电路必须不带电；同时应注意，数字万用表处在欧姆挡时，红表笔为内部测量电路的"＋"端，黑表笔为内部测量电路的"－"端。

（4）确保表笔绝缘层完好，无破损和断线。

（5）红、黑表笔应插在符合测量要求的插孔内，保证接触良好。

（6）严禁量程开关在电压测量或电流测量过程中改变挡位，以防损坏仪表。

（7）万用表的保险丝烧断时，必须用同规格的保险丝更换。

（8）为防止电击，测量公共端"COM"和大地之间的电位差不得超过 1000 V。

（9）液晶屏显示"⊟"符号时，应及时更换电池，以确保测量精度。

（10）测量完毕应及时关断电源。长期不用时，应取出电池。

六、思考题

数字万用表的使用有哪些注意事项？

技能训练 2 电压与电位的测量

一、训练目的

(1) 理解电路中电位和电压的意义及关系;

(2) 了解参考点与电位的关系,理解电位的单值性和相对性;

(3) 学习测量电路中各点电位和元件两端电压的方法。

电流、电压的测量

二、训练说明

在电路中,每一点都有一定的电位,电位是相对于电路中的参考点而言的。参考点是计算电位的起点,也称零电位点,实际中常取电路的公共点为零电位点。当参考点选定后,电路中各点的电位就只有一个固定的值,参考点改变,各点电位随之改变。电路中任意一点的电位,就是该点与参考点之间的电压,电路中任意两点之间的电压,就是这两点之间的电位差。

三、训练器材

双路直流电源(+6 V、+12 V)1 只,直流电流表(50 mA)1 只,电阻(100 Ω、200 Ω、300 Ω)各 1 只,数字万用表 1 只,开关 1 只,导线若干。

四、训练内容及步骤

1.电压的测量

(1) 按图 1-30 连接好电路。

图 1-30 电压与电位测量电路

(2) 电压测量:闭合开关 S,用数字万用表分别测量电压 U_{ea}、U_{ab}、U_{bc}、U_{cd}、U_{de},并连同电流表读数记入表 1-12 中。

表 1-12   测量结果记录表

	I /mA	U_{ea} /V	U_{ab} /V	U_{bc} /V	U_{cd} /V	U_{de} /V
实测值						
理论值						

2.电位的测量

(1) 选取 e 点为参考点($V_e = 0$ V),将数字万用表黑表笔接 e 点,红表笔依次测量 a,b,c,d 各点电位,并记入表 1-13 中,测量时注意有负电位。

(2) 分别选取 a、b、c、d 各点为参考点,重复步骤(1),测量电路中各点电位,并记入表 1-13 中。

表 1-13　　　　　　　　　　　　　　电位测量记录表

参考点 ＼ 电位	V_a/V	V_b/V	V_c/V	V_d/V	V_e/V
e					0
a	0				
b		0			
c			0		
d				0	

五、注意事项

(1)在测量电压和电位时注意极性。

(2)测量电路中各点电位时,每次只能取一个参考点(零电位点)。

六、思考题

(1)电压与电位的关系是什么?

(2)选择不同的参考点时,电路中各点的电位、任意两点间的电压有无变化?

技能训练3　基尔霍夫定律的验证

一、训练目的

(1)验证 KCL、KVL,加深对基本定律的了解;

(2)加深理解电路分析中的参考方向和绕行方向的作用。

二、训练说明

(1)节点电流定律(KCL):电路中,在任何时刻,流入任一节点的电流的代数和恒等于零($\sum I = 0$)。

(2)回路电压定律(KVL):电路中,在任何时刻,沿任一闭合回路绕行一周,各段电压降的代数和恒等于零($\sum U = 0$)。

(3)电流的参考方向:在电流的实际方向不知道的情况下,假设其电流方向,称为参考方向。在参考方向确定后,根据电流表的测量结果和正负极性,可以用代数量来表示该支路电流,代数量的值表示电流的大小,正负号表示电流的实际方向。

(4)回路的绕行方向:在列方程的时候,当各段电压的参考方向与回路的绕行方向一致时取正,相反时则取负。

三、训练器材

双路直流电源(+9 V、+4 V)1台,直流电流表(50 mA)3只,功率为 1 W 的电阻(100 Ω、200 Ω、300 Ω)各 1 只,数字万用表 1 只,导线若干。

四、训练内容及步骤

(1)按图 1-31 连接训练电路,并调节电源电压使 $U_1 = 9$ V, $U_2 = 4$ V。

(2)测量各支路电流 I_1 、 I_2 、 I_3 ,并注意电流的方向,将数据填入表 1-14,然后计算节点

图 1-31   基尔霍夫定律测试电路

电流的代数和 $\sum I = I_1 + I_2 + I_3$，并与理论值进行比较。

表 1-14   支路电流值记录表

结果＼项目	I_1 /mA	I_2 /mA	I_3 /mA	节点 a 上的 $\sum I$ /mA
理论值				
测量值				

(3)测量电路各段的电压 U_{db}、U_{ba}、U_{ac}、U_{cd}、U_{ad}，测量中要注意电压的正负极性，将所测得的电压数据填入表 1-15 内，然后计算回路 I 电压 $\sum U = U_{db} + U_{ba} + U_{ac} + U_{cd}$ 和回路 II 电压 $\sum U = U_{dc} + U_{ca} + U_{ad}$，且与理论值进行比较。

表 1-15   各段电压值记录表

结果＼项目	U_{db} /V	U_{ba} /V	U_{ac} /V	U_{cd} /V	U_{ad} /V	I 回路 $\sum U$ /V	II 回路 $\sum U$ /V
理论值							
测量值							

五、注意事项

(1)训练过程中，确保电源＋9 V、＋4 V 的电压稳定。

(2)测量过程中要注意电流的方向和电压的极性。

六、思考题

(1)从训练结果来验证基尔霍夫定律的正确性。

(2)理论值和测量值是否存在误差？产生误差的原因有哪些？

<h1 style="text-align:center">本 章 小 结</h1>

1. 电流、电压和电功率是电路分析的三个主要物理量，其中电流和电压是基本物理量。

2. 电流是由电荷或带电质点做有规则的定向运动形成的，规定其正方向为正电荷运动的方向。电流可以用代数量描述，用箭头标定一个正方向。

3. 大小和方向随时间变化的电流称为交流电流,简称交流(AC 或 ac),用小写字母 $i(t)$ 或 i 表示;大小和方向都不随时间改变的电流称为恒定直流电流,简称直流(DC 或 dc),用大写字母 I 表示;方向不随时间改变,而大小随时间变化的电流称为脉动电流。

4. 电压是用来衡量电场力做功的本领的。A、B 两点间的电压用 $u(t)$ 或 u_{AB} 表示,在数值上等于电场力将单位正电荷由 A 点经外电路移动到 B 点所做的功。电压的方向规定为正电荷的运动方向。

5. 电位是衡量电路中各点所具有的电位能大小的物理量。电位在数值上被定义为:电场力将单位正电荷从给定点移动到参考点(又称零电位点或接地点)所做的功。

6. 电位的数值与参考点的选取有关;电压的大小不随参考点的选择而变化。

7. 电功率是描述电场力做功速率的物理量。

8. 欧姆定律的一般形式是:$u(t)=Ri(t)$。

9. 电压和电流的参考方向是任意选取的,在关联参考方向下,通过计算,若计算的值大于零,则说明电压(或电流)的实际方向与参考方向相同;若计算的值小于零,则说明电压(或电流)的实际方向与参考方向相反。在同一个问题中,参考方向一经选定,在计算过程中就不能再随意改变,否则会造成计算错误。

10. 金属导体的电阻与导体的长度和电阻率成正比,与横截面积成反比。电阻的倒数称为电导;电阻率的倒数称为电导率。

11. 二端元件电压、电流的关系称作伏安特性,用 VAR 表示。电阻分为线性电阻和非线性电阻。

12. 实际电路中,电源的工作状态分为有载工作、开路与短路三种状态,其中开路时电路中无电流,短路时电路中有很大的电流,将导致电源或其他电气设备因严重发热而烧毁,故应防止短路现象的发生。

13. 有源二端网络中负载获得最大功率的条件是负载值等于电源内阻值。

14. 基尔霍夫定律分为电流定律(KCL)和电压定律(KVL),它们是电路中的两个基本定律,适用于任何集总参数电路。

15. 应用 KCL 和 KVL 列方程时必须注意电压、电流的参考方向。应用 KVL 列回路方程时取一个绕行方向,取顺时针或逆时针方向均可,但方程中各段电压取正号、取负号必须与绕行方向相联系。

习 题

1-1 由 4 个元件构成的电路如图 1-32 所示。已知元件 1 是电源,产生功率 600 W;元件 2、3 和 4 是消耗电能的负载,元件 3 和 4 的功率分别为 400 W 和 150 W,电流 $I=2$ A。

(1)求元件 2 的功率;

(2)求各元件上的电压,并标出电压的真实极性;

(3)用电源符号和电阻符号画出电路模型,并求出各电阻值。

1-2 在如图 1-33 所示电路中,已知 $U_{S1}=30$ V,$U_{S2}=6$ V,$U_{S3}=12$ V,$R_1=2.5$ Ω,

$R_2=2\ \Omega,R_3=0.5\ \Omega,R_4=7\ \Omega$,电流参考方向如图中所示,以 n 点为参考点,求各点电位和电压 U_{AB}、U_{BC}、U_{DA}。

图 1-32 习题 1-1 图

图 1-33 习题 1-2 图

1-3 求图 1-34 所示电路中 A、B、C、D 元件的功率。问哪个元件为电源?哪个元件为负载?哪个元件在吸收功率?哪个元件在产生功率?电路是否满足功率平衡条件?

1-4 如图 1-35 所示电路,试求:

(1)取 $V_G=0$,求各点电位和电压 U_{AF}、U_{CE}、U_{BE}、U_{BF}、U_{CA}。

(2)取 $V_D=0$,求各点电位和电压 U_{AF}、U_{CE}、U_{BE}、U_{BF}、U_{CA}。

图 1-34 习题 1-3 图

图 1-35 习题 1-4 图

1-5 一盏 220 V/40 W 的日光灯,求在 220 V 电压作用下通过的电流?每天点亮 5 小时,问每月(按 30 天计算)消耗多少度电?若每度电费用为 0.45 元,问每月需付电费多少元?

1-6 求图 1-36(a)、图 1-36(b)所示电路中的未知电流。

(a)   (b)

图 1-36 习题 1-6 图

1-7 求图 1-37 中各段电路的未知量。

1-8 在图 1-38 所示电路中,要求:

(1)已知 $i_1=2$ A,$i_2=1$ A,求 i_6。

(2)已知 $u_1=1$ V,$u_2=3$ V,$u_3=8$ V,$u_5=7$ V,求 u_4 和 u_6。

图 1-37 习题 1-7 图

(3)求各元件上的功率,哪几个元件消耗电能? 哪几个元件产生电能? 并用电阻和电源符号画出该电路模型。

1-9 求图 1-39 所示电路中的 I、U_S 和 R。

图 1-38 习题 1-8 图   图 1-39 习题 1-9 图

1-10 分别求图 1-40 所示电路在开关打开和闭合时的 U_{AB}、U_{AO} 和 U_{BO}。

1-11 如图 1-41 所示电路,根据给定的支路电流参考方向和回路绕行方向,分别列出节点 A、B、C 的电流方程和各回路的电压方程。

图 1-40 习题 1-10 图   图 1-41 习题 1-11 图

1-12 求图 1-42 所示电路中的 U_{AB}、I_2、I_3 和 R_3。

1-13 有一双量程(10 V 和 20 V)直流电压表的电路如图 1-43 所示,已知测量机构的电阻 $R_g = 120\ \Omega$,允许通过的电流 $I_g = 500\ \mu A$,求串联电阻 R_1 和 R_2 的值。

图 1-42 习题 1-12 图

图 1-43 习题 1-13 图

1-14 有一双量程（10 mA 和 1 mA）电流表的电路如图 1-44 所示，为了能测量 10 mA 和 1 mA 的电流，计算分流器电阻 R_{P1} 和 R_{P2} 的值。

图 1-44 习题 1-14 图

直流电路的分析 **第2章**

【教学导航】

【教学目标】

➤ 熟练掌握无源网络等效变换分析法中的电阻串、并联等效变换方法；

➤ 了解无源网络等效分析法中电阻网络的 Y-Δ 等效变换方法；

➤ 熟练掌握有源网络等效变换分析法中电压源与电流源的等效变换、叠加定理、戴维南定理；

➤ 了解有源网络等效变换分析法中的替代定理、诺顿定理；

➤ 熟练掌握网络方程分析法中的支路电流法、节点电位法；

➤ 一般掌握网络方程分析法中的网孔电流法、回路电流法；

➤ 初步掌握受控电源电路的分析方法。

【教学重点】

➤ 叠加定理的应用；

➤ 戴维南定理的应用；

➤ 支路电流法的应用；

➤ 节点电位法的应用。

【教学难点】

➤ 电阻网络的 Y-Δ 等效变换；

➤ 叠加定理的灵活应用；

➤ 戴维南定理的灵活应用；

➤ 节点电位法的灵活应用；

➤ 含有受控电源电路的分析方法。

【参考学时】 20 学时

2.1 电阻网络的串、并联等效变换

在电路中,总有许多电阻连接在一起,连接的方式多种多样,最常见的是电阻的串联、并联和混联(串、并联的组合)。对于这种电路,在进行分析与计算时,可以把电路中的某一部分通过串、并联的等效变换方法使其简化,即用一个简单的电路来替代原电路。

2.1.1 电阻串联电路

1.电阻串联电路的特点

几个电阻一个接一个地串接起来,中间没有分支,这种连接方式称为电阻的串联,如图 2-1(a)所示为 3 个电阻的串联电路。

图 2-1 串联电阻的等效变换

电阻串联电路有下列几个特点:

(1)根据基尔霍夫电流定律(KCL),通过各电阻的电流为同一电流,因此各电阻中的电流相等。

(2)根据基尔霍夫电压定律(KVL),外加电压等于各个电阻上的电压之和,即

$$U=U_1+U_2+U_3=IR_1+IR_2+IR_3=I(R_1+R_2+R_3)=IR$$

式中,U_1、U_2、U_3 代表各个电阻上的电压。

(3)电源供给的功率等于各个电阻上消耗的功率之和,即

$$P=UI=U_1I+U_2I+U_3I=I^2R_1+I^2R_2+I^2R_3=I^2(R_1+R_2+R_3)=I^2R$$

2.电阻串联电路的等效电阻

在上面的分析和计算中,都用到了等效电阻的概念,即

$$R=R_1+R_2+R_3 \tag{2-1}$$

式(2-1)说明,几个电阻的串联电路可以用一个等效电阻来替代,电阻串联电路的等效电阻等于各个电阻之和,如图 2-1(b)所示。

在电路分析中,"等效"是一个非常重要的概念。所谓等效,就是效果相等,也就是电路的工作状态不变。如图 2-1(a)所示电路中虚线框内电阻的串联电路,变换为图 2-1(b)后,电路得到了简化,虚线框外部电路的工作状态没有改变,电流、电压、功率都和变换之前完全相同。只要 $R=R_1+R_2+R_3$,就有 $U=IR$,$P=I^2R$。

推而广之,当有 n 个电阻 R_1、R_2、R_3、$\cdots$、R_n 串联时,其总的等效电阻为

$$R=R_1+R_2+R_3+\cdots+R_n \tag{2-2}$$

几个电阻串联后的等效电阻比每一个电阻都大,端口 a、b 间的电压一定时,串联电阻越多,总的等效电阻越大,电流越小,所以串联电阻可以"限流"。

3.电阻串联电路的分压公式

在图 2-1(a)所示的电阻串联电路中,流过各电阻的电流相等,各电阻上的电压分别为

$$U_1 = IR_1 = \frac{U}{R}R_1 = \frac{R_1}{R}U$$

$$U_2 = IR_2 = \frac{U}{R}R_2 = \frac{R_2}{R}U$$

$$U_3 = IR_3 = \frac{U}{R}R_3 = \frac{R_3}{R}U$$

$$\tag{2-3}$$

式(2-3)即电阻串联电路的分压公式,其中 $R = R_1 + R_2 + R_3$,从而得到

$$U_1 : U_2 : U_3 = R_1 : R_2 : R_3$$

说明各电阻上的电压是按电阻的阻值大小进行分配的。

电阻的并联

2.1.2 电阻并联电路

1. 电阻并联电路的特点

将几个电阻的一端接在一点,另一端接在另一点上,这种连接方式称为电阻的并联,如图 2-2(a)所示为 3 个电阻的并联电路。

图 2-2 并联电阻的等效变换

电阻并联电路有下列几个特点:

(1)加在各电阻两端的电压为同一电压,因此各电阻上的电压相等。

(2)根据基尔霍夫电流定律(KCL),外加的总电流等于各个电阻中的电流之和,即

$$I = I_1 + I_2 + I_3 = \frac{U}{R_1} + \frac{U}{R_2} + \frac{U}{R_3} = U\left(\frac{1}{R_1} + \frac{1}{R_2} + \frac{1}{R_3}\right) = U\frac{1}{R}$$

式中,I_1、I_2、I_3 代表各个电阻中的电流。

(3)电源供给的功率等于各个电阻上消耗的功率之和,即

$$P = UI = UI_1 + UI_2 + UI_3 = \frac{U^2}{R_1} + \frac{U^2}{R_2} + \frac{U^2}{R_3} = U^2\frac{1}{R}$$

2. 电阻并联电路的等效电阻

在上面的分析和计算中,都用到了等效电阻的概念,即

$$\frac{1}{R} = \frac{1}{R_1} + \frac{1}{R_2} + \frac{1}{R_3} \tag{2-4}$$

式(2-4)说明,几个电阻的并联电路可以用一个等效电阻来替代,如图 2-2(b)所示,电阻并联电路的等效电阻的倒数等于各个电阻的倒数之和。

由于电阻的倒数称为电导,所以我们也可以用等效电导来表示,其表达式为

$$G = G_1 + G_2 + G_3 \tag{2-5}$$

即几个电阻并联时的等效电导等于各个电导之和。

图 2-2(a)所示电路虚线框内的电阻并联电路,等效变换为图 2-2(b)后,电路得到简化,虚线框外部电路的工作状态没有改变,电流、电压、功率都和变换之前完全相同。只要 $G=G_1+G_2+G_3$,则有 $I=UG$,$P=U^2G$。

推而广之,当有 n 个电阻 R_1、R_2、R_3、$\cdots$、R_n 并联时,其总的等效电导为

$$G=G_1+G_2+G_3+\cdots+G_n=\sum_{i=1}^{n}G_i \tag{2-6}$$

几个电阻并联后的等效电阻比每一个电阻都小,端口 a、b 间的电压一定时,并联电阻越多,总的等效电阻越小,电源提供的电流就越大,功率也越大。

3. 电阻并联电路的分流公式

在图 2-2(a)所示的电阻并联电路中,加在各电阻上的电压相等,各电阻中的电流分别为

$$\left.\begin{array}{l} I_1=\dfrac{U}{R_1}=I\dfrac{R}{R_1}=I\dfrac{G_1}{G} \\[2mm] I_2=\dfrac{U}{R_2}=I\dfrac{R}{R_2}=I\dfrac{G_2}{G} \\[2mm] I_3=\dfrac{U}{R_3}=I\dfrac{R}{R_3}=I\dfrac{G_3}{G} \end{array}\right\} \tag{2-7}$$

式(2-7)即电阻并联电路的分流公式,其中 $G=G_1+G_2+G_3$,从而得到

$$I_1:I_2:I_3=G_1:G_2:G_3$$

说明各电阻中的电流是按各电导的大小进行分配的。

2.1.3 电阻混联电路

所谓电阻混联电路,是指串联电阻和并联电阻组合成的二端电阻网络。

一般情况下,电阻混联电路所组成的无源二端网络,可以先将串联部分和并联部分用式(2-1)和式(2-4)的等效电阻的概念逐步化简,最后化为一个等效电阻。

凡是能用串联与并联方法逐步化简的电路,无论有多少个电阻,结构有多么复杂,仍属简单电路。所谓简单电路,就是指可以用电阻的串、并联等效变换方法来化简为单回路的电路。不能用电阻的串、并联等效变换方法化简的电路,无论结构如何简单也叫作复杂电路。

【例 2-1】 电路如图 2-3(a)所示,求电源输出电流 I 的大小。

图 2-3 【例 2-1】电路

解:要求出 I 的大小,可以先求电路 a、b 两端的等效电阻 R_{ab},为了判断电阻的串、并联关系,可以先将电路中的节点标出,本例中对各电阻的连接来说,可标出 3 个节点 a、b、c,根据节点 a、c 间的连接关系可知,两个 4 Ω 的电阻并联后其值为 2 Ω,由此可得图 2-3(b)所示的电路。这时,a、b 两端的等效电阻为

$$R_{ab}=\frac{(2+6)\times 8}{(2+6)+8}=4 \ \Omega$$

电路中的电流为

$$I=\frac{8}{R_{ab}}=2 \ \text{A}$$

【例 2-2】 电路如图 2-4(a)所示,分别计算开关 S 打开和闭合时 a、b 两端的等效电阻 R_{ab}。

图 2-4 【例 2-2】电路

解:当开关 S 打开时,电路如图 2-4(b)所示,等效电阻 R_{ab} 为

$$R_{ab}=\frac{(36+24)\times(36+24)}{(36+24)+(36+24)}=30 \ \Omega$$

当开关 S 闭合时,电路如图 2-4(c)所示,等效电阻 R_{ab} 为

$$R_{ab}=\frac{36\times 36}{36+36}+\frac{24\times 24}{24+24}=30 \ \Omega$$

2.2 电阻 Y-△ 网络的等效变换

2.2.1 电阻的 Y 形连接和△形连接

对电路进行计算时,将串联与并联的电阻化简为等效电阻,最为简便。但有时电路中的电阻既非串联,又非并联。如图 2-5(a)所示为一个由 5 个电阻组成的桥式电路,当电路参数不对称,要求计算电路中的电流 I 时,就无法用电阻的串、并联关系来化简电路。

图 2-5 Y-△形连接电路的等效变换举例

如果能将连接在②③④三个端子间的由 R_{23}、R_{24}、R_{34} 所构成的△（三角）形连接电路，等效变换为图 2-5（b）所示的由 R_2、R_3、R_4 所构成的 Y（星）形连接电路，则可方便地应用串、并联化简的方法求得①④端口的等效电阻 R_{14}，进而就可很容易地求出电路中的总电流大小，这就提出了 Y-△电路的等效变换问题。

Y 形连接电路如图 2-6（a）所示，△形连接电路如图 2-6（b）所示。当要求两电路对外等效时，在 Y 形连接电路和△形连接电路中，对应任意两端间的等效电阻也必然相等。根据这一特性，则 Y 形连接的 3 个电阻 R_1、R_2、R_3 与△形连接的 3 个电阻 R_{12}、R_{23}、R_{31} 之间有如下关系：

图 2-6　Y 形与△形连接电路的等效变换

在两电路中，均悬空端子③，则①②之间的阻值为

$$R_1 + R_2 = \frac{R_{12}(R_{23} + R_{31})}{R_{12} + R_{23} + R_{31}}$$

在两电路中，均悬空端子②，则①③之间的阻值为

$$R_1 + R_3 = \frac{R_{31}(R_{12} + R_{23})}{R_{12} + R_{23} + R_{31}}$$

在两电路中，均悬空端子①，则②③之间的阻值为

$$R_2 + R_3 = \frac{R_{23}(R_{12} + R_{31})}{R_{12} + R_{23} + R_{31}}$$

2.2.2　电阻的 Y 形网络和△形网络的等效变换

1. 将△形网络等效变换为 Y 形网络

将△形网络等效变换为 Y 形网络，就是已知△形网络的 3 个电阻，求等效变换成 Y 形网络时的各电阻。

将上面的 3 个式子联立并相加，再除以 2 得

$$R_1 + R_2 + R_3 = \frac{R_{12}R_{23} + R_{23}R_{31} + R_{31}R_{12}}{R_{12} + R_{23} + R_{31}}$$

然后将该式分别减去上面的 3 个式子，从而得到将△形网络等效变换为 Y 形网络的条件，即

$$R_1 = \frac{R_{12}R_{31}}{R_{12}+R_{23}+R_{31}}$$

$$R_2 = \frac{R_{12}R_{23}}{R_{12}+R_{23}+R_{31}}$$ (2-8)

$$R_3 = \frac{R_{23}R_{31}}{R_{12}+R_{23}+R_{31}}$$

为了便于记忆,可将式(2-8)的等效变换公式写成如下形式

$$Y 形电阻 = \frac{\triangle 形网络中相邻两电阻的乘积}{\triangle 形网络中的各电阻之和}$$ (2-9)

若△形网络的 3 个电阻相等,即 $R_{12}=R_{23}=R_{31}=R_{\triangle}$,则有 $R_1=R_2=R_3=R_Y$,并有

$$R_Y = \frac{1}{3}R_{\triangle}$$ (2-10)

2. 将 Y 形网络等效变换为△形网络

将 Y 形网络等效变换为△形网络,就是已知 Y 形网络的 3 个电阻,求等效变换成△形网络时的各电阻。

将式(2-8)的 3 个式子两两分别相乘,然后相加可得

$$R_1R_2+R_2R_3+R_3R_1 = \frac{R_{12}R_{23}R_{31}(R_{12}+R_{23}+R_{31})}{(R_{12}+R_{23}+R_{31})^2} = \frac{R_{12}R_{23}R_{31}}{R_{12}+R_{23}+R_{31}}$$

再将该式分别除以式(2-8)3 个式子中的每一个,就得到将 Y 形网络等效变换为△形网络的条件,即

$$R_{12} = \frac{R_1R_2+R_2R_3+R_3R_1}{R_3}$$

$$R_{23} = \frac{R_1R_2+R_2R_3+R_3R_1}{R_1}$$ (2-11)

$$R_{31} = \frac{R_1R_2+R_2R_3+R_3R_1}{R_2}$$

为了便于记忆,式(2-11)的等效变换公式可写成如下形式

$$\triangle 形电阻 = \frac{Y 形网络中各电阻两两乘积之和}{Y 形网络中的对角端电阻}$$ (2-12)

同样,由式(2-11)可知,当 $R_1=R_2=R_3=R_Y$ 时,则有 $R_{12}=R_{23}=R_{31}=R_{\triangle}$,并有

$$R_{\triangle} = 3R_Y$$ (2-13)

【例 2-3】 求图 2-7(a)所示电路 a、b 两端间的电阻。

图 2-7 【例 2-3】电路

解:将图 2-7(a)中 3 个 1 Ω 电阻组成的星形连接电路,等效变换为三角形连接电路,可得到图2-7(b),$R_\triangle = 3R_Y$,由此可得

$$R_{ab} = \frac{3 \times 1.5}{3 + 1.5} = 1 \text{ Ω}$$

2.3　电压源与电流源的等效变换

电压源模型和电流源模型都是用来表示一个实际电源的,利用两者之间的等效变换可以改变电路的结构,从而使电路得以简化,便于电路的分析计算。

2.3.1　实际电源的模型与等效变换

电压源、电流源的测试

一个实际电源,既可以用电压源来表示,也可以用电流源来表示,这两种电源对外电路来讲,应该是等效的,也就是说当接上任一负载 R(其值可以为 0~∞)时,R 中的电流 I 和 R 上的电压 U 都应该是相等的。下面从负载为 0 和负载为∞这两种情况来说明电压源与电流源等效变换的条件。

一个实际电源的两种电路模型如图 2-8 所示。

图 2-8　电压源与电流源的等效变换

若将实际电源的负载短路($R=0$),则电压源的输出为 $I=U_S/R_S$,$U=0$;电流源的输出为 $I=I_S$,$U=0$。

由此可见,这两种电源的等效变换条件为

$$I_S = \frac{U_S}{R_S} \text{ 或 } U_S = I_S R_S \tag{2-14}$$

同样,如果将负载开路($R \to \infty$),则电压源的输出为 $U=U_S$,$I=0$;电流源的输出为 $U=I_S R_S$,$I=0$。由此可得到这两种电源的等效变换条件为 $U_S = I_S R_S$ 或 $I_S = U_S/R_S$。

根据公式 $U_S = I_S R_S$,可将电流源模型变换为电压源模型,或者根据 $I_S = U_S/R_S$ 可将电压源模型变换为电流源模型。两者等效变换时,电源内阻 R_S 的值不变,电压源 U_S 与电流源 I_S 的方向如图 2-8 所示,电压源的电压 U_S 方向与电流源输出的电流 I_S 方向相反。

另外有几点需要说明:

(1)理想电压源的内阻为0,理想电流源的内阻为∞,它们之间不能进行等效变换;

(2)等效变换只是对外电路等效,而对电源的内部是不等效的,以负载开路为例,电压源模型的内阻消耗功率为0,而电流源模型的内阻消耗功率为 $I_S^2 R_S$;

(3)电路中需要分析、计算的支路不能变换,否则变换后的结果就不是原来所要计算的值。

2.3.2 有源电路的简化

在电路等效变换时,常常遇到几个电压源支路串联,几个电流源支路并联,或者若干个电压源与电流源支路既有串联又有并联所构成的二端网络。这些网络对外电路而言,都可以根据 KCL、KVL 和电源的等效变换来化简。化简的原则是:化简前后,端口处的电压与电流关系不变。

理想电压源的串联

1.电压源串联电路的简化

几个电压源支路串联时,可以简化为一个等效的电压源支路。如图 2-9(a)所示为 2 个电压源支路的串联电路,图 2-9(b)为其等效电路。

(a)　　　　　　　　(b)

图 2-9　电压源串联电路的简化

对图 2-9(a)端口而言,根据 KVL 可得

$$U=U_{S1}-R_{S1}I+U_{S2}-R_{S2}I=(U_{S1}+U_{S2})-(R_{S1}+R_{S2})I$$

对图 2-9(b)端口而言,有 $U=U_S-R_S I$。要使两者等效,则须满足

$$U_S=U_{S1}+U_{S2} \text{ 且 } R_S=R_{S1}+R_{S2}$$

2.电流源并联电路的简化

几个电流源支路并联时,可以简化为一个等效的电流源支路。如图 2-10(a)所示为 2 个电流源支路的并联电路。同样,根据 KCL 和端口的电压、电流关系不变的原则,可将其等效变换为图 2-10(b)所示电路。其中

理想电流源的并联

$$I_S=I_{S1}+I_{S2} \text{ 且 } \frac{1}{R_S}=\frac{1}{R_{S1}}+\frac{1}{R_{S2}}(\text{或 } G_S=G_{S1}+G_{S2})$$

3.电压源并联电路的简化

几个电压源支路并联时,先将各电压源都等效变换为电流源,这样就把几个电压源的并联电路变换成几个电流源的并联电路,然后利用电流源并联电路的简化方法将其变换为单一电源的电路。

图 2-10　电流源并联电路的简化

4. 电流源串联电路的简化

几个电流源支路串联时,先将各电流源都等效变换为电压源,这样就把几个电流源的串联电路变换成几个电压源的串联电路,然后利用电压源串联电路的简化方法将其变换为单一电源的电路。

【例 2-4】 电路如图 2-11(a)所示,已知 $U_1 = 12$ V,$U_2 = 18$ V,$R_1 = 3$ Ω,$R_2 = 6$ Ω,$R_3 = 5$ Ω,试用电源等效变换法求 R_3 支路中电流 I_3 的大小。

图 2-11　【例 2-4】电路

解:(1)将图 2-11(a)电路中的两个电压源等效变换为电流源,得到图 2-11(b),$I_1 = U_1/R_1 = 12/3 = 4$ A;$I_2 = U_2/R_2 = 18/6 = 3$ A。

(2)利用电流源并联电路的简化方法,得到图 2-11(c),I_1 与 I_2 的方向相同,$I_S = I_1 + I_2 = 4 + 3 = 7$ A,$R_S = R_1 R_2/(R_1 + R_2) = 3 \times 6/(3 + 6) = 2$ Ω。

(3)由图 2-11(c)可直接根据分流公式计算出 I_3,也可以再将电流源变换为电压源得图 2-11(d),$U_S = I_S R_S = 7 \times 2 = 14$ V,则 $I_3 = U_S/(R_S + R_3) = 14/(2 + 5) = 2$ A。

【例 2-5】 电路如图 2-12(a)所示,利用电压源与电流源的等效变换计算 I 的大小。

解:利用电压源与电流源等效变换对图 2-12(a)电路进行简化的过程如图 2-12(b)~(d)所示。经过简化,原电路最后变换为图 2-12(d)所示的单回路电路,根据图 2-12(d)可求得电流为

$$I = \frac{9 - 4}{1 + 2 + 7} = 0.5 \text{ A}$$

图 2-12 【例 2-5】电路

2.4 支路电流法

支路电流法是求解电路的最基本方法之一。根据基尔霍夫定律直接列出电路中各支路电流的方程进行求解即可得到结果。

2.4.1 分析线性电路的一般方法

前几节介绍的等效变换法,是将电路化简成单回路,然后求出待求的电压和电流。这种分析方法简单有效,但有一定的局限性,只有在分析电路中某一支路的电压和电流时比较方便,而在电路等效变换过程中,由于改变了原来的电路结构,所以不能体现电路分析的普遍规律。

本节介绍的支路电流法和后面将要介绍的网孔电流法及节点电压法等电路分析方法,通过列出电路方程来求解电路中各部分的电流和电压,这些方法也叫网络方程分析法。网络方程分析法一般不要求改变电路的结构,首先在电路中预先选取合适的电路变量(未知量),然后根据 KCL、KVL 列出一组关于电路变量的独立方程,最后从方程中解出电路变量。网络方程分析法在电路分析中更具有一般性。

2.4.2 支路电流法原理

支路电流法是以电路中的各支路电流为未知量,直接应用 KCL 和 KVL 列出支路电流的方程,然后从所列方程中解出各支路电流。这种方法是求解电路的最基本方法之一。

对于一个具有 b 条支路的电路,以 b 条支路电流为未知量,需要列出 b 个独立的电路方程,然后解出各未知的支路电流。图 2-13 所示电路中,支路数 $b=3$,节点数 $n=2$,支路电流 I_1、I_2、I_3 的参考方向如图 2-13 所示。

首先,根据 KCL 列出节点电流方程。

节点 a 的方程为 $I_1+I_2-I_3=0$;节点 b 的方程为 $-I_1-I_2+I_3=0$。节点 a 与节点 b 的两个方程中只有 1 个是独立的。对于具有两个节点的电路,只能列出 1 个独立的 KCL 方程。

一般说来,用 KCL 对节点列电流方程时,方程中至少含有 1 个新的支路电流(新的未知量),这样才是独立的节点电流方程。对 1 个具有 n 个节点的电路,只能列出 $(n-1)$ 个独立节点的 KCL 方程。余下的 1 个节点,因为没有新的未知量,所以是非独立的,该节点称为参考节点,参考节点不用列方程,可以任意选取。

图 2-13 支路电流法举例

其次,根据 KVL 列出回路电压方程。

在 b 条支路所需的 b 个独立方程中,需要用 KVL 列出其余的 $b-(n-1)$ 个独立回路的电压方程。所谓独立回路,应该至少含有一条其他已取回路所没有包含的支路,否则该回路为非独立回路。

通常,在用 KVL 列方程时,常取网孔作为独立回路,任一网孔一定包含着至少一条新的支路,网孔数一定等于独立回路数。

图 2-13 中有 2 个网孔,恰好等于 $b-(n-1)=3-(2-1)=2$。对左边的网孔按顺时针方向绕行列 KVL 方程为 $R_1I_1-U_1+U_2-R_2I_2=0$;对右边的网孔按顺时针方向绕行列 KVL 方程为 $R_2I_2-U_2+R_3I_3=0$。

除了这两个方程以外,如果再对外面的大回路按顺时针方向绕行列 KVL 方程,则有 $R_1I_1-U_1+R_3I_3=0$。这个方程不是独立的,它可以由左网孔方程和右网孔方程相加而得,即 $(R_1I_1-U_1+U_2-R_2I_2)+(R_2I_2-U_2+R_3I_3)=R_1I_1-U_1+R_3I_3=0$。

综上所述,应用 KCL 可列出 $(n-1)$ 个独立节点电流方程,应用 KVL 可列出 $b-(n-1)$ 个独立回路电压方程,一共可列出 $(n-1)+[b-(n-1)]=b$ 个独立方程,所以能解出 b 个支路电流。

对图 2-13 所示电路,运用支路电流法列出的 3 个支路电流方程为

$$\left.\begin{array}{l} I_1+I_2-I_3=0 \\ R_1I_1-U_1+U_2-R_2I_2=0 \\ R_2I_2-U_2+R_3I_3=0 \end{array}\right\} \tag{2-15}$$

【例 2-6】 在图 2-13 所示电路中,设 $U_1=140$ V,$U_2=90$ V,$R_1=20$ Ω,$R_2=5$ Ω,$R_3=6$ Ω,求各支路电流。

解:各支路电流的参考方向如图 2-13 所示,根据电路的参数并应用 KCL 和 KVL 列出方程为

$$\begin{cases} I_1+I_2-I_3=0 \\ 20I_1-5I_2=50 \\ 5I_2+6I_3=90 \end{cases}$$

解得

$$I_1=4 \text{ A}, I_2=6 \text{ A}, I_3=10 \text{ A}$$

判断解出的结果是否正确,可将计算结果代入电路中的任一回路或任一节点根据基

尔霍夫定律列出的方程进行验算。如对外围回路可列出

$$R_1I_1-U_1+R_3I_3=20I_1-140+6I_3=20\times4-140+6\times10=0$$

计算结果正确。

2.4.3　支路电流法的解题步骤

(1)在电路中标出各支路电流的参考方向,电流的参考方向可以任意假设。

(2)根据 KCL 列出 $(n-1)$ 个独立节点的电流方程($\sum I=0$),可设电流流出节点为正,电流流入节点为负。

(3)选取 $b-(n-1)$ 个独立回路(通常取网孔),指定回路的绕行方向(如顺时针方向),根据 KVL 列出独立回路的电压方程($\sum U=0$),电压方向与回路绕行方向一致时取正,电压方向与回路绕行方向相反时取负。

(4)代入已知的参数,解联立方程,求出各支路的电流。

(5)确定各支路电流的方向。当支路电流的计算结果为正值时,其方向和假设方向相同;当计算结果为负值时,其方向和假设方向相反。

(6)根据电路中的 KCL 和 KVL 两个定律,验证计算结果。

2.5　网孔电流法

网孔电流法也是电路分析的一种常用方法。当电路的支路数较多而网孔数较少时,用此方法可使电路的方程数较少,便于电路的求解。网孔电流法的独立方程数等于电路的网孔数。

2.5.1　网孔电流

在支路电流法中,有 b 条支路就有 b 个未知量,需要联立 b 个独立方程,当支路较多时,计算就很烦琐。如果一个电路尽管支路较多,但是网孔较少,采用网孔电流法就可以减少独立方程的数量。

所谓网孔电流,就是在每个网孔中,都有一个沿着网孔路径的绕行方向(一般取顺时针方向)进行环形流动的假想电流,这种假想电流就称为网孔电流。如图 2-14 中的 I_a、I_b。网孔电流虽然是假想电流,但各支路电流和相应的网孔电流都有明确的线性关系,在图 2-14 中,各支路电流和网孔电流的关系为:$I_1=I_a$,$I_2=I_b-I_a$,$I_3=I_b$。

图 2-14　网孔电流举例

2.5.2　网孔电流法原理

网孔电流法是以网孔电流为电路的未知量,根据 KVL 来列写电路中网孔电流的回路电压方程。网孔电流法的独立方程数等于网孔数,即独立回路数为 $b-(n-1)$。求出网孔电流后,所有支路的电流以及元件两端的电压便很容易求出。

用网孔电流法列写 KVL 方程,原则上与用支路电流法列写 KVL 方程一样,但是这时应该用网孔电流表示各电阻上的电压。有些电阻中会有几个网孔电流同时流过,列写方程时应该把各网孔电流流经该电阻时引起的所有电压都计算进去。通常,选取网孔绕行方向和网孔电流方向一致且为顺时针方向。对图 2-14 所示电路中的网孔,列写 KVL 方程为:

网孔 a $\qquad\qquad R_1 I_a - U_1 + U_2 + R_2 I_a - R_2 I_b = 0$

网孔 b $\qquad\qquad R_2 I_b - R_2 I_a - U_2 + R_3 I_b = 0$

电阻 R_2 上的压降 $R_2(I_a - I_b)$ 可看成由两个网孔电流产生的压降组成,即 $R_2 I_a$ 和 $R_2 I_b$。在网孔电流的参考绕行方向均为顺时针方向时,对网孔 a 而言,$R_2 I_a$ 前面的符号总是正的,$R_2 I_b$ 前面的符号总是负的;对网孔 b 而言,$R_2 I_b$ 前面的符号总是正的,$R_2 I_a$ 前面的符号总是负的。经过整理后的两个网孔方程为

$$\left.\begin{array}{l} (R_1 + R_2) I_a - R_2 I_b = U_1 - U_2 \\ -R_2 I_a + (R_2 + R_3) I_b = U_2 \end{array}\right\} \qquad (2\text{-}16)$$

这就是以网孔电流为未知量列写的 KVL 方程,称为网孔方程。上述方程组可以进一步写成

$$\left.\begin{array}{l} R_{11} I_a + R_{12} I_b = U_{11} \\ R_{21} I_a + R_{22} I_b = U_{22} \end{array}\right\} \qquad (2\text{-}17)$$

式(2-17)中的 R_{11} 和 R_{22} 分别代表两个网孔的自电阻,它们为各自网孔中所有电阻之和,即 $R_{11} = R_1 + R_2$,$R_{22} = R_2 + R_3$;而 R_{12} 和 R_{21} 为相邻两个网孔的共有电阻,称为互电阻,即 $R_{12} = R_{21} = -R_2$。

因为列方程的绕行方向选定为与网孔电流的参考绕行方向一致,所以自电阻总是正的。对于互电阻,当通过互电阻的网孔电流 I_a 和 I_b 的参考绕行方向一致时,产生的两个电压极性相同,互电阻 R_{12}、R_{21} 取正号;当参考绕行方向相反时,互电阻取负号。如果各网孔电流的参考绕行方向均为顺时针(或逆时针)方向,则通过互电阻的两个网孔电流的方向总相反,此时互电阻恒为负值。U_{11} 和 U_{22} 分别代表两个网孔的电压源的代数和,各电压源的电压上升与网孔电流的参考绕行方向一致时取正号,反之取负号。

掌握以上列写网孔方程的规律,可直接根据电路列写网孔方程,不必再重复推导过程。

【例 2-7】 电路如图 2-15 所示,用网孔电流法列写电路方程,并说明各支路电流与网孔电流之间的关系。

解:该电路有 3 个网孔,首先假定各网孔电流 I_a、I_b、I_c 的参考绕行方向如图所示(均取顺时针方向),则网孔方程为

$$\left\{\begin{array}{l} (R_1 + R_2 + R_3) I_a - R_2 I_b - R_3 I_c = -U_1 + U_2 \\ -R_2 I_a + (R_2 + R_4 + R_6) I_b - R_6 I_c = U_4 - U_2 \\ -R_3 I_a - R_6 I_b + (R_3 + R_5 + R_6) I_c = -U_5 \end{array}\right.$$

联立求解可得各网孔电流 I_a、I_b、I_c 的值。各支路电

图 2-15 【例 2-7】电路

流与网孔电流之间的关系为

$$I_1=I_a, I_2=I_b-I_a, I_3=I_c-I_a, I_4=I_b, I_5=-I_c, I_6=I_b-I_c$$

2.5.3　网孔电流法的解题步骤

（1）选定 m 个网孔电流，各网孔电流的参考绕行方向应一致（通常取顺时针方向）。如果电路中有电流源与电阻的并联组合，应先将其等效变换为电压源与电阻的串联组合。

（2）以网孔电流为未知量，根据 KVL 列出 m 个网孔方程。自电阻总是正的，互电阻总是负的，电压源的电压上升方向与网孔绕行方向一致时取正，反之取负。

（3）解方程组，求出各网孔电流。

（4）给出各支路电流的参考绕行方向，由所求得的网孔电流求出各支路电流。

（5）检验计算结果。

注意：当各网孔电流的参考绕行方向不一致时，在所列方程中，自电阻总是正的，但互电阻的正负取决于相关网孔电流的参考绕行方向。该电阻上相关网孔电流的参考绕行方向一致时取正，反之取负。

2.5.4　含有理想电流源电路的网孔方程

当电路中含有理想电流源时，由于网孔方程中的每一项均为电压，所以必须把理想电流源两端的电压也增设为未知量列入网孔方程，并将电流源的电流与有关网孔电流的关系作为补充方程，一并求解。

【例 2-8】 用网孔电流法求图 2-16 所示电路中的各支路电流。已知 $I_{S1}=6$ A，$I_{S2}=2$ A，$R_1=2$ Ω，$R_2=3$ Ω，$R_3=1$ Ω，$R_4=2$ Ω。

解：网孔及网孔电流参考方向如图 2-16 所示，图中有两个理想电流源，其中理想电流源 I_{S1} 所在支路只流过一个网孔电流，则可知 $I_a=I_{S1}=6$ A，这样就不必再列网孔 a 的 KVL 方程。为了列网孔 b 和网孔 c 的 KVL 方程，须增设理想电流源 I_{S2} 的电压为 U_x，所得方程为

图 2-16　【例 2-8】电路

$$\begin{cases} I_a=I_{S1} \\ -R_3 I_a+(R_3+R_1)I_b=U_x \\ -R_4 I_a+(R_2+R_4)I_c=-U_x \end{cases}$$

多了一个未知量，必须增添一个方程，由理想电流源支路得到补充方程为

$$I_b-I_c=I_{S2}$$

代入数据得

$$\begin{cases} I_a=6 \\ -I_a+3I_b=U_x \\ -2I_a+5I_c=-U_x \\ I_b-I_c=2 \end{cases}$$

由以上四式联立可解得三个网孔电流分别为

$$I_a=6 \text{ A}, I_b=3.5 \text{ A}, I_c=1.5 \text{ A}$$

根据网孔电流,可求得各支路电流为

$I_1=6$ A, $I_2=3.5$ A, $I_3=1.5$ A, $I_4=I_a-I_b=2.5$ A, $I_5=I_a-I_c=4.5$ A, $I_6=I_b-I_c=2$ A

由【例2-8】可见,当理想电流源所在支路只流过一个网孔电流时,该网孔电流被理想电流源限定。当理想电流源所在支路流过两个网孔电流时,采用增设一个电流源的电压 U_x 为未知量的办法来解决。

*2.5.5 回路电流法

回路电流法与网孔电流法相似,都是根据 KVL 对电路列写 $\sum U=0$ 方程。网孔电流法是选择网孔为闭合回路,各网孔电流的绕行方向都规定为顺时针方向,回路电流法可以灵活选择回路,不一定按网孔来选,各回路电流的绕行方向也不一定统一规定为顺时针方向,因而网孔电流法是回路电流法的一个特例。

回路电流法可以自由选择回路,但选择回路时应注意两点:第一点是要保证所选回路之间彼此独立,即任一要选的回路比前面已选过的回路至少应包含一条新的支路;第二点是要把独立回路数选够,也就是说在保证第一点的前提下要选择与网孔数相同的独立回路数。

应用回路电流法列写 KVL 方程时,是以回路电流为未知量列写所选回路的 $\sum U=0$ 方程,在回路电流法中,自电阻恒为正,互电阻可能为正,也可能为负,要看两回路电流是以相同的方向还是以相反的方向流过共有电阻。

应用回路电流法可以方便地解决含有理想电流源电路的问题,下面举例说明。

图 2-17 【例2-9】电路

【例2-9】 用回路电流法解【例2-8】电路中的各支路电流。已知 $I_{S1}=6$ A, $I_{S2}=2$ A, $R_1=2$ Ω, $R_2=3$ Ω, $R_3=1$ Ω, $R_4=2$ Ω。

解:本题有两个理想电流源,用选回路的方法选的两个理想电流源支路分别只流过一个回路电流,所选回路及绕行方向如图 2-17 所示,所得方程为

$$\begin{cases} I_a=6 \\ I_b=2 \\ -(1+2)I_a+(1+2)I_b+(1+2+2+3)I_c=0 \end{cases}$$

联立求解得

$$I_c=1.5 \text{ A}$$

从而,各支路电流为

$$I_1=I_a=6 \text{ A}, I_2=I_b+I_c=3.5 \text{ A}, I_3=I_c=1.5 \text{ A}$$
$$I_4=I_a-I_b-I_c=2.5 \text{ A}, I_5=I_a-I_c=4.5 \text{ A}, I_6=I_b-2 \text{ A}$$

2.6 节点电压法

节点电压法也称为节点电位法。当一个电路中支路数较多,但是节点数较少时,采用节点电压法就可以减少独立方程的数量。节点电压法的方程数等于独立节点数。

図 2-18 节点电压举例

2.6.1 节点电压

节点电压也称为节点电位,是指电路中选定参考节点后,其余各节点与参考节点之间的电压。如图 2-18 中的 U_1 和 U_2。其中 $U_1=U_{10}$,$U_2=U_{20}$。在图 2-18 中,各支路电流和相应的节点电压都有明确的线性关系,求得各独立节点的电压后,各支路的电流就很容易求得,$I_1=U_1/R_1$,$I_2=U_2/R_2$,$I_3=U_{12}/R_3=(U_1-U_2)/R_3$。

2.6.2 节点电压法原理

节点电压法是将节点电压作为电路的未知量,然后根据 KCL 来列写电路中各独立节点电流方程的分析方法。节点上各电阻支路的电流大小是以节点电压的形式来表示的。节点电压法的独立方程数等于独立节点数,即 $(n-1)$。求出各独立节点的节点电压后,所有支路的电流大小很容易求出。

用节点电压法列写 KCL 方程原则上与用支路电流法列写 KCL 方程一样,但是这时应该用节点电压来表示各电阻支路中的电流。有些电阻支路接在两个独立节点之间,列写方程时应该把这两个独立节点电压都计算进去。对图 2-18 所示电路中的两个节点,列写 KCL 方程为

节点 1 $I_1+I_3-I_{S1}-I_{S3}=0$

节点 2 $I_2-I_3-I_{S2}+I_{S3}=0$

将各电阻支路的电流用未知量(节点电压 U_1、U_2)表示,得

$I_1=U_1/R_1=G_1U_1$,$I_2=U_2/R_2=G_2U_2$,$I_3=U_{12}/R_3=(U_1-U_2)/R_3=G_3U_1-G_3U_2$

将上述 I_1、I_2、I_3 代入节点 1 和节点 2 的 KCL 方程,并将电流源均移到等式右边,可得

$$\left.\begin{array}{l}(G_1+G_3)U_1-G_3U_2=I_{S1}+I_{S3}\\-G_3U_1+(G_2+G_3)U_2=I_{S2}-I_{S3}\end{array}\right\} \tag{2-18}$$

这就是以节点电压为未知量列写的 KCL 方程,称为节点电压方程。仔细观察可以发现:式(2-18)中每一个等式的左边均为经电导流出相应节点的电流之和,而等式右边是经电流源流入相应节点的电流,由 KCL 可知,两边当然相等。

式(2-18)可以进一步写成

$$\left.\begin{array}{l}G_{11}U_1+G_{12}U_2=I_{S11}\\G_{21}U_1+G_{22}U_2=I_{S22}\end{array}\right\} \tag{2-19}$$

式(2-19)称为具有两个独立节点电路的节点方程的一般形式。仔细观察不难发现:$G_{11}=G_1+G_3$ 是连接到节点 1 的所有电导之和,称为节点 1 的自电导;$G_{22}=G_2+G_3$ 是连接到节点 2 的所有电导之和,称为节点 2 的自电导。自电导恒为正值,这是因为假设节点电压的参考方向总是由独立节点指向参考节点,所以各节点电压在自电导中引起的电流总是流出该节点。$G_{12}=G_{21}=-G_3$ 是连接在节点 1 与节点 2 之间的各支路电导之和,称为两相邻节点的互电导。互电导恒为负值,原因是另一节点电压通过互电导产生的电流总是流入本节点。

等式右边分别是流入节点 1 和节点 2 的各电流源电流的代数和,流入为正,流出为负。$I_{S11} = I_{S1} + I_{S3}$,$I_{S22} = I_{S2} - I_{S3}$。需要说明的是:如果理想电流源支路有串联电阻,在列写节点电压方程时,应去除该电阻(短路)。

经上例分析,可以把结果推广到有 n 个节点的电路,将第 n 个节点指定为参考节点,对第 i 个节点而言,该节点的电压方程为

$$\sum_{j=1}^{n-1} G_{ij} U_j = I_{Sij} \tag{2-20}$$

该方程的个数为 $(n-1)$ 个。在等式的左边,当 $j=i$ 时系数 G_{ij} 是 i 节点的自电导,其值为连接到 i 节点的所有电导之和,且自电导恒为正值;当 $j \neq i$ 时系数 G_{ij} 是 i 节点与 j 节点之间的互电导,其值为连接在 i 节点与 j 节点之间的各支路电导之和,且互电导恒为负值。在等式的右边,是流入 i 节点的等效电流源的代数和,流入节点为正,流出节点为负。

掌握了列写节点方程的规律,可直接根据电路列写节点方程,不必再重复推导过程。

2.6.3 节点电压法的解题步骤

(1)选定参考节点,标出其余各独立节点的序号(共 $n-1$ 个),将各独立节点的节点电压作为未知量,其参考方向由独立节点指向参考节点。

(2)若电路中存在电压源与电阻串联的支路,先将其等效变换为电阻与电流源的并联电路。

(3)对各独立节点列写以节点电压为未知量的 KCL 方程,共有 $(n-1)$ 个独立方程。自电导恒为正,互电导恒为负。

(4)解方程组,求出各节点电压。

(5)指定各支路电流的参考方向,并由所求得的节点电压来计算各支路电流。

(6)检验计算结果。

【例 2-10】 电路如图 2-19(a)所示,已知 $R_1 = R_2 = R_3 = 2 \ \Omega$,$R_4 = R_5 = 4 \ \Omega$,$U_{S1} = 4 \ \text{V}$,$U_{S2} = 12 \ \text{V}$,$I_{S3} = 3 \ \text{A}$,试用节点电压法求电流 I_1 和 I_4。

(a)

(b)

图 2-19 【例 2-10】电路

解:选取电路中的 0 节点为参考节点,标出其余两个节点的电压 U_1 和 U_2。将两个实际电压源变换为电流源,得到如图 2-19(b)所示电路,$I_{S1} = U_{S1}/R_1 = 2 \ \text{A}$,$I_{S2} = U_{S2}/R_5 = 3 \ \text{A}$。

以节点电压 U_1 和 U_2 为未知量,根据 KCL 用观察法列写两个节点的电流方程,且电阻支路的电流用节点电压来表示,得

$$\begin{cases} (\dfrac{1}{R_1}+\dfrac{1}{R_2}+\dfrac{1}{R_4}+\dfrac{1}{R_5})U_1-(\dfrac{1}{R_4}+\dfrac{1}{R_5})U_2=I_{S1}-I_{S2} \\ -(\dfrac{1}{R_4}+\dfrac{1}{R_5})U_1+(\dfrac{1}{R_3}+\dfrac{1}{R_4}+\dfrac{1}{R_5})U_2=I_{S3}+I_{S2} \end{cases}$$

代入电阻和电流源的数据得

$$\begin{cases} \dfrac{3}{2}U_1-\dfrac{1}{2}U_2=-1 \\ -\dfrac{1}{2}U_1+U_2=6 \end{cases}$$

联立求解得
$$U_1=\frac{8}{5}\ \text{V},\ U_2=\frac{34}{5}\ \text{V}$$

$$I_1=\frac{U_{S1}-U_1}{R_1}=\frac{4-\dfrac{8}{5}}{2}=\frac{12}{5}\times\frac{1}{2}=\frac{6}{5}\ \text{A}$$

$$I_4=\frac{U_1-U_2}{R_4}=\frac{\dfrac{8}{5}-\dfrac{34}{5}}{4}=-\frac{26}{5}\times\frac{1}{4}=-\frac{13}{10}\ \text{A}$$

2.6.4 含有理想电压源电路的节点方程

当理想电压源没有与其串联的电阻时,不能变换为等效的电流源,这时怎样列节点方程呢? 其方法是增设理想电压源支路的电流为未知量 I_x。这时,虽然增设了未知量 I_x,但由于理想电压源接在两个节点之间,可以使这两个节点电压中的一个未知量用另一个来表示,所以总的独立节点方程数并不会增加。下面通过一个例子来加以说明。

【例 2-11】 电路如图 2-20 所示,试用节点电压法求 I。

解:本例中 $n=4$,共有三个独立节点,三个电源中有两个理想电压源。遇到含理想电压源电路时,常选某一理想电压源的一端为参考节点。现选 14 V 理想电压源的负极端为参考节点,并标出其余独立节点电压 U_1、U_2 和 U_3,在节点 2 和 3 之间是一个 8 V 的理想电压源,可以增设此支路电流 I_x 为未知量,现根据 KCL 列写以 U_1、U_2、U_3 和 I_x 为未知量的节点方程。

图 2-20 【例 2-11】电路

$$\begin{cases} U_1=14 \\ U_2-U_3=8 \\ -U_1+(1+0.5)U_2+I_x=3 \\ -0.5U_1+(1+0.5)U_3-I_x=0 \end{cases}$$

解得
$$U_1=14\ \text{V},\ U_2=12\ \text{V},\ U_3=4\ \text{V},\ I_x=-1\ \text{A}$$

$$I=\frac{U_1-U_3}{2}=\frac{10}{2}=5\ \text{A}$$

*2.6.5　弥尔曼定理

当电路具有多个支路但只有两个节点时,应用节点电压法列出一个独立节点方程的求解方法就是弥尔曼定理。

如图 2-21 所示电路为多支路两节点电路。设 0 点为参考节点,以节点电压 U_1 为未知量,用节点电压法列写 U_1 的节点方程为

$$\left(\frac{1}{R_1}+\frac{1}{R_2}+\frac{1}{R_3}+\frac{1}{R_4}\right)U_1=\frac{1}{R_1}U_{S1}+\frac{1}{R_2}U_{S2}+I_S$$

图 2-21　弥尔曼定理举例

上式可进一步改写为

$$G_{11}U_1=I_{S11}$$

式中的 G_{11} 和 I_{S11} 为

$$G_{11}=\frac{1}{R_1}+\frac{1}{R_2}+\frac{1}{R_3}+\frac{1}{R_4}$$

$$I_{S11}=\frac{1}{R_1}U_{S1}+\frac{1}{R_2}U_{S2}+I_S$$

写成一般形式为

$$U_1=\frac{I_{S11}}{G_{11}}$$

这个一般形式就是弥尔曼定理。

【例 2-12】 在图 2-21 所示电路中,已知 $R_1=5\ \Omega$,$R_2=10\ \Omega$,$R_3=4\ \Omega$,$R_4=20\ \Omega$,$U_{S1}=10\ V$,$U_{S2}=20\ V$,$I_S=11\ A$,利用节点电压法求各支路电流。

解:列写节点电压方程为

$$\left(\frac{1}{R_1}+\frac{1}{R_2}+\frac{1}{R_3}+\frac{1}{R_4}\right)U_1=\frac{1}{R_1}U_{S1}+\frac{1}{R_2}U_{S2}+I_S$$

代入数据求得

$$U_1=25\ V$$

根据各支路电流与节点电压的关系可得

$$I_1=(U_{S1}-U_1)/R_1=(10\ V-25\ V)/5\ \Omega=-3\ A$$

$$I_2=(U_{S2}-U_1)/R_2=(20\ V-25\ V)/10\ \Omega=-0.5\ A$$

$$I_3=U_1/R_3=25\ V/4\ \Omega=6.25\ A$$

$$I_4=U_1/R_4=25\ V/20\ \Omega=1.25\ A$$

2.7　叠加定理与替代定理

叠加定理与替代定理都是对电路进行等效变换的分析方法,通过等效变换来改变电路的结构使电路得以简化。但叠加定理只适用于线性电路,而替代定理对于线性电路和非线性电路都适用。

2.7.1 叠加定理

叠加定理

叠加定理是反映线性电路基本性质的一个十分重要的定理,也是在电路分析中对电路进行等效变换分析的方法之一。利用叠加定理,可以将一个含有多个独立电源的线性电路,等效变换为只含有单一独立电源的线性电路,从而使电路得到简化。

1. 叠加定理的内容

叠加定理的内容可表述为:在含有多个独立电源的线性电路中,各支路的电流或电压,等于各电源分别单独作用时在该支路中所产生的电流或电压的叠加。

下面以图 2-22(a)所示电路中的电流 I 为例来说明叠加定理。

图 2-22 叠加定理举例

在图 2-22(a)中,电路中的电流 I 为

$$I = (U_{S1} - U_{S2})/(R_1 + R_2 + R_3)$$
$$= U_{S1}/(R_1 + R_2 + R_3) - U_{S2}/(R_1 + R_2 + R_3)$$
$$= I' - I''$$

和 I' 对应的电路如图 2-22(b)所示,与 I'' 对应的电路如图 2-22(c)所示。而图2-22(b)和图 2-22(c)正是 U_{S1} 和 U_{S2} 单独作用于电路时的等效电路。在图 2-22(b)和图 2-22(c)中可直接求得 $I' = U_{S1}/(R_1 + R_2 + R_3)$, $I'' = U_{S2}/(R_1 + R_2 + R_3)$。图 2-22(a)中的电流 I 就等于 U_{S1} 和 U_{S2} 单独作用时所产生的电流的代数和,I' 与 I 的参考方向相同取正号,I'' 与 I 的参考方向相反取负号。由此可见,图 2-22(a)所示电路就等于图2-22(b)和图 2-22(c)所示电路的叠加。

一个独立电源单独作用,意味着其他独立电源不作用,即不作用的电压源的电压为 0,可用短路线代替(实际电压源的内阻仍应保留在电路中);不作用的电流源的电流为 0,可用开路来代替(实际电流源的内阻仍应保留在电路中)。

虽然电流或电压可以用叠加定理计算,但功率却不能用叠加定理计算。某一元件上的功率不等于各独立电源单独作用在该元件上产生的功率之和,这是因为

$$P = RI^2 = R(I' + I'')^2 \neq RI'^2 + RI''^2$$

或

$$P = U^2/R = (U' + U'')^2/R \neq U'^2/R + U''^2/R$$

显然,电流或电压与功率不成正比,它们之间不是线性关系。

2. 叠加定理的应用

叠加定理一般不直接用来作为解题的方法。因为当多个独立电源同时作用在某一电路时,应用叠加定理来求各支路的电流(或电压)不但不简单,还很烦琐。该定理主要用来分析线性电路的特性,推导其他定理和化简更复杂的电路,例如戴维南定理的推导,非正

弦电路的分析,或者分析某一电源在电路中所起的作用。

应用叠加定理时,应注意以下几点:

(1)叠加定理只适用于线性电路的分析与计算。

(2)叠加定理只能用于电流或电压的计算,不能用于功率的计算。

(3)在叠加定理的应用中,当某一独立电源单独作用时,其余的独立电源应去除。其方法是将不作用的电压源短路(电压源的电压为0),保留其内阻;将不作用的电流源开路(电流源的电流为0),保留其内阻。

(4)应用叠加定理时,要注意电流(或电压)的参考方向,求其代数和要以原电路中的电流(或电压)的参考方向为准。各独立电源单独作用下所得电路各处的分电流(或分电压)的参考方向与原电路中各电源共同作用下所对应的电流(或电压)的参考方向一致时取正号,不一致时取负号。

【例 2-13】 在图 2-23(a)所示电路中,已知 $U_{S1}=15$ V,$I_S=3$ A,$R_1=5$ Ω,$R_2=10$ Ω,求各支路电流及电阻 R_2 上的功率。

图 2-23 【例 2-13】电路

解: 应用叠加定理可将图 2-23(a)所示电路分解成图 2-23(b)和图 2-23(c)所示电路的叠加,其中不作用的电压源做短路处理,不作用的电流源做开路处理。

由图 2-23(b)得 $I_1' = I_2' = U_{S1}/(R_1+R_2) = 15$ V$/(5$ Ω$+10$ Ω$)=1$ A

由图 2-23(c)得 $I_1''=2$ A,$I_2''=1$ A

所以有 $I_1 = I_1' - I_1'' = 1$ A-2 A$=-1$ A

$$I_2 = I_2' + I_2'' = 1 \text{ A} + 1 \text{ A} = 2 \text{ A}$$

电阻 R_2 上所消耗的功率为

$$P = R_2 I_2^2 = 10 \text{ Ω} \times (2 \text{ A})^2 = 40 \text{ W}$$

若用叠加定理求功率则为

$$P' = R_2 (I_2')^2 = 10 \text{ Ω} \times (1 \text{ A})^2 = 10 \text{ W}$$

$$P'' = R_2 (I_2'')^2 = 10 \text{ Ω} \times (1 \text{ A})^2 = 10 \text{ W}$$

$$P' + P'' = 20 \text{ W} \neq P$$

可见结果错误。

*2.7.2 齐性定理

在线性电路中,当只有一个独立电源作用时,电路中任一支路的电流和电压的大小与电源的大小成正比。当电源增大或减小 n 倍时(n 为实常数),各支路的电流和电压也将

增大或减小 n 倍,这个关系称为齐性定理。

齐性定理可用叠加定理证明,电源增大 n 倍,可看成 n 个电源的叠加,因此各支路电流就是 n 个分电流的叠加。用齐性定理分析梯形网络非常方便,下面举例说明。

【例 2-14】 求图 2-24 所示梯形网络中的各支路电流。已知 $U_S=122$ V,$R_1=3$ Ω,$R_2=1$ Ω,$R_3=3$ Ω,$R_4=2$ Ω,$R_5=4$ Ω。

解: 如图 2-24 所示电路是简单电路,可用电阻串、并联等效变换的方法进行化简,求出总电流后再由分流和分压公式求出各支路电流。但这样做比较烦琐,而应用齐性定理采用"倒推法"计算则比较简单。其步骤是:先假定离电

图 2-24 【例 2-14】电路

压源最远的电阻所通过的电流 $I_5{}'$ 为单位电流(1 A)。然后以一个单位电流(1 A)为基础应用欧姆定律和基尔霍夫定律从后向前依次计算(倒推)各元件的电压和电流,以及对应的输入电压 $U_S{}'$,最后根据齐性定理 $U_S/U_S{}'=I_S/I_S{}'=n$,反推计算出每一支路电流。

设 $I_5{}'=1$ A ,则

$$I_4{}'=2 \text{ A},I_3{}'=I_4{}'+I_5{}'=3 \text{ A},I_2{}'=(3I_3{}'+2I_4{}')/1=13 \text{ A},I_1{}'=I_2{}'+I_3{}'=16 \text{ A}$$

因而

$$U_S{}'=R_1 \times I_1{}'+R_2 \times I_2{}'=48 \text{ V}+13 \text{ V}=61 \text{ V}$$

$$n=U_S/U_S{}'=122 \text{ V}/61 \text{ V}=2$$

根据齐性定理得

$$I_1=nI_1{}'=32 \text{ A},I_2=nI_2{}'=26 \text{ A}$$

$$I_3=nI_3{}'=6 \text{ A},I_4=nI_4{}'=4 \text{ A},I_5=nI_5{}'=2 \text{ A}$$

*2.7.3　替代定理

替代定理也叫置换定理,其内容可叙述如下:在任一电路中,若某一支路的电流(或电压)为已知的 I_n(或 U_n),则不管该支路为何元件,总可以用一个其值等于 I_n 的理想电流源(或其值等于 U_n 的理想电压源)来替代,替代后,电路各处的电流和电压都不变。

替代定理的实质来源于电路中各处电压值与电流值的唯一性。以各支路电流或电压为未知量所列出来的 KCL 和 KVL 方程是一个代数方程组,这个代数方程组只要存在唯一的解,就将其中的一个未知量用其解去替代,不会影响其余未知量的值。

替代定理的价值在于:一旦电路中某支路的电流或电压为已知的,就可用一个独立电源替代该支路或二端网络,从而简化了电路的分析和计算。替代定理不仅可用于线性电路,也可用于非线性电路。

【例 2-15】 求图 2-25(a)所示电路中的 R 值。

解: 由分流关系得

$$I_2=6I_3/3=12 \text{ A}/3=4 \text{ A},\quad I_R=I_2+I_3=4 \text{ A}+2 \text{ A}=6 \text{ A}$$

用 6 A 的理想电流源替代 R 支路,并将电路左边的电流源变换为电压源,同时对电路右边的并联电阻进行等效变换,可得如图 2-25(b)所示电路,由此电路可求得

$$U_R=48 \text{ V}-(4 \text{ Ω}+2 \text{ Ω}) \times 6 \text{ A}=12 \text{ V},\quad R=U_R/6 \text{ A}=12 \text{ V}/6 \text{ A}=2 \text{ Ω}$$

图 2-25 【例 2-15】电路

2.8 戴维南定理与诺顿定理

在一个比较复杂的电路中,当只需计算某一条支路的电流或某两点之间的电压时,可以将这个支路划出,然后应用戴维南定理(或诺顿定理)对其余电路进行等效变换,则可以使计算过程大大简化。戴维南定理又叫等效电源定理,利用该定理,可以将任一内部含有电源的二端网络变换为一个电压源的电路形式。戴维南定理是电路计算中最常用的一种方法。

2.8.1 二端网络

二端网络也叫单口网络,是指一个电路对外由两个引出端钮构成一个端口的网络。如图 2-26(a)所示。

图 2-26 戴维南定理的描述

凡是由独立电源和电阻组成的二端网络就称为有源二端网络,凡是内部不含独立电源而只含有电阻的二端网络就称为无源二端网络。一个无源二端网络总可以用一个总的等效电阻 R_o 来表示;一个有源二端网络可以是简单的或任意复杂的电路,不论它的繁简程度如何,对外电路而言,仅相当于一个电源,可以从两个端钮向外电路输出电能。因此,一个有源二端网络一定可以简化为一个等效电源。

2.8.2 戴维南定理

戴维南定理的内容可表述为:任一线性有源二端网络 N,对外电路而言,可以等效为一个理想电压源 U_S 与一个电阻 R_o 串联所构成的实际电压源模型。其中,U_S 等于有源二端网络 N 的开路电压;R_o 等于在有源二端网络 N 中除去所有独立电源后所对应的无源二端网络 N_o 的等效电阻。除去所有的独立电源是指将电源的参数置 0,即将电压源短路,将电流源开路。戴维南定理的描述如图 2-26 所示。

戴维南定理参数测试

图 2-26 中 N 为含有独立电源的有源二端网络，N_o 为在 N 中除去独立电源之后所得到的无源二端网络，U_o 为有源二端网络的开路电压，R_o 为无源二端网络的等效电阻。

戴维南定理的证明如下：设一个有源二端网络 N 与外电路（电阻 R 支路）相连，如图 2-27(a) 所示，端口 a、b 间的电压为 U，电流为 I。根据替代定理，可用 $I_S = I$ 的电流源代替电阻 R 支路，替代后的电路如图 2-27(b) 所示。应用叠加定理，有源二端网络 N 的端口电压 U 可以看成由网络内部电源和网络外部电流源共同作用的结果，所得的两个分电路如图 2-27(c) 和图 2-27(d) 所示，即 $U = U' + U''$。在图 2-27(c) 中，U' 是有源二端网络 N 内部所有电源作用的结果，网络外部电流源为 0（即电流源开路）时的端口 a、b 电压，也是有源二端网络的开路电压，即 $U' = U_o$；在图 2-27(d) 中，U'' 为外部电流源 I_S 作用的结果，网络内部的独立电源不作用（将独立电源去除，即电流源开路，电压源短路）时的端口 a、b 电压，这时的有源二端网络 N 就变成了无源二端网络 N_o，端口 a、b 间呈现的电阻为无源二端网络 N_o 的输入电阻 R_o，此时的电流源 I_S 流过这个电阻时产生的压降为 $U'' = -R_o I_S$ $= -R_o I$。根据叠加定理所得的端口 a、b 间的电压 $U = U' + U'' = U_o - R_o I$，由这一关系得到的等效电路如图 2-27(e) 所示，戴维南定理得证。

图 2-27　戴维南定理的证明过程

应用戴维南定理的关键是求出有源二端网络 N 的开路电压 U_o 和与之对应的无源二端网络 N_o 的等效电阻 R_o。

U_o 的求法是：在一个电路中，若要计算某一支路的电流或电压，则需要先将该支路从电路中去掉，端口 a、b 开路，然后计算有源二端网络 N 的开路电压。当然在工程上也可以将 a、b 开路后测量开路处的电压。

R_o 的求法有三种：

(1)先去掉有源二端网络 N 内部的所有独立电源，得到与之对应的无源二端网络 N_o，然后根据 R 的串、并联简化和 Y-△ 变换等方法计算从端口 a、b 看进去的等效电阻 R_o。

(2)在去掉有源二端网络 N 内部的所有独立电源得到与之对应的无源二端网络 N_o 后，采用"电压-电流法"来计算等效电阻。其方法是：在端口 a、b 处外加电压源 U，求端口处的电流 I，则等效电阻 $R_o = U/I$；或者在端口处外加电流源 I，求端口处的电压 U，从而得到 R_o。

(3)在计算端口 a、b 的开路电压 U_o 之后，再将端口 a、b 短路，求短接处的短路电流 I_{So}，从而得到 $R_o = U_o/I_{So}$，因为一个实际电压源的开路电压与短路电流的比值就是其内阻值。

【例 2-16】　用戴维南定理计算图 2-28(a)所示电路中的电流 I_3。已知 $U_1 = 140$ V，$U_2 = 90$ V，$R_1 = 20$ Ω，$R_2 = 5$ Ω，$R_3 = 6$ Ω。

图 2-28　【例 2-16】电路

解：在图 2-28(a)电路中除去 R_3 支路得图 2-28(b)，这时图 2-28(b)所示的有源二端网络中的电流为

$$I = (U_1 - U_2)/(R_1 + R_2) = (140 \text{ V} - 90 \text{ V})/(20 \text{ Ω} + 5 \text{ Ω}) = 2 \text{ A}$$

图 2-28(b)所示电路中 a、b 间的开路电压为

$$U_o = U_1 - IR_1 = 140 \text{ V} - 2 \text{ A} \times 20 \text{ Ω} = 100 \text{ V}$$

U_o 也可以用 $U_o = U_2 + IR_2 = 90 \text{ V} + 2 \text{ A} \times 5 \text{ Ω} = 100 \text{ V}$ 求得，或者用节点电压法计算得到。

等效电源的内阻 R_o 可由图 2-28(c)所示的无源二端网络求得，对 a、b 两端而言，R_1 和 R_2 并联，因此有

$$R_o = R_1 R_2/(R_1 + R_2) = 20 \text{ Ω} \times 5 \text{ Ω}/(20 \text{ Ω} + 5 \text{ Ω}) = 4 \text{ Ω}$$

最后，根据戴维南定理，图 2-28(a)电路可等效为图 2-28(d)所示电路，由此可求得

$$I_3 = U_o/(R_o + R_3) = 100 \text{ V}/(4 \text{ Ω} + 6 \text{ Ω}) = 10 \text{ A}$$

【例 2-17】　用戴维南定理计算图 2-29(a)所示桥式电路中 R_5 支路的电流 I_5。已知 $U_S = 12$ V，$R_1 = R_2 = 5$ Ω，$R_3 = 10$ Ω，$R_4 = 5$ Ω，$R_5 = 10$ Ω。

图 2-29　【例 2-17】电路

解：将 R_5 支路从 a、b 处断开，从而得到图 2-29(b)所示的含独立电源的二端网络。用戴维南定理求其等效电路，其开路电压 U_o 可由图 2-29(b)求得

$$I_1 = U_S/(R_1 + R_2) = 12 \text{ V}/(5 \text{ Ω} + 5 \text{ Ω}) = 1.2 \text{ A}$$

$$I_2 = U_S/(R_3 + R_4) = 12 \text{ V}/(10 \text{ Ω} + 5 \text{ Ω}) = 0.8 \text{ A}$$

$$U_o = R_2 I_1 - R_4 I_2 = 5 \text{ Ω} \times 1.2 \text{ A} - 5 \text{ Ω} \times 0.8 \text{ A} = 2 \text{ V}$$

$$(\text{或 } U_o = R_3 I_2 - R_1 I_1 = 10 \text{ Ω} \times 0.8 \text{ A} - 5 \text{ Ω} \times 1.2 \text{ A} = 2 \text{ V})$$

等效电源的内阻可由图 2-29(c)求得

$$R_o = R_1 R_2 / (R_1 + R_2) + R_3 R_4 / (R_3 + R_4)$$
$$= 5\ \Omega \times 5\ \Omega / (5\ \Omega + 5\ \Omega) + 10\ \Omega \times 5\ \Omega / (10\ \Omega + 5\ \Omega) = 2.5\ \Omega + 3.3\ \Omega = 5.8\ \Omega$$

最后,由图 2-29(d)可求得

$$I_5 = U_o / (R_o + R_5) = 2\ \text{V} / (5.8\ \Omega + 10\ \Omega) = 0.127\ \text{A}$$

*2.8.3 诺顿定理

任一线性有源二端网络 N,对外电路而言,都可以等效为一个理想电流源 I_S 与一个电阻 R_o 并联所构成的实际电流源模型。其中,I_S 等于有源二端网络 N 的短路电流;R_o 等于在有源二端网络 N 中除去所有独立电源(理想电压源短路,理想电流源开路)后所对应的无源二端网络 N_o 的等效电阻。诺顿定理的描述如图 2-30 所示。

图 2-30 诺顿定理的描述

诺顿定理可以由戴维南定理和电压源与电流源的等效变换来证明,也可以直接应用叠加定理和替代定理来证明,证明方法和戴维南定理的证明类似。

【例 2-18】 用诺顿定理计算图 2-31(a)所示电路中的电流 I_3。已知 $U_1 = 140$ V,$U_2 = 90$ V,$R_1 = 20\ \Omega$,$R_2 = 5\ \Omega$,$R_3 = 6\ \Omega$。

图 2-31 【例 2-18】电路

解: 在图 2-31(a)所示电路中去除 R_3 支路,并将 a、b 端短路得图 2-31(b),这时图 2-31(b)所示电路的短路电流为

$$I_S = \frac{U_1}{R_1} + \frac{U_2}{R_2} = \frac{140\ \text{V}}{20\ \Omega} + \frac{90\ \text{V}}{5\ \Omega} = 25\ \text{A}$$

等效电源的内阻 R_o 可由图 2-31(c)所示的无源二端网络求得,对 a、b 二端而言,R_1 和 R_2 并联,因此有

$$R_o = R_1 R_2 / (R_1 + R_2) = 20\ \Omega \times 5\ \Omega / (20\ \Omega + 5\ \Omega) = 4\ \Omega$$

最后,根据诺顿定理,图 2-31(a)所示电路可等效为图 2-31(d)所示电路,由此可求得

$$I_3 = \frac{R_o}{R_o + R_3} I_S = \frac{4\ \Omega}{4\ \Omega + 6\ \Omega} \times 25\ \text{A} = 10\ \text{A}$$

2.9 含有受控电源电路的分析

随着电子技术的发展,受控电源作为电路元件已引入电路分析中,许多电子元器件如晶体管、运算放大器和变压器等,都可以将其等效为受控电源后再进行电路分析。

2.9.1 受控电源的概念与类型

1. 受控电源的概念

上面讨论的电压源与电流源,都是独立电源。独立电源的电压或电流不受外电路的控制而独立存在。电路中还会遇到另一类非独立的电源,称为受控电源(简称受控源),受控电源的电压或电流,是受电路中其他部分的电压或电流控制的,当控制端的电压或电流消失或等于零时,受控电源的电压或电流也将为零。

受控电源又称为非独立电源,受控电源本身并不像独立电源那样,能够给电路提供能量。受控电源所表示的主要是电路中一部分电路对另一部分电路的控制作用。在电路图中,为了区别受控电源与独立电源,受控电源用菱形符号表示而不用圆圈表示,如图 2-32 所示。

图 2-32 受控电源的类型与符号

2. 受控电源的类型

前面研究的理想元件都是二端元件,它们与外电路只有两个连接端。受控电源是四端元件,有两对端钮,其中一对为输入端钮,另一对为输出端钮。输入端为控制端,其电压 U 或电流 I 作为控制量,输出端为被控制端,其电压 U_S 或电流 I_S 作为被控制量。

受控电源根据被控制量是电流源 I_S 还是电压源 U_S 以及控制量是电压 U 还是电流 I 来分,具有以下四种类型:

(1)受电压 U 控制的电压源 U_S,简称压控电压源(VCVS),如图 2-32(a)所示。其中 U_1 是控制量,U_2 是被控制量,$U_2 = \mu U_1$。VCVS 的控制关系为 $\mu = U_S/U$,μ 称为电压放大倍数,为无量纲的常数。

(2)受电压 U 控制的电流源 I_S,简称压控电流源(VCCS),如图 2-32(b)所示。其中

U_1 是控制量，I_2 是被控制量，$I_2＝gU_1$。VCCS 的控制关系为 $g＝I_s/U$，g 称为控制跨导，具有电导的量纲(S,西门子)。

(3)受电流 I 控制的电压源 U_s，简称流控电压源(CCVS)，如图 2-32(c)所示。其中 I_1 是控制量，U_2 是被控制量，$U_2＝rI_1$。CCVS 的控制关系为 $r＝U_s/I$，r 称为控制电阻，具有电阻的量纲(Ω,欧姆)。

(4)受电流 I 控制的电流源 I_s，简称流控电流源(CCCS)，如图 2-32(d)所示。其中 I_1 是控制量，I_2 是被控制量，$I_2＝\beta I_1$。CCCS 的控制关系为 $\beta＝I_s/I$，β 称为电流放大倍数，为无量纲的常数。

在上述四种类型的受控电源中，其参数 μ、g、r 和 β 分别反映了四种类型的受控电源的控制关系与控制特性。如果一个含有受控电源的电路去除独立电源，受控电源的电压或电流也为零，此时受控电源就是一个无源器件，说明受控电源不仅具有电源的特性，还会表现出电阻的特性。

电路中引入受控电源的概念对分析电路十分有利，因为许多电路特别是电子电路不能只用独立电源及电阻来表示，例如电路中有变压器、晶体管时，用受控电源来表示，将会使电路分析变得十分简便。

2.9.2　含有受控电源电路的分析方法

前面介绍的分析方法和定理，都可以用来分析和计算含有受控电源的电路。但受控电源又有其特殊的地方，需要引起注意。

(1)受控电源既有电源性质，又有电阻性质，这是受控电源的最重要特征。受控电源的电源性质与独立电源的性质相同，在电路分析时可以看作电源；但受控电源又具有电阻性质，这一点与独立电源不同。在电路分析中，当需要计算含有受控电源电路的阻值时，必须考虑受控电源所呈现的阻值，这是需要特别注意的。

(2)含有受控电源的二端网络，求其等效电阻时，方法有两种：一是采用"电压-电流法"来计算，即在端口处外加电压 U 求其电流 I，或外加电流 I 求其电压 U，然后根据电压与电流的比值(U/I)求得含有受控电源二端网络的等效电阻 R_0，$R_0＝U/I$；二是求出含独立电源二端网络的开路电压 U_0 和短路电流 I_s，则等效电阻为 $R_0＝U_0/I_s$。

(3)含有受控电源的二端网络的等效电阻，可能为负值，这表明该网络向外部电路发出功率。

(4)受控电压源与受控电流源可以互相进行等效变换，其方法与独立电源的等效变换方法相同。变换过程中要保留控制量所在的支路不被变换，也就是在变换过程中要保留控制量，否则，若受控电源的控制量消失将无法算出结果。

(5)用网孔电流法分析受控电源电路时，要将受控电源的控制量用网孔电流表示；用节点电压法分析电路时，要将受控电源的控制量用节点电压表示。

(6)用叠加定理求每个独立电源单独作用下的电路响应时，受控电源要像电阻那样全部保留。同样，用戴维南定理和诺顿定理求网络去除独立电源后的等效电阻时，受控电源也要全部保留。

【例2-19】 求图2-33(a)所示电路的等效电阻。

图2-33 【例2-19】电路

解:对图2-33(a)最左边支路进行电源变换得图2-33(b)所示电路,再将图2-33(b)进行电源变换后得图2-33(c)所示电路,在电路的变换过程中,受控源的控制量仍然存在。

在图2-33(c)所示电路端口a、b外加电压U后,求端口电流I。

$$U=(5+1.2)I+1.8I=8I$$

该二端网络的等效电阻为

$$R_o=U/I=8I/I=8\ \Omega$$

【例2-20】 根据支路电流法计算图2-34所示电路中的电压U_3。

解:本电路含有一个压控电流源,在求解时,它和其他电路元件一样,也按基尔霍夫定律列方程

$$\begin{cases}-I_1+I_3-0.4U_3=0\\2I_1+5I_3-9=0\end{cases}$$

因$U_3=5I_3$,故有

$$\begin{cases}-I_1+I_3-2I_3=0\\2I_1+5I_3-9=0\end{cases}$$

图2-34 【例2-20】电路

解之,得

$$I_3=3\ \text{A}$$
$$U_3=5I_3=5\ \Omega\times3\ \text{A}=15\ \text{V}$$

【例2-21】 用网孔电流法求图2-35所示电路中的各网孔电流,已知$\mu=1$,$\beta=1$。

解:标出各网孔电流I_a、I_b、I_c。网孔a、b、c的KVL方程为

$$\begin{cases}6I_a-2I_b-2I_c=16\\-2I_a+6I_b-2I_c=-\mu U_1\\I_c=\beta I_3\end{cases}$$

图2-35 【例2-21】电路

两个受控源的控制量与网孔电流的关系方程为

$$\begin{cases}U_1=2I_a\\I_3=I_a-I_b\end{cases}$$

将$\beta=1$,$\mu=1$代入,联立求解得

$$I_a=4\ \text{A},I_b=1\ \text{A},I_c=3\ \text{A}$$

【例 2-22】 用叠加定理计算图 2-36(a)所示电路中 4 V 电压源所发出的功率。

图 2-36 【例 2-22】电路

解：功率不可叠加，但是可以用叠加定理求 4 V 电压源支路的电流 I，再由 I 求电压源的功率。

3 V 电压源单独作用的电路如图 2-36(b)所示，由此电路得

$$I_x' = 3 \text{ V}/2 \text{ Ω} = 1.5 \text{ A}; \quad I_y' = 2I_x'/2 = 1.5 \text{ A}; \quad I' = -(I_x' + I_y') = -3 \text{ A}$$

4 V 电压源单独作用的电路如图 2-36(c)所示，由此电路得

$$I_x'' = -4 \text{ V}/2 \text{ Ω} = -2 \text{ A}; \quad I_y'' = (2I_x'' - 4)/2 = -4 \text{ A}; \quad I'' = -(I_x'' + I_y'') = 6 \text{ A}$$

由叠加定理可得两电源共同作用时的所求电流为

$$I = I' + I'' = -3 \text{ A} + 6 \text{ A} = 3 \text{ A}$$

则 4 V 电源发出的功率为

$$P = 4 \text{ V} \times 3 \text{ A} = 12 \text{ W}$$

【例 2-23】 用戴维南定理求图 2-37(a)所示电路中的电流 I_x。

图 2-37 【例 2-23】电路

解：先移去所求电流 I_x 的支路，则该电路成为含有受控源的二端网络，然后将该二端网络等效为电压源。电路中含有一个压控电流源，控制量为二端网络 a、b 间的开路电压 U_o。为便于分析计算，可将此受控电流源做电源变换，如图 2-37(b)所示，同时，利用电源的等效变换也可将电路的左边部分化简得到图 2-37(c)所示的电路。因为图 2-37(c)所示电路中的电流为零，由此可根据 KVL 求得 a、b 间开路电压。

$$-U_o - 2U_o + 6 \text{ V} = 0$$
$$U_o = 2 \text{ V}$$

为了求得戴维南等效电阻 R_o，需在原电路中去除独立电源，并在端口 a、b 间加上电压 U（取 $U = U_o$），电路如图 2-37(d)所示，然后根据电路中电流的大小来计算 R_o。

$$-U_o - 2U_o + 3I = 0; \quad U_o = I$$
$$R_o = U_o/I = 1 \text{ Ω}$$

等效变换后的电路如图 2-37(e)所示。

$$I_x = 2/(1+1) = 1 \text{ A}$$

【仿真训练】

直流电路的分析方法与组成电路的元件、电源和电路结构有关,但其基本分析方法是相同的,主要有电路的等效变换分析法和电路的网络方程分析法。等效变换分析法可以将一个复杂的电路变换为简单电路,如电压源与电流源的等效变换、叠加定理和戴维南定理等。网络方程分析法是通过选择电路中的变量来建立电路的网络方程,进而获得电路中各节点的电压和各支路电流,如支路电流法、网孔电流法、回路电流法和节点电位法等。

本节主要介绍 Multisim 10.0 仿真软件在直流电路分析中的应用。在 Multisim 10.0 中,有多种方法可测量电路中各节点的电位及各支路的电流值,如可以利用测量器件库中的电压表和电流表进行测量,也可以用测量仪器库中的数字万用表进行测量,或者用测量仪器库中的测量探针进行探测,还可以直接对电路进行直流工作点分析。

仿真训练 1 电压源与电流源的等效变换仿真

一、仿真目的

(1)学会 Multisim 中的电压源与电流源等效变换的电路分析方法;

(2)通过仿真训练,进一步理解电压源与电流源的概念与外部特性;

(3)进一步掌握电压源与电流源进行等效变换的条件;

(4)进一步理解实际电压源与理想电压源的区别及实际电流源与理想电流源的区别。

二、仿真原理

理想电压源是指能输出恒定电压的电源,输出电压的大小 U 与负载的大小无关,输出的电流 I 可以是 $0 \rightarrow \infty$ 的任意值,完全由外电路的负载决定。理想电流源是指能输出恒定电流的电源,输出电流的大小 I 与负载的大小无关,输出的电压 U 可以是 $0 \rightarrow \infty$ 的任意值,完全由外电路的负载决定。理想电压源与理想电流源在实际中并不存在,但一个实际电源可以用理想电压源 U_S 与电阻 R_S 串联的电压源表示,也可以用理想电流源 I_S 与电阻 R_S 并联的电流源表示。电压源与电流源都是用来表示一个实际电源的,所以它们之间可以进行等效变换,其等效变换的条件为 $U_S = I_S R_S$ 或 $I_S = U_S / R_S$。

三、仿真内容与步骤

1. 仿真内容

利用仿真软件分析图 2-38 所示电压源电路与图 2-39 所示电流源电路之间的等效变换关系。图中电压源的内阻和电流源的内阻均为 1 kΩ,负载均为可调电阻。在负载为任一值时,只要这两个电路中的负载电流与负载上的电压均相等,就说明在这两个电路中,电压源与电流源是等效的。

2. 仿真步骤

(1)在 Multisim 10.0 软件窗口中,按图 2-38 连接电压源仿真实验电路,其中电压源的电压设置为 10 V,电压源内阻设置为 1 kΩ。外电路为 1 kΩ 可调电位器(从基本元件库的电位器库 POTENTIOMETER 中选取),在外电路中接入电流表和电压表。

图 2-38　电压源仿真实验电路

图 2-39　电流源仿真实验电路

(2)单击仿真"运行/停止"开关,并通过键盘按键(A 或 Shift＋A)调节电位器阻值的百分比,使阻值分别为 0 Ω,250 Ω,500 Ω,750 Ω,1 kΩ,将所测得的电流值与电压值记录在表 2-1 中。

表 2-1　　　　　　　　　　　　电压源仿真数据记录表

可调电位器/Ω	0	250	500	750	1 k
外电路电流/mA					
外电路电压/V					

(3)按图 2-39 连接电流源仿真实验电路。根据电压源与电流源等效变换的条件,取电流源的电流为 10 mA,电流源内阻仍为 1 kΩ。外电路的可调电位器与电流表、电压表的接入方法与图 2-38 相同。

(4)单击仿真"运行/停止"开关,并通过键盘按键调节电位器阻值的百分比,使阻值分别为 0 Ω,250 Ω,500 Ω,750 Ω,1 kΩ,将所测得的电流值与电压值记录在表 2-2 中。

表 2-2　　　　　　　　　　　　电流源仿真数据记录表

可调电位器/Ω	0	250	500	750	1 k
外电路电流/mA					
外电路电压/V					

(5)比较两个电路中的电压与电流数据,可以看出符合等效变换条件($U_S = I_S R_S$)的电压源与电流源对外电路是等效的。改变电位器为任一值,两电路都有相同结果。

四、思考题

(1)利用测量探针来测量图 2-38 和图 2-39 电路中 R_2 上的电压与电流。

(2)理想电压源与理想电流源是否能够等效变换？为什么？

仿真训练2 支路电流与节点电压分析仿真

一、仿真目的

（1）熟悉 Multisim 软件的使用；

（2）学会利用 Multisim 软件中的直流工作点分析法来分析电路的节点电压与支路电流；

（3）学会利用 Multisim 软件中的测量探针来探测直流电路中的节点电压与支路电流。

二、仿真原理

（1）直流电路的分析方法是通过节点电压法、网孔电流法、支路电流法等列出电路方程，然后通过分析计算获得各节点的电压和各支路的电流。

（2）在 Multisim 10.0 中，对于电路中各节点的电压与各支路电流的大小，除了可以利用电压表和电流表来测量外，还可以利用探针测量或直流工作点分析的方法获得。

三、实验内容与步骤

1.仿真内容

利用 Multisim 10.0 中的测量探针，探测图 2-40 中各支路电流的大小。利用仿真软件中的直流工作点分析法，对图 2-41 所示电路中的节点电压和支路电流进行仿真分析。

2.仿真步骤

（1）在 Multisim 10.0 软件窗口中建立如图 2-40 所示的直流电路支路电流测量仿真实验电路。

（2）在仪器库（Instruments）中选取测量探针（Measurement Probe）接入图 2-40 电路中的三条支路，如电路中的箭头所示，双击测量探针，弹出探针属性（Probe Properties）选项面板，单击测量参数（Parameters），在显示（Show）项目栏中将不需显示的选项单击为 NO，只保留电流 I 选项为测量参数，单击 OK 完成测量探针的选项设置。

图 2-40 直流电路支路电流测量仿真实验电路

图 2-41 节点电压法仿真实验电路

(3)单击仿真"运行/停止"开关,显示三条支路的电流值,如图 2-40 所示。该仿真测量的结果与用支路电流法列出该电路的支路电流方程后所计算的结果相同。

(4)将图 2-40 电路中的 R_3 值改为 800 Ω,观察各支路电流的变化情况,将所得数据填入表 2-3 中。并验证 KCL 和 KVL。

表 2-3　　　　　　　　　　用测量探针测试支路电流的数据记录表

仿真项目	I_1 /mA	I_2 /mA	I_3 /mA	计算: $\sum I = ?$ ($I_1 - I_2 - I_3 = ?$)	计算: $\sum U = ?$ ($300I_1 + 800I_3 - 12 = ?$)	计算: $\sum U = ?$ ($200I_2 + 6 - 800I_3 = ?$)
仿真结果						

(5)在 Multisim 10.0 软件窗口中建立如图 2-41 所示的实验电路,并确定接地参考点。待测的两个独立节点电位分别为 V_1 和 V_3。

(6)利用直流工作点分析法进行仿真实验。在菜单中选择 Simulate/Analysis/DC Operating Point Analysis,弹出直流工作点分析设置窗口,在设置窗口的左边选择电路中所要进行分析的变量(各节点电压或支路电流),通过单击"Add"按钮将该变量添加到右边输出窗口中,作为分析结果的输出。本实验中选取了节点 1 和节点 3 的电压和两个支路电流作为分析结果的输出。

(7)在直流工作点分析设置窗口中,单击仿真"运行/停止"开关,即可得到如图 2-41 右边所示的仿真结果。两个节点的电压及两个支路的电流用列表的方式显示出来。

(8)利用测量探针接入图 2-41 电路中的支路 1 和支路 3,按下仿真"运行/停止"开关后同样可显示节点 1 和节点 3 的电压值及支路 1 和支路 3 的电流值,如图 2-41 所示。

(9)将图 2-41 电路中 R_5 的值改为 1 kΩ,利用直流工作点分析方法,将所得的有关电压和电流的数据记录在表 2-4 中。

表 2-4　　　　　　　　　　直流工作点仿真数据记录表

仿真项目	V_1/V	V_2/V	I_1/mA	I_2/mA
仿真结果				

四、思考题

(1)将图 2-40 所示电路的三条支路电流的测量值与计算值进行比较,情况如何?

(2)在图 2-41 中,将支路 3 的测量探针的方向反过来(向右),则该支路探测点的电压与电流数据的变化情况如何?

仿真训练3　叠加定理仿真

一、仿真目的

(1)加深对叠加定理内容的理解;

(2)加深对叠加定理适用范围的认识。

二、仿真原理

(1)叠加定理是线性电路的一个重要定理,体现了线性电路的基本性质,为分析和计算复杂电路提供了新的、更加简便的方法。

（2）对于含有多个电源的线性电路，任何一条支路中的电流或电压，都可以看成由各个独立电源单独作用，在此支路中所产生的电流或电压的代数和，就是叠加定理。

（3）所谓某一电源单独作用，是指其他电源不作用，即电压源输出的电压为0，电流源输出的电流为0，但须保留其内阻。对于理想电压源（内阻为0），输出电压为0即短路；对于理想电流源（内阻为∞），输出电流为0即开路。

三、仿真内容及步骤

1.仿真内容

利用仿真软件对图2-42(a)所示电路进行仿真分析，根据叠加定理求各支路中的电流，说明叠加定理的正确性。

图2-42 叠加定理仿真实验电路

2.仿真步骤

（1）按图2-42(a)在 Multisim 10.0 软件窗口中连接具有两个电压源同时作用的仿真实验电路。

（2）在各支路中接入测量探针，如电路中的箭头所示，双击测量探针，选择其测量参数为电流 I，单击仿真"运行/停止"开关，测得各支路的电流值如图2-42(a)所示。

（3）去掉6 V电压源并将该支路短路，得图2-42(b)所示电路，单击仿真"运行/停止"开关，测得12 V电压源单独作用时的各支路电流值如图2-42(b)所示。

（4）按图2-42(c)所示连接电路，单击仿真"运行/停止"开关，得到6 V电压源单独作用时的各支路电流值如图2-42(c)所示。

（5）根据表2-5中的仿真结果，分析叠加原理的正确性。

表 2-5　　　　　　　　　　　叠加定理仿真数据记录表

电源作用	R_1 支路的电流值	R_2 支路的电流值	R_3 支路的电流值
两个电源同时作用时			
12 V电源单独作用时			
6 V电源单独作用时			

四、思考题

（1）在图2-42的三个电路中，分别用电压表测量三个电阻上的电压，验证叠加定理的正确性。

（2）用直流工作点分析法对图2-42的三个电路进行仿真分析。根据分析结果验证叠加定理的正确性。

仿真训练 4   戴维南定理仿真

一、仿真目的

(1)学习测量有源二端网络的开路电压 $U_。$ 与无源二端网络的等效电阻 $R_。$ 的方法；

(2)验证戴维南定理的正确性。

二、仿真原理

(1)戴维南定理是求解有源线性二端网络等效电路的一种方法。戴维南定理的内容：任何一个含有电源的线性二端网络 N，对外电路而言，总可以用一个串联电阻的电压源来代替。电压源的电压等于该二端网络 N 的开路电压 $U_。$，电压源的内阻等于该二端网络除去电源后的无源网络 $N_。$ 的等效电阻 $R_。$。

(2)在戴维南等效电路中，电压源的电压 $U_。$ 可用电压表直接测量端口之间的开路电压获得，电压源的内阻 $R_。$ 可通过直接用数字万用表测量无源网络 $N_。$ 端口之间的电阻获得，也可以由有源二端网络的开路电压 $U_。$ 与短路电流 I_S 的比值求得 $(R_。=U_。/I_S)$。

三、仿真内容与步骤

1. 仿真内容

利用电路仿真软件对图 2-43(a)所示电路进行仿真分析，根据戴维南定理求负载 R_4 中的电流和两端的电压，并说明戴维南定理的正确性。

(a)有源二端网络仿真实验电路   (b)戴维南等效仿真实验电路

图 2-43   戴维南定理仿真实验电路

2. 仿真步骤

(1)在 Multisim 10.0 软件窗口中按图 2-43(a)连接电路，在有源二端网络的输出端并联接入电压表，在外电路负载 R_4 回路中串联接入电流表，外电路 R_4 选用 1 kΩ 可调电位器。为了控制外电路的通断，需接入一开关，该开关在基本元件库中选取(在 Place Basic 中选 Switch)，开关的通断可由按键(空格键 Space)进行切换。

(2)单击仿真"运行/停止"开关，按下 A 键，调节负载电位器为 50%(500 Ω)，通过空格键(Space)接通外电路的控制开关，测得负载中的电流值 I 和两端的电压值 U 如图 2-43(a)所示。

(3)按空格键，打开外电路控制开关，测得有源二端网络的开路电压 $U_。$。

(4)按下组合键(Shift+A)调节负载为 0%(0 Ω)或用短路线将负载短路，接通控制开关，测量负载的短路电流 I_S。

(5)根据开路电压与短路电流求出 $R_。=U_。/I_S$。

(6)由步骤(3)和步骤(5)得到的 U_o 与 R_o 建立戴维南等效电压源电路,外接负载仍为 1 kΩ 可调电位器,戴维南等效仿真实验电路如图 2-43(b)所示。

(7)重复仿真实验步骤(2),测得负载中的电流值 I 和两端的电压值 U,将所得数据填入表 2-6 中。

表 2-6   戴维南定理仿真数据记录表

负载为50% (500 Ω)	负载两端 电压U/V	负载中的 电流 I/mA	开路电压 U_o/V	短路电流 I_S/mA	计算内阻 $R_o(=U_o/I_S)$/Ω	测量内阻 R_o/Ω
有源二端网络电路						
戴维南等效电路						

(8)将步骤(2)有源二端网络仿真实验的测量结果与步骤(7)戴维南等效仿真实验电路的测量结果进行比较,可以发现两者结果相同。若调节负载的大小,可观察到两个电路中电压与电流的变化依然一致,从而说明了戴维南定理的正确性。

(9)利用数字万用表测量无源二端网络的等效电阻。在图 2-43(a)中除去 8 V 电压源和负载(8 V 电压源用短路线连接),并除去电压表与电流表,得到相应的无源二端网络。该无源二端网络为 100 Ω 电阻与 300 Ω 电阻并联后再与 300 Ω 电阻串联。

(10)从仪器库(Instruments)中选取数字万用表(Multimeter)接入该无源二端网络,双击数字万用表图标以打开其面板,选欧姆挡。单击仿真"运行/停止"开关,即可在数字万用表面板上显示该无源二端网络的等效电阻值。可观察到该阻值与步骤(5)的 R_o 计算值一致。

四、思考题

(1)在戴维南定理中,等效电压源的内阻 R_o,为什么可用开路电压 U_o 除以短路电流 I_S 进行计算?

(2)在有源二端网络与戴维南等效电路中,当负载从 0 变化到∞时,负载中的电流与负载两端的电压的变化情况是否一致?

仿真训练5 受控源特性仿真

一、仿真目的

(1)学习仿真软件中受控源电路的仿真分析方法;

(2)通过仿真训练,进一步掌握受控源的特性。

二、仿真原理

(1)受控源是有源器件外部特性理想化的模型。受控源是指电压源的电压或电流源的电流不是给定的时间函数,而是受电路中某支路电压或电流控制的。

(2)受控源根据控制量和被控量量的不同可分为四种类型:VCVS、CCVS、VCCS、CCCS。其中的 CCCS 为流控电流源,CCCS 输出的电流 I_2 只受控制电流 I_1 的控制,控制特性为 $I_2 = \beta_1 I_1$,β 称为 CCCS 的电流放大系数($\beta = I_2/I_1$)。

三、仿真内容与步骤

1.仿真内容

利用仿真软件对图 2-44(a)所示的受控源电路的控制特性进行仿真。该电路中的受控源为电流控制的电流源 CCCS,控制量 $\beta = I_2/I_1 = 100$。通过仿真得出 I_2 和 I_1 之间的关系。

图 2-44　受控源电路仿真实验

2.仿真步骤

(1)在 Multisim 10.0 软件窗口创建如图 2-44(a)所示电路,其中的受控源在电源库的受控电源部分(Sources/CONTROLLED_CURRENT)中选取,双击受控源元件打开设置窗口,在参数选项卡(Value)中设置电流放大倍数(Gain)为 100 倍。

(2)在电路中串联接入两只电流表 U_1 和 U_2,并分别按表 2-7 设置控制回路中的 R_1 值和被控回路中的 R_2 值。

(3)打开仿真"运行/停止"开关,将两只电流表所测得的控制电流 I_1 和受控电流 I_2 的数值填入表 2-7 中。

(4)分析该受控源电路中 CCCS 的控制关系 $\beta = I_2/I_1$ 是否变化,得出该受控源的电流只取决于控制量的大小的控制特性。

表 2-7　　　　　　　　　　受控源特性仿真数据记录表

电路参数	$R_1 = 1$ kΩ,$R_2 = 100$ Ω	$R_1 = 1$ kΩ,$R_2 = 1$ kΩ	$R_1 = 100$ Ω,$R_2 = 100$ Ω	$R_1 = 100$ Ω,$R_2 = 1$ kΩ
控制电流 I_1/mA				
受控电流 I_2/mA				
控制关系 $\beta = I_2/I_1$				

四、思考题

(1)受控源与独立电源相比有什么不同?

(2)受控源有哪几种类型,各自有什么特性?

仿真训练6　受控源电路仿真

一、仿真目的

(1)学习仿真软件中受控源电路的仿真分析方法;

(2)通过对含有受控源的戴维南等效电路的仿真训练,学习仿真软件中的直流工作点分析和传递函数分析的方法。

二、仿真原理

(1)受控源既有电源性质,又有电阻性质,这是受控源与独立电源的不同之处。

(2)用戴维南定理分析含有受控源的二端网络时,必须注意受控源的电阻属性。

三、仿真内容与步骤

1.仿真内容

利用仿真软件对图 2-45(a)所示的受控源电路进行仿真分析,通过 Multisim 10.0 的直流工作点分析和直流小信号传输函数分析,得出戴维南等效电路。

(a)受控源电路   (b)戴维南等效电路

图 2-45 受控源仿真电路

2.仿真步骤

(1)创建如图 2-46(a)所示的受控源仿真实验电路,设置受控源的放大倍数(Gain)为 2。

(a)受控源仿真实验电路   (b)直流工作点分析结果   (c)传输函数分析结果

图 2-46 受控源电路分析仿真

(2)利用直流工作点分析,可得到输出端上的开路电压。

①设置输出端的节点(节点 6)为输出电压。在菜单中选择 Simulate/Analysis/DC Operating Point Analysis,弹出直流工作点分析设置窗口,在设置窗口的左边选择节点 6 的电压,添加到右边的输出窗口中,作为分析结果的输出。

②在直流工作点分析设置窗口中,单击 Simulate(仿真),启动直流工作点分析。即可得到如图 2-46(b)所示的仿真结果,即戴维南定理的开路电压 $U_o = 12$ V。

(3)利用直流小信号传输函数分析,可得到输出端上的等效电阻 R_o。

①传递函数分析(Transfer Function Analysis)就是求解电路中一个输入源(独立源)与两个节点的输出电压(或输出电流)之间在直流小信号状态下的传递特性。利用该特性可得到电路的输入电阻和输出电阻。

在菜单中选择 Simulate/Analysis/Transfer Function Analysis,弹出传递函数分析设置窗口,在设置窗口的分析参数(Analysis Parameter)标签页中,选择输入源(Input source)激励为"V_1"独立电压源,输出节点(Output nodes)为电压变量(Voltage),电压变量对应的节点为输出端的节点 6 电压 $V(6)$,输出参考节点为 $V(0)$。

②上述设置完毕后,单击 Simulate(仿真)开始传递函数仿真分析,按下 Esc 键停止仿真分析。分析结果以表格形式分别显示输出阻抗(Output impedance)、传递函数(Transfer function)、从输入源两端看进去的输入阻抗(Input impedance),其值如图2-46(c)所示。可见

输出阻抗即输出端的戴维南等效电阻 $R_o=8\ \Omega$。由此可得图 2-45(a)受控源电路的戴维南等效电路如图 2-45(b)所示。

(4)改变电路中受控源的参数,设置电流放大系数 β(Gain)为 10,按照步骤(2)和步骤(3)将所得到的开路电压 U_o 和等效电阻 R_o 填入表 2-8 中。

表 2-8　　　　　　　　受控源电路仿真数据记录表

受控源特性 $\beta=I_2/I_1$	2	10
开路电压 U_o/V		
等效电阻 R_o/Ω		

四、思考题

(1)如何利用 Multisim 的直流工作点分析,得出含有受控源二端网络的开路电压?

(2)如何利用 Multisim 的传递函数分析法,得出含有受控源二端网络的戴维南等效电阻?

【技能训练】

* 技能训练1　叠加定理的验证

一、训练目的

(1)验证线性电路中电流和电压的叠加定理;

(2)加深对叠加定理正确性的认识。

二、训练原理

叠加定理指出,在多个独立电源作用的线性电路中,任一支路的电流或电压等于每个独立电源单独作用时,在该支路中所产生的电流或电压的代数和。

当一个电源单独作用时,其他电源应去掉,但必须保留其内阻。当实际电源(电池、发电机和稳压器等)的内阻很小可以忽略不计时,去掉电源后,该处可用导线短路;若是电流源,由于其内阻很大,则去掉电源时应将该处断开。

三、训练器材

0～30 V 双路可调直流电源(+9 V、+4 V)1 台,直流电流表(0～50 mA)3 只,电阻 100 Ω/1 W、200 Ω/1 W、300 Ω/1 W 各 1 只,数字万用表 1 只,连接导线若干。

四、训练内容及步骤

(1)按图 2-47(a)连接电路,并调节电源电压使 $U_1=9$ V,$U_2=4$ V。

(2)U_1 和 U_2 共同作用:根据图 2-47(a)中已标明的参考方向,测量 I_1、I_2、I_3 和 U_{R1}、U_{R2}、U_{R3},记入表 2-9 中。

(3)U_1 单独作用:将 U_2 短路(U_2 的内阻可以忽略),根据图 2-47(b)中标出的参考方向,测量 U_1 单独作用时的 I_1'、I_2'、I_3' 和 U_{R1}'、U_{R2}'、U_{R3}',记入表 2-9 中。

(4)U_2 单独作用:将 U_1 短路(U_1 的内阻可以忽略),根据图 2-47(c)中标出的参考方向,测量 U_2 单独作用时的 I_1''、I_2''、I_3'' 和 U_{R1}''、U_{R2}''、U_{R3}'',记入表 2-9 中。

(a) 叠加定理原电路　　　　　(b)U_1 单独作用时的电路　　　　(c)U_2 单独作用时的电路

图 2-47　叠加定理实验电路

(5)验证叠加定理：根据表 2-9 中的数据(注意正、负号)，验证各支路的电流和电压是否符合叠加定理，并将叠加结果记入表 2-9 中。

表 2-9　　　　　　　　　　　　测量结果记录表

项目 测量值	R_1 中电流/mA	R_2 中电流/mA	R_3 中电流/mA	R_1 端电压/V	R_2 端电压/V	R_3 端电压/V
U_1 和 U_2 共同作用	I_1	I_2	I_3	U_{R1}	U_{R2}	U_{R3}
U_1 单独作用	I_1'	I_2'	I_3'	U_{R1}'	U_{R2}'	U_{R3}'
U_2 单独作用	I_1''	I_2''	I_3''	U_{R1}''	U_{R2}''	U_{R3}''
U_1 和 U_2 分别 作用的叠加结果						

(6)将叠加的结果与步骤(2)中的 U_1 和 U_2 共同作用时的测量结果进行比较，计算其误差。

五、注意事项

(1)注意电表的极性与测量结果的正负。

(2)实验过程中防止电源短路。

六、思考题

(1)电路中的功率计算是否可用叠加定理？为什么？

(2)当用一只电灯泡来代替电路中的 R_3 时，是否可以用叠加定理来分析？为什么？

技能训练 2　戴维南定理的验证

一、训练目的

(1)验证戴维南定理，加深对戴维南定理的理解；

(2)学会用实验确定有源二端网络的等效电源电压和等效内阻。

二、训练原理

(1)戴维南定理

任何一个线性有源二端网络，对外部而言，都可以用一个等效电压源模型来代替，该等效电压源模型的电压 U_S 等于该有源二端网络的开路电压 U_o，内电阻 R_o 等于该二端网络中除去所有独立电源,但保留其内阻时的等效输入电阻。

(2)等效电压源模型的电压 U_S 和内阻 R_o。

若有源二端网络的内部参数已知,则可用计算方法求出等效电压源模型的电压 U_S 和内阻 R_o;若不知道其内部结构及参数,则可用实验方法测出 U_S 及 R_o,等效电压源模型的电压 $U_S=U_o$,内阻 $R_o=U_o/I_S$。式中,U_o 为有源二端网络的开路电压,I_S 为负载短路时的电流。注意,当等效电压源模型的内阻 R_o 较小时,不可以测量短路电流 I_S。此时可采用二次电压测量法:测量电路如图 2-48 所示,R_L 为已知,当 S 断开时,可测得网络的开路电压 U_o,当 S 闭合时,可测得网络的有载电压 U_L,则网络的等效内阻 R_o 的计算方法为:

$$R_o=R_L(U_o/U_L)-R_L$$

图 2-48　二次电压测量法的内阻测量电路

因为 $U_S=U_o$,$I=U_L/R_L$,将其代入回路方程 $U_S=I(R_o+R_L)$ 中,则得 $R_o=R_L(U_o/U_L)-R_L$。

三、训练器材

$+12$ V 直流电源 1 台,$1\ k\Omega$ 电位器 1 只,开关 1 只,直流电压表或数字万用表 1 只,直流电流表(0~50 mA)1 只,$100\ \Omega/1\ W$ 电阻 1 只、$200\ \Omega/1\ W$ 电阻 2 只,导线若干。

四、测试步骤

(1)按图 2-49(a)连接电路,并调节电源使 $U_S=12$ V。

(a) 戴维南定理实验测量电路　　　　　(b) 戴维南定理等效电路

图 2-49　戴维南定理实验电路

(2)将开关 S 断开,用电压表测量 A、B 两端的开路电压 U_o,并将数据填入表 2-10 中。

(3)将开关 S 闭合,并将负载用短路线代替,用电流表测量负载短路时的短路电流 I_S,并将数据填入表 2-10 中。

(4)计算 $R_o=U_o/I_S$,并将计算值填入表 2-10 中。

(5)断开开关 S,用短路线代替电压源,并用万用表欧姆挡测量网络 A、B 两端的等效内阻 R_o,将测量值填入表 2-10 中,并与步骤(4)的计算值进行比较。

表 2-10　　　　　　　　　　　戴维南定理实验测量数据表

U_S/V	U_o/V	I_S/mA	计算内阻 $R_o(=U_o/I_S)/\Omega$	测量内阻 R_o/Ω

(6)接入负载 R_L,调节 R_L 的大小,使 R_L 分别为 $100\ \Omega$,$200\ \Omega$,$400\ \Omega$,$1\ k\Omega$ 时,测量 R_L 中的电流 I_L 和 R_L 两端的电压 U_L,并将数据填入表 2-11 中。

表 2-11　　　　　　　　　　　改变 R_L 实验测量数据记录表

R_L/Ω	100	200	400	1 k
I_L/mA				
U_L/V				

(7)组成戴维南定理等效电路,如图 2-49(b)所示,再测负载特性,并将所测得的 I_L' 和 U_L' 的数据填入表 2-12 中。

(8)将图 2-49(a)原电路的表 2-11 中的各项测试数据,与图 2-49(b)等效电路的表 2-12 中的各项测试数据进行比较,以此来验证戴维南定理。

表 2-12　　　　　　　　　　戴维南等效电路测量数据记录表

R_L/Ω	100	200	400	1 k
I_L'/mA				
U_L'/V				

五、注意事项

(1)若电源的内阻较小,则不可以测负载短路时的电流 I_S,否则当短路电流超过电源的承受能力和电流表的量程时,会烧坏电源和测量仪表。另外测短路电流时,电流表的极性不能接错。

(2)因万用表电阻的测量误差一般较大,故如果用短路线来代替电压源,大多不用万用表的欧姆挡来直接测量二端网络的电阻作为电源的内阻。

(3)测量有源二端网络的开路电压 U_0 时,应注意电压表内阻的影响,即电压表内阻应远大于电源内阻。

六、思考题

(1)用实验数据说明戴维南定理的正确性。

(2)测量 R_0 的方法有哪些?

本 章 小 结

电路分析指已知电路的结构及元件参数,求各支路的电流和电压。

电路分析的方法有两种:一种是采用电路的等效变换方法对电路进行化简,从而简化计算。这类方法主要有:电阻的串、并联等效变换,电阻的 Y-△ 等效变换,电压源与电流源的等效变换,叠加定理和戴维南定理等。

电路分析的另一种方法是采用电路的网络方程法。网络方程法的特点有:一是具有普遍适用性,即无论线性还是非线性电路都适用;二是具有系统性,表现在不改变电路结构的情况下,应用 KCL、KVL 和元件的欧姆定律建立电路变量方程,方程的建立有一套固定不变的步骤和格式,便于编程和计算机计算。网络方程法主要有:支路电流法、网孔电流法、回路电流法和节点电压法等。不同的方法应选取不同的未知量,以减少未知量的个数,从而使方程数减少,以减少计算量。

电路分析的主要方法如下：

1.电阻的串联、并联、混联的化简

串联电阻的等效电阻等于各电阻的和,总电压按各个串联电阻的阻值进行分配;并联电阻的等效电阻的倒数等于各电阻的倒数之和,总电流按各个并联电阻的电导值进行分配。混联电路将串联和并联部分分别按电阻的串、并联化简的方法逐步化简。

2.电阻的 Y-△ 电路的等效变换

利用电阻的 Y-△ 变换,可以将一个复杂的电阻网络,变换为一个含串、并联和混联关系的简单的电阻网络。当 Y 形网络的三个电阻相同时,等效变换后的△形网络的电阻值为 $R_{\triangle}=3R_Y$;反之,$R_Y=(1/3)R_{\triangle}$。

3.电压源与电流源的等效变换

这两种电源的等效变换条件为:$U_S=I_SR_S$ 或 $I_S=U_S/R_S$。当电路中只需求某一支路的电流或电压时,可以利用电压源与电流源的等效变换,将该支路以外的其余电路进行等效化简。

4.叠加定理

其内容为:在含有多个独立电源的线性电路中,各支路的电流或电压,等于各电源分别单独作用时在该支路中所产生的电流或电压的叠加。利用叠加定理可以将多电源的线性电路分析,等效变换为多个单一电源的线性电路分析。叠加定理是线性电路普遍适用的重要定理,除了用来求解某些电路以外,更重要的是它是分析线性电路的基础,许多定理、原理均由它导出。

5.戴维南定理

其内容为:任一有源二端网络,总可以等效为一个理想电压源 U_o 与一个电阻 R_o 串联所构成的实际电压源模型。其中 U_o 等于有源二端网络的开路电压;R_o 等于在有源二端网络中除去所有独立电源(电压源短路,电流源开路)后所对应的无源二端网络的等效电阻。在一个比较复杂的电路中,如果只需计算某一条支路的电流或电压,则可以将这条支路划出,然后应用戴维南定理将其余电路等效成电压源的形式,就可以使计算过程大大简化。戴维南定理是电路计算中最常用的一种方法。

6.支路电流法

以支路电流为未知量,直接根据 KCL 和 KVL 列出各独立节点电流方程($\sum I=0$)和独立回路(或网孔)电压方程($\sum U=0$),列写的方程数等于支路数。

7.网孔电流法

以网孔电流为未知量,根据 KVL 列出各网孔的 $\sum U=0$ 方程,各电阻上的电压用网孔电流来表示,列写的方程数应等于网孔数(独立回路数)。

8.节点电压法

以节点电压为未知量,根据 KCL 列写各独立节点的 $\sum I=0$ 方程,为了方便地将节点上电压源的支路电流用节点电压来表示,应先将电压源变换为电流源,然后将各节点上电阻的支路电流用节点电压来表示,列写的方程数应等于独立节点数(总节点数-1)。

9. 含有受控源电路的分析方法

受控源也是一种电源,其特点是:它的输出电压或输出电流受电路中其他支路的电压或电流控制。所以说,受控源不同于独立电源,它不仅具有电源的性质,还具有电阻的性质。这一点,在分析含有受控源的电路时需要特别注意。

含有受控源电路的分析方法与含有独立电源电路的分析方法相同,但要注意的是:用电路的等效变换法来分析电路时,变换过程中要保留控制量或者把控制量转化为不会被消去的量,否则无法计算出结果;在用网络方程法分析电路时,要把控制量用准备求解的变量来表示。此外,在计算含有受控源电路的等效电阻时,可以采用"电压-电流法"来计算,等效电阻的值可能为正,也可能为负。

习 题

2-1 电路如图 2-50 所示,标出各电阻和各连接线中电流的方向,计算电路的总电阻和总电流。

2-2 三级分压电路(也叫衰减器)如图 2-51 所示,$R_1 = R_2 = R_3 = R_6 = 100\ \Omega$,$R_4 = R_5 = 200\ \Omega$,输入电压 $U_i = 8\ V$,三个输出端开路,未接负载电阻。求:

(1)三个输出电压 U_{10}、U_{20}、U_{30} 各为何值(可采用由后向前的倒推法计算:先设 U_{30},再求出 U_i 与 U_{30} 的关系)。

(2)三个电流 I_1、I_2、I_3 的值。

图 2-50 习题 2-1 图   图 2-51 习题 2-2 图

2-3 计算图 2-52 所示电阻电路的等效电阻 R,并求电流 I 和 I_5。

2-4 用 Y-△变换计算图 2-53 所示电阻电路中的等效电阻 R_{ab}。

图 2-52 习题 2-3 图   图 2-53 习题 2-4 图

2-5 已知:$R_{12} = 4\ \Omega$,$R_{34} = 4\ \Omega$,$R_{13} = 5\ \Omega$,$R_{24} = 8\ \Omega$,$R_{23} = 4\ \Omega$,$U = 10\ V$,用 Y-△变

换计算图 2-54 所示电路中的电流 I 和 I_1。

2-6 用电压源与电流源等效变换方法计算图 2-55 所示电路中的电流 I_3。

2-7 电路如图 2-56 所示，$U_1 = 12$ V，$R_1 = 1$ Ω，$U_2 = 9$ V，$R_2 = 3$ Ω，$R_3 = 6$ Ω，试用电压源与电流源等效变换的方法计算理想电压源 U_1 的输出电流 I_1。

图 2-54 习题 2-5 图   图 2-55 习题 2-6 图   图 2-56 习题 2-7 图

2-8 电路如图 2-57 所示，已知 $I_{S1} = 5$ A，$R_1 = 2$ Ω，$I_{S2} = 5$ A，$R_2 = 1$ Ω，$R_3 = 2$ Ω。试用电压源与电流源等效变换的方法求 R_3 中的电流 I_3。

2-9 电路如图 2-58 所示，已知电源电动势 $U_1 = 4$ V，$U_2 = 8$ V，电阻 $R_1 = 4$ Ω，$R_2 = 4$ Ω，$R_3 = 8$ Ω。试用支路电流法求各支路中的电流。

2-10 电路如图 2-59 所示，已知：$U_1 = 12$ V，$U_2 = 6$ V，$R_1 = 1$ Ω，$R_2 = 2$ Ω，$I_S = 3$ A（方向如图所示），试用支路电流法求各支路电流和各电源的输出功率。

图 2-57 习题 2-8 图   图 2-58 习题 2-9 图   图 2-59 习题 2-10 图

2-11 电路如图 2-60 所示，$U_1 = 3$ V，$R_1 = 1$ kΩ，$U_2 = 3$ V，$R_2 = 500$ Ω，$R_3 = 2$ kΩ，$I_3 = 3$ mA，试用支路电流法求 I_1、I_2 和 U_3 的值。

2-12 电路如图 2-61 所示，已知电源电压 $U_1 = 18$ V，$U_2 = 9$ V，$R_1 = R_2 = 1$ Ω，$R_3 = 4$ Ω，试用网孔电流法求各支路中的电流。

2-13 电路如图 2-62 所示，已知电源电压 $U_1 = 30$ V，$U_2 = 20$ V，$R_1 = 5$ Ω，$R_2 = 10$ Ω，$R_3 = 20$ Ω，$R_4 = 5$ Ω，$R_5 = 10$ Ω，应用网孔电流法求各支路中的电流。

图 2-60 习题 2-11 图   图 2-61 习题 2-12 图   图 2-62 习题 2-13 图

2-14　电路如图 2-63 所示，$U_1 = 9$ V，$I_S = 3$ A，$R_1 = 3$ Ω，$R_2 = 6$ Ω。用节点电压法求 a 点电位及各支路电流。

2-15　电路如图 2-64 所示，$U_1 = 12$ V，$U_2 = 4$ V，$R_1 = 4$ Ω，$R_2 = 2$ Ω，$R_3 = 12$ Ω。用节点电压法求 a 点电位及各支路电流。

2-16　电路如图 2-65 所示，已知 $U_1 = 5$ V，$U_2 = 20$ V，$R_1 = 5$ Ω，$R_2 = 10$ Ω，$R_3 = 5$ Ω，$I_S = 2$ A。用节点电压法求 a 点电位及各支路电流。

图 2-63　习题 2-14 电路　　　图 2-64　习题 2-15 电路　　　图 2-65　习题 2-16 电路

2-17　用叠加定理计算图 2-63 所示电路(习题 2-14)中的各支路电流。

2-18　用叠加定理计算图 2-64 所示电路(习题 2-15)中的各支路电流。

2-19　电路如图 2-66 所示，已知电源电压 $U_1 = 125$ V，$U_2 = 120$ V，电阻 $R_1 = 40$ Ω，$R_2 = 36$ Ω，$R_3 = R_4 = 60$ Ω。用叠加定理求各支路中的电流。

2-20　用戴维南定理计算图 2-64 所示电路(习题 2-15)R_3 支路中的电流 I_3。

2-21　电路如图 2-67 所示，已知 $U_S = 10$ V，$I_S = 2$ A，电阻如图中所示，用戴维南定理求电流 I_0。

2-22　电路如图 2-68 所示，已知 $U_S = 12.5$ V，电阻 $R_1 = 10$ Ω，$R_2 = 2.5$ Ω，$R_3 = 5$ Ω，$R_4 = 20$ Ω，$R_5 = 1.5$ Ω，用戴维南定理求电流 I_5。

图 2-66　习题 2-19 电路　　　图 2-67　习题 2-21 电路　　　图 2-68　习题 2-22 电路

2-23　电路如图 2-69 所示，已知电源电压 $U_1 = 15$ V，$U_2 = 12$ V，$U_3 = 3$ V，电阻 $R_1 = R_2 = R_3 = R_4 = 1$ Ω，$R_5 = 11$ Ω，用戴维南定理求：

(1)开关 S 断开时，电阻 R_5 中的电流及两端的电压。

(2)开关 S 闭合后，电阻 R_5 中的电流。

2-24　电路如图 2-70 所示，已知 $U = 300$ V，电阻 $R_1 = R_2 = R_L = 50$ Ω，用诺顿定理求负载电阻 R_L 中的电流 I_L。

2-25　电路如图 2-71 所示，求该电路的诺顿等效电路。

图 2-69 习题 2-23 图   图 2-70 习题 2-24 图   图 2-71 习题 2-25 图

2-26 含有受控电流源的电路如图 2-72 所示，求 a、b 间的等效电阻。

(a)　　　　　　　(b)　　　　　　　(c)

图 2-72 习题 2-26 图

2-27 电路如图 2-73 所示，用支路电流法或网孔电流法求电路中的电压 U。

2-28 电路如图 2-74 所示，用网孔电流法或节点电压法求电路中的电流 I。

2-29 用叠加定理求图 2-74 所示电路中的电压 I。

2-30 用叠加定理求图 2-75 所示电路中的电压 U 和电流 I_2。

图 2-73 习题 2-27 图   图 2-74 习题 2-28 图   图 2-75 习题 2-30 图

2-31 电路如图 2-76 所示，用戴维南定理求其等效电路。

2-32 电路如图 2-77 所示，用戴维南定理求电路中的电压 U。

图 2-76 习题 2-31 图   图 2-77 习题 2-32 图

正弦交流电路的基本概念 第3章

【教学导航】

【教学目标】
➢ 了解正弦交流电路的实际应用；
➢ 理解正弦交流电的三要素；
➢ 掌握正弦量的相量表示法,能够画正弦量的相量图及进行相量运算；
➢ 掌握正弦交流电路中 R、L、C 基本电路元件的欧姆定律的相量表达形式；
➢ 理解 R、L、C 基本电路元件的复阻抗概念；
➢ 懂得 R、L、C 元件的阻抗与频率的关系,电压与电流的相位关系；
➢ 掌握瞬时功率、有功功率和无功功率的概念。

【教学重点】
➢ 正弦量的三要素；
➢ 正弦量的相量表示法；
➢ R、L、C 元件上欧姆定律的相量表达形式；
➢ R、L、C 元件的复阻抗概念；
➢ R、L、C 元件的有功功率、无功功率的计算。

【教学难点】
➢ R、L、C 元件上欧姆定律的相量表达形式及复阻抗概念的理解；
➢ L、C 元件的阻抗与频率的关系、电压与电流的相位关系的理解。

【参考学时】 6 学时

3.1 正弦交流电的基本概念

3.1.1 正弦交流电的产生

1.正弦交流电的定义

(1)直流电:电压或电流的大小和方向均不随时间发生变化,如图 3-1(a)所示。日常使用的电池、蓄电池等电源都是直流电。直流电的表示符号为 DC 或 dc。

图 3-1　直流电和交流电

（2）交流电：电压或电流的大小和方向均随时间发生周期性变化，如图 3-1(b)、图 3-1(c)、图 3-1(d) 所示均为交流电压。

（3）正弦交流电：随时间按正弦规律变化的电压和电流，称为正弦电压和正弦电流，也称正弦量，如图 3-1(b) 所示。正弦交流电是交流电中最基本、最常用的一种，为简便起见，有时就将正弦交流电简称为交流电，并记为 AC 或 ac。

考虑到传输、分配和应用电能方面的便利性和经济性，在生产和生活中使用的电能，几乎都是交流电能，即使是电解、电镀、电信等行业需要直流供电，大多数也是将交流电能通过整流装置变换成直流电能。

2. 正弦交流电的产生

获得交流电的方法有很多种，但大多数交流电都是由交流发电机产生的。图 3-2(a) 是一种最简单的交流发电机，图中标有 N、S 的为两个静止磁极。磁极间放置一个可以绕转轴旋转的铁芯，铁芯上绕有线圈 $abb'a'$，线圈两端分别与两个铜质滑环相连。滑环经过电刷与外电路相连。当转轴带动铁芯线圈转动时，在线圈中便会产生感应电动势，通过两个滑环和电刷与负载（灯泡）连接，于是在闭合回路中形成电流，灯泡就会发光。

图 3-2　交流发电机原理图

为了获得正弦交变电动势，适当设计磁极形状，使得气隙中的磁感应强度 B 在 $O\text{-}O'$ 平面（即磁极的分界面，称为中性面）处为零，在磁极中心处最大（$B=B_m$），沿着铁芯的表面按正弦规律分布，如图 3-2(b) 所示。若用 α 表示气隙中某点和轴线构成的平面与中性面的夹角，则该点的磁感应强度为

$$B=B_m\sin\alpha$$

当铁芯以角速度 ω 旋转时，线圈绕组切割磁力线，产生感应电动势，其大小是

$$e=Blv \qquad\qquad (3\text{-}1)$$

式中　e——绕组中的感应电动势（V）；

　　　B——磁感应强度（T，特斯拉，$1\text{ T}=1\text{ Wb/m}^2$）；

l——绕组的有效长度(m)；

v——绕组切割磁力线的线速度(m/s)。

假定计时开始时，绕组所在位置与中性面的夹角为 ψ_0，经时间 t 后，它们之间的夹角则变为 $\alpha=\omega t+\psi_0$，对应绕组切割磁场的磁感应强度为

$$B=B_\mathrm{m}\sin\alpha=B_\mathrm{m}\sin(\omega t+\psi_0)$$

将上式代入式(3-1)就可以得到绕组中感应电动势随时间变化的规律，即

$$e=Blv=B_\mathrm{m}lv\sin(\omega t+\psi_0)=E_\mathrm{m}\sin(\omega t+\psi_0) \tag{3-2}$$

式中，$E_\mathrm{m}=B_\mathrm{m}lv$，称作感应电动势的最大值。

当线圈 ab 边转到 N 极中心时，绕组中感应电动势最大，为 E_m；线圈再转 $180°$，ab 边对准 S 极中心时，绕组中感应电动势为负的最大值 $-E_\mathrm{m}$。如图 3-3 所示为常见的交流电流。

图 3-3　常见的交流电流

3.1.2　正弦交流电的三要素

在分析正弦交流电路时，首先要写出正弦交流电量的数学表达式，画出它的波形图。为此，必须像直流电路那样，预先设定正弦交流电量的参考方向。如图 3-4(a)所示是一段电路上流过的正弦电流 i，其参考方向如箭头所示。正弦电流 i 的波形图如图 3-4(b)所示。当 i 的实际方向与参考方向一致时，i 为正值，对应波形图的正半周；当 i 的实际方向与参考方向相反时，i 为负值，对应波形图的负半周。同分析直流电路一样，在分析交流电路时，一般习惯将电压和电流选取为关联参考方向。

图 3-4　正弦电流的参考方向和波形图

在交流电的波形图中，横坐标既可以用时间 t(秒，s)表示，也可以用电角度 ωt(弧度，rad)来表示，将图 3-4(b)横坐标上的各值乘上 ω(ω 称为角频率)后即得图 3-4(c)，电路分

析中的波形图一般都采用如图 3-4(c)所示的横坐标用 ωt 表示的波形图。与波形图相对应的正弦电流的数学表达式为

$$i = I_\mathrm{m}\sin(\omega t + \psi_i) \tag{3-3}$$

式(3-3)称为正弦电流的瞬时值表达式。正弦电量在任意瞬间的值称为瞬时值,用小写字母表示,如用 i、u 和 e 分别来表示正弦电流、正弦电压和正弦电动势的瞬时值。利用瞬时值表达式可以计算出任意时刻正弦电量的数值。将瞬时值的正或负与假定的参考方向相比较,就可以确定该时刻正弦电量的实际方向。

正弦量的特征表现在变化的快慢、大小以及初始值三个方面,而它们分别由角频率 ω(或者频率 f 或者周期 T)、幅值 I_m(或者有效值 I)和初相位 ψ_i 来确定。从式(3-3)和图 3-4(c)可以看到:如果将 I_m、ω 和 ψ_i 这三个量值代入已选定的 sin 函数式中,则这个正弦量就被唯一地确定了。所以幅值 I_m、角频率 ω 和初相位 ψ_i 就称为确定一个正弦量的三要素。

1. 瞬时值、最大值、有效值

瞬时值:交流电在变化过程中任一时刻的值称为瞬时值。瞬时值是时间的函数,只有具体指出在哪一个时刻,才能求出确切的数值和方向。瞬时值规定用小写字母表示。例如正弦交流电压 u,其瞬时值为 $u = U_\mathrm{m}\sin(\omega t + \psi_u)$。

最大值:正弦交流电波形图上的最大幅值便是交流电的最大值或幅值。它表示在一个周期内,正弦交流电能够达到的最大瞬时值。最大值规定用大写字母加下标 m 表示,例如 I_m、E_m 和 U_m 等。

有效值:交变电流的有效值是指在热效应方面和它相当的直流电的数值。表示符号也与直流电相同,用大写字母表示,电流有效值为 I,电压有效值为 U。正弦交流电的瞬时值是随时间变化的,计量时用正弦交流电的有效值来表示。工程上所说的交流电压、电流值大多为有效值,电器铭牌额定值指有效值,交流电表读数一般也是有效值。

2. 周期、频率、角频率

当发电机转子转一周时,转子绕组中的正弦交变电动势随之变化一周。把正弦交流电变化一周所需的时间称为周期,即周期是指正弦电量变化一周所需要的时间,用大写字母 T 表示,单位为秒(s)。由于正弦电量变化一周相当于正弦函数变化 2π 弧度,所以频率是指正弦电量单位时间内重复变化的次数,用小写字母 f 表示,单位为赫兹(Hz)。根据上述定义可知,频率和周期互为倒数,即

$$f = \frac{1}{T} \tag{3-4}$$

频率的单位是赫兹(Hz),1 Hz = 1 s^{-1}(1/秒)。

正弦量的变化规律用角度描述是很方便的,正弦电动势每一时刻的值都可与一个角度相对应。这个角度不表示任何空间角度,只是用来描述正弦交流电的变化规律,所以把这种角度称为电角度。

把交流电每秒经过的电角度称为角频率,用 ω 表示。角频率与频率、周期之间显然有如下的关系

$$\omega = \frac{2\pi}{T} = 2\pi f \tag{3-5}$$

式(3-5)中的角频率 ω 又称为电角速度,表示在单位时间内正弦电量变化的弧度数,它是反映正弦电量变化快慢的物理量,其单位是弧度/秒(rad/s)。

周期、频率和角频率都是反映正弦电量变化快慢的物理量。从式(3-5)可以看出,三个量中只要知道一个,就可以求出其他两个物理量。

此外,在横坐标用时间 t 表示的图 3-4(b)中,由式(3-5)可见,当 $t = T/2$ 时,$\omega t = \pi$;当 $t = T$ 时,$\omega t = 2\pi$。由此可得用电角度 ωt 表示的波形,如图 3-4(c)所示。

【例 3-1】 我国电力系统的工业标准频率(称为工频)为 50 Hz,求其周期和角频率。

解: 周期

$$T = \frac{1}{f} = \frac{1}{50 \text{ Hz}} = 0.02 \text{ s} = 20 \text{ ms}$$

角频率

$$\omega = 2\pi f = 2 \times 3.14 \times 50 = 314 \text{ (rad/s)}$$

3. 相位、相位差

正弦交流电压 $u = U_m \sin(\omega t + \psi_u)$,它的瞬时值随着电角度 $(\omega t + \psi_u)$ 而变化。把正弦电量在任意瞬间的电角度称为相位角,简称相位。它反映了正弦电量随时间变化的进程,决定正弦电量在每一瞬间的状态。显然,相位与所选的计时起点有关。当 $t = 0$ 时,相位角为 ψ_u,称为初相位或初相角,简称初相。正弦电量在任意瞬间的相位都与初相位有关。

把两个同频率的正弦交流电的相位之差称为相位差。相位差表示两正弦量到达最大值的先后差距,用字母 φ 表示。假设两个同频率的正弦电压 $u_1 = U_{m1} \sin(\omega t + \psi_1)$,$u_2 = U_{m2} \sin(\omega t + \psi_2)$,则 u_1 与 u_2 之间的相位差为:

$$\varphi = (\omega t + \psi_1) - (\omega t + \psi_2) = \psi_1 - \psi_2 \tag{3-6}$$

可见,两个同频率的正弦交流电的相位差等于初相之差。相位差反映了两个同频率正弦信号在时间上的先后差异。

注意,求不同频率的正弦交流电之间的相位差没有意义,因为从式(3-6)明显看出,当 ω_1 与 ω_2 不相同时,φ 随着 t 的变化而变化。

通常相位差 φ 用小于 180°的角度表示,对于大于 180°的正相位差则转换成小于 180°的负相位。如果以 u_2 的初相为参考点,并且 $\psi_2 = 0$,则 u_1 与 u_2 之间的相位差就等于 u_1 的初相位。

两个同频率正弦量之间的相位差,可用超前、滞后、同相、反相、正交等关系来反映。例如,两个同频率的正弦交流电流分别为 $i_1 = I_{m1} \sin(\omega t + \psi_1)$,$i_2 = I_{m2} \sin(\omega t + \psi_2)$,则 i_1 与 i_2 的相位差 φ 关系是:

①若 $\varphi = \psi_1 - \psi_2 > 0$,则称 i_1 超前于 i_2,如图 3-5(a)所示;

②若 $\varphi = \psi_1 - \psi_2 < 0$,则称 i_1 滞后于 i_2,如图 3-5(b)所示;

③若 $\varphi = \psi_1 - \psi_2 = 0$,则称 i_1 和 i_2 同相,如图 3-5(c)所示;

④若 $\varphi = \psi_1 - \psi_2 = \pm 180°$,则称 i_1 和 i_2 反相,如图 3-5(d)所示;

⑤若 $\varphi = \psi_1 - \psi_2 = \pm 90°$,则称 i_1 和 i_2 正交,如图 3-5(e)所示。

综上所述,正弦交流电的最大值、角频率和初相位称为正弦交流电的三要素。三要素描述了正弦交流电量的大小、变化快慢和起始状态。当三要素确定后,就可以唯一地确定一个正弦交流电量。

（a）i_1超前于i_2（$\varphi>0$）　　　（b）i_1滞后于i_2（$\varphi<0$）　　　（c）i_1和i_2同相（$\varphi=0$）

（d）i_1和i_2反相（$\varphi=180°$）　　　　　　（e）i_1和i_2正交（$\varphi=90°$）

图 3-5　两个同频率的正弦交流电流的相位关系

通过以上的讨论可知，两个同频率的正弦量的计时起点（$t=0$）不同时，它们的相位和初相位不同，但它们的相位差不变，即两个同频率的正弦量的相位差与计时起点无关。

【例 3-2】　两个同频率的正弦电压和电流分别为

$$u=8\sin(\omega t+80°)\ \text{V}$$

$$i=6\cos(\omega t+20°)\ \text{A}$$

求它们之间的相位差，并说明哪个超前。

解：求相位差时要求两个正弦量的函数形式一致。故应将电流 i 改写成用正弦函数表示的形式（本书正弦量的标准形式选用 sin）。

$$i=6\sin(\omega t+20°+90°)\text{A}=6\sin(\omega t+110°)\ \text{A}$$

相位差为

$$\varphi=\psi_u-\psi_i=80°-110°=-30°$$

所以，电流超前电压 30°，或者说电压滞后电流 30°。

3.1.3　正弦交流电的有效值

交变电流的有效值是指在热效应方面和它相当的直流电的数值。即在相同的电阻中，分别通入直流电流和交流电流，在一个交流电的周期（T）内，如果它们在该电阻上产生的热量 Q 相等，则称该直流电流的数值为交流电流的有效值。有效值规定用大写字母表示，例如 E、I 和 U。按上述定义

$$Q=I^2RT=\int_0^T i^2(t)R\mathrm{d}t$$

整理后可得交流电流的有效值

$$I=\sqrt{\frac{1}{T}\int_0^T i^2(t)\mathrm{d}t} \tag{3-7}$$

可见，交流电流的有效值 I 等于电流 $i(t)$ 的平方在一个周期内的平均值的平方根值，即均方根值。该结论适用于任何波形的周期性的电压和电流。

如果正弦电流 $i = I_\mathrm{m}\sin\omega t$，则其有效值和最大值之间的关系为

$$I = \sqrt{\frac{1}{T}\int_0^T I_\mathrm{m}^2 \sin^2\omega t \ \mathrm{d}t} = \sqrt{\frac{1}{T}\cdot\frac{I_\mathrm{m}^2}{2}\int_0^T (1-\cos2\omega t)\ \mathrm{d}t} = \frac{I_\mathrm{m}}{\sqrt{2}} = 0.707I_\mathrm{m} \quad (3\text{-}8)$$

同理可得正弦电压的有效值和最大值之间的关系为

$$U = \sqrt{\frac{1}{T}\int_0^T U_\mathrm{m}^2 \sin^2\omega t\,\mathrm{d}t} = \frac{U_\mathrm{m}}{\sqrt{2}} = 0.707U_\mathrm{m} \qquad (3\text{-}9)$$

所以，正弦交流电流的有效值是最大值的 $1/\sqrt{2}$ 倍。

在实际应用中，通常所说的交流电的电压或电流的数值均指的是有效值。交流电压表、电流表测量指示的电压、电流读数也都是有效值。只有在分析电气设备（或者电路元件）的绝缘耐压能力时，才用到最大值。

引入有效值后，正弦电压和电流的表达式也可写成如下形式

$$u = U_\mathrm{m}\sin(\omega t + \psi_u) = \sqrt{2}U\sin(\omega t + \psi_u)$$

$$i = I_\mathrm{m}\sin(\omega t + \psi_i) = \sqrt{2}I\sin(\omega t + \psi_i)$$

$$U = \frac{U_\mathrm{m}}{\sqrt{2}} = 0.707U_\mathrm{m}$$

$$I = \frac{I_\mathrm{m}}{\sqrt{2}} = 0.707I_\mathrm{m}$$

3.2 正弦交流电的相量表示法

3.2.1 复数概述

1. 复数及其表示形式

一个复数是由实部和虚部组成的。复数有多种表示形式，常见的有代数式、指数式、三角函数式和极坐标式。设 A 为一复数，a、b 分别为其实部和虚部，则

$$A = a + \mathrm{j}b = r\mathrm{e}^{\mathrm{j}\psi} = r(\cos\psi + \mathrm{j}\sin\psi) = r\underline{/\psi} \qquad (3\text{-}10)$$

　　　　　　代数式　指数式　　三角函数式　　极坐标式

式中，$r = \sqrt{a^2+b^2}$，称为复数 A 的模；$a = r\cos\psi$；$b = r\sin\psi$；$\psi = \arctan(b/a)$，称为辐角。

在电路分析中，为区别于电流的符号 i，虚数单位常用 j 表示。

复数也可以用由实轴与虚轴组成的复平面上的有向线段来表示。用直角坐标系的横轴表示实轴，以 $+1$ 为单位；纵轴表示虚轴，以 $+\mathrm{j}$ 为单位（虚数单位）。实轴和虚轴构成复数坐标平面，简称复平面。于是任何一个复数就与复平面上的一个确定的点相对应。如由式（3-10）表示的复数与复平面中的 $A(a,b)$ 点相对应，如图 3-6 所示。再用有向线段连

接坐标原点 O 和点 A,在线段末端带有箭头,成为一个矢量,该矢量就与复数 A 对应。这种表示复数的矢量称为复数矢量。复数矢量的模为 r,辐角为 ψ。

根据欧拉公式($\mathrm{e}^{\mathrm{j}\psi} = \cos\psi + \mathrm{j}\sin\psi$),有 $\mathrm{e}^{\mathrm{j}90°} = +\mathrm{j} = 1\ \underline{/90°}$,$-\mathrm{j} = 1\ \underline{/-90°}$,所以可以将 $+\mathrm{j}$ 看成一个模为 1、辐角为 $+90°$ 的复数,可以将 $-\mathrm{j}$ 看成一个模为 1、辐角为 $-90°$ 的复数。

图 3-6 复平面和复数矢量

2. 复数四则运算

设有两个复数

$$A_1 = a_1 + \mathrm{j}b_1 = r_1\mathrm{e}^{\mathrm{j}\psi_1} = r_1\ \underline{/\psi_1}$$

$$A_2 = a_2 + \mathrm{j}b_2 = r_2\mathrm{e}^{\mathrm{j}\psi_2} = r_2\ \underline{/\psi_2}$$

(1)复数加减运算,应用代数式较为方便,有

$$A_1 \pm A_2 = (a_1 \pm a_2) + \mathrm{j}(b_1 \pm b_2)$$

即两个复数相加减,就是实部和实部相加减,虚部和虚部相加减。

(2)复数乘除运算,应用指数或极坐标式较为方便,有

$$A_1 A_2 = r_1 r_2 \mathrm{e}^{\mathrm{j}(\psi_1 + \psi_2)} = r_1 r_2\ \underline{/\psi_1 + \psi_2}$$

$$\frac{A_1}{A_2} = \frac{r_1}{r_2} \mathrm{e}^{\mathrm{j}(\psi_1 - \psi_2)} = \frac{r_1}{r_2}\ \underline{/\psi_1 - \psi_2}$$

即两个复数相乘除,就是模和模相乘除,辐角和辐角相加减。

3.2.2 正弦量的相量表示法

1. 正弦量的相量表示

正弦量的相量表示

在正弦交流电路中,若直接用正弦量的瞬时值表达式进行各种分析与计算是非常烦琐的,如果用复数来表示正弦量,并用于正弦交流电路的分析与计算则非常简便。

由复数的概念可知,一个复数由模和辐角两个特征来确定。而正弦量由幅值、初相、频率三个要素来确定。但是,在线性元件组成的正弦交流电路中,当外加的正弦交流电源的频率一定时,电路中各部分的电流和电压也为正弦量,而且这些电流与电压的频率也都与电源的频率相同。因此,在分析电路的过程中,通常可以把频率这一要素当作已知量而不必考虑,只需对电路中的电流、电压的大小与初相角这两个要素进行分析计算,就可确定这些正弦量。

用复数表示正弦量时,复数的模即正弦量的幅值或有效值,复数的辐角即正弦量的初相角。

为了与一般的复数相区别,把表示正弦量的复数称为相量,并在大写字母上打"·"。于是表示正弦电流 $i = \sqrt{2}I\sin(\omega t + \psi_i)$ 的相量表达式为

$$\dot{I} = I\mathrm{e}^{\mathrm{j}\psi_i} = I\ \underline{/\psi_i} \tag{3-11}$$

同理,正弦电压 $u = \sqrt{2}U\sin(\omega t + \psi_u)$ 的相量表达式为

$$\dot{U} = U\mathrm{e}^{\mathrm{j}\psi_u} = U\ \underline{/\psi_u} \tag{3-12}$$

注意：相量只是表示正弦量，而不是等于正弦量，而且正弦量变化的频率在相量中也无法反映，因此正弦量与相量之间不能画等号。

式(3-12)中的 j 是复数的虚数单位，即 $j=\sqrt{-1}$，并由此可得 $j^2=-1$，$1/j=-j$。另外，$e^{j\psi}=\cos\psi+j\sin\psi$（欧拉公式），并得 $e^{j90°}=j$，$e^{-j90°}=-j$。

2. 相量图及相量运算

按照各个正弦量的大小和相位关系画出的若干个相量的图形，称为相量图。在相量图上能够形象地看出各个正弦量的大小及相互间的相位关系。因此表示正弦量的相量有两种形式：相量式(复数式)和相量图。

但在相量图中应注意两点：一是只有正弦量才能用相量表示，相量不能表示非正弦量；二是在同一相量图中，各相量所表示的正弦电量必须是同频率的正弦量。只有同频率的正弦量，才能对各个正弦量进行相位关系的比较。在同一个相量图中不能表示不同频率的正弦量。

【例 3-3】 已知正弦电压 $u=141\sin(\omega t+60°)$ V，正弦电流 $i=14.14\sin(\omega t-60°)$ A。(1)写出 u 和 i 的相量；(2)画出相量图，说明它们之间的相位关系。

解：(1)u 和 i 的相量为

电压相量 $\qquad\dot{U}=100e^{j60°}=100\ \underline{/60°}$ V

电流相量 $\qquad\dot{I}=10e^{-j60°}=10\ \underline{/-60°}$ A

(2)它们的相量图如图 3-7 所示。从相量图上可以看出，u(电压)在相位上超前 i(电流)120°。

【例 3-4】 已知 $i_A+i_B+i_C=0$，$i_B=4\sqrt{2}\sin(\omega t+120°)$ A，$i_C=4\sqrt{2}\sin(\omega t-120°)$ A。(1)求 i_A；(2)画出相量图。

解：根据 i_B 和 i_C 的瞬时值表达式可写出其相量表达式为

$$\dot{I}_B=4\ \underline{/120°}=4\cos120°+j4\sin120°=-2+j3.464\ \text{A}$$

$$\dot{I}_C=4\ \underline{/-120°}=4\cos(-120°)+j4\sin(-120°)=-2-j3.464\ \text{A}$$

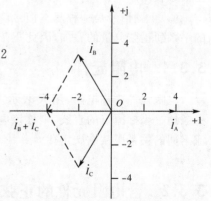

图 3-7 【例 3-3】相量图

因为 $\qquad i_A=-(i_B+i_C)$

所以
$$\begin{aligned}
\dot{I}_A&=-(\dot{I}_B+\dot{I}_C)\\
&=-[(-2+j3.464)+(-2\\
&\quad-j3.464)]\\
&=4-j\times0\\
&=4\ \underline{/0°}\ \text{A}
\end{aligned}$$

则电流 i_A 的瞬时值表达式为

$$i_A=-(i_B+i_C)=4\sqrt{2}\sin\omega t\ \text{A}$$

相量图如图 3-8 所示。

图 3-8 【例 3-4】相量图

3.2.3 电路基本定律的相量表示形式

1. 基尔霍夫电流定律(KCL)的相量表示形式

由基尔霍夫电流定律可知:任一时刻,对正弦电路中任一节点而言,流入(或流出)该节点的各支路电流瞬时值的代数和为零,即 $\sum i = 0$。

在正弦交流电路中由于各个电流都是同频率的正弦量,只是初相位和最大值不同,所以根据正弦电流 i 的和差与它们的相量 $\dot{I}$ 和差的对应关系,可以得出:任一时刻,对正弦电路中任一节点,流入(或流出)该节点的各支路电流相量的代数和为零,即

$$\sum \dot{I} = 0 \qquad (3-13)$$

式(3-13)称为基尔霍夫电流定律的相量表示形式。

2. 基尔霍夫电压定律(KVL)的相量表示形式

由基尔霍夫电压定律可知,对于电路中任一回路而言,沿该回路绕行一周,各段电路电压瞬时值的代数和为零,即 $\sum u = 0$。同理可以得出基尔霍夫电压定律(KVL)的相量表示形式:对于正弦电路中任一回路而言,沿该回路绕行一周,各段电压相量的代数和为零,即

$$\sum \dot{U} = 0 \qquad (3-14)$$

式(3-14)称为基尔霍夫电压定律的相量表示形式。

3.3 正弦交流电阻电路

正弦交流电路是指激励和响应均为正弦量的电路(正弦稳态电路),简称正弦电路。研究正弦电路的意义在于以下两点:

(1)正弦电路在电力系统和电子技术领域具有十分重要的地位。正弦信号有两个优点:一是正弦函数是周期函数,其加、减、求导、积分运算后仍是同频率的正弦函数;二是正弦信号容易产生、传送和使用。

(2)正弦信号是一种基本信号。任何非正弦周期信号都可以分解为按正弦规律变化的一系列正弦分量的叠加,因此正弦交流电路的分析是非正弦交流电路分析的基础。

3.3.1 电阻元件

电阻元件简称电阻,用 R 表示。如果电阻元件的伏安特性曲线在直角坐标平面上是一条通过坐标原点的直线,则称该电阻为线性电阻。线性电阻两端的电压和流过它的电流之间的关系服从欧姆定律

$$u = iR$$

3.3.2 含电阻元件的正弦交流电路

1. 电压与电流关系

在交流电路中,通过电阻元件的电流和它两端的电压在任意瞬间都遵循欧姆定律。

在图 3-9(a)所示的只含有电阻元件 R 的交流电路中,电压、电流的参考方向如图所示。

(a)时域模型   (b)电压、电流波形图

(c)相量模型   (d)瞬时功率的波形图   (e)相量图

图 3-9　正弦交流电路中电阻元件上的电压、电流和功率关系

假设在电阻元件两端加上正弦交流电压

$$u = U_{\mathrm{m}} \sin\omega t = \sqrt{2} U \sin\omega t$$

按图 3-9(a)所示电压、电流的参考方向,则电路的电流为

$$i = \frac{u}{R} = \frac{U_{\mathrm{m}}}{R} \sin\omega t = \frac{\sqrt{2}U}{R} \sin\omega t = I_{\mathrm{m}} \sin\omega t \qquad (3\text{-}15)$$

式(3-15)说明:电阻元件中电流和其两端的电压是同频率的正弦量,并且有如下的电压、电流关系

$$I = \frac{U}{R}, \quad I_{\mathrm{m}} = \frac{U_{\mathrm{m}}}{R}$$

电压与电流同相位,即 $\varphi_u = \varphi_i$,相位差 $\varphi = \varphi_u - \varphi_i = 0$,电压、电流波形图如图3-9(b)所示。

综上所述,可得电阻元件电压和电流之间的相量关系式

$$\dot{I} = \frac{\dot{U}}{R}, \quad \dot{I}_{\mathrm{m}} = \frac{\dot{U}_{\mathrm{m}}}{R} \qquad (3\text{-}16)$$

式(3-16)同时表示了电压和电流之间的数值与相位关系,称为欧姆定律的相量表示形式,相应的相量图如图 3-9(e)所示。根据式(3-16),图 3-9(a)的时域模型可用图3-9(c)的相量模型来表示,即电压、电流用相量表示,而电阻不变。

【例 3-5】　把一个 100 Ω 的电阻元件接入频率为 50 Hz、电压有效值为 220 V 的正弦交流电源上,问电流是多少?若保持电压值不变,而电源频率变为 5 kHz,这时电流将为多少?

解:因为电阻与频率无关,所以电压有效值保持不变时,两种情况下的电流有效值相等,即

$$I = \frac{U}{R} = \frac{220 \text{ V}}{100 \text{ Ω}} = 2.2 \text{ A}$$

2. 功率

在交流电路中,通过电阻元件的电流及其两端的电压都是交变的,电阻吸收的功率也

必然是随时间变化的。把电阻在任一瞬间所吸收的功率称为瞬时功率,用小写字母 p 表示,设 u、i 为关联参考方向,则瞬时功率等于同一时刻电压和电流瞬时值的乘积,即

$$p = ui = U_m\sin\omega t \times I_m\sin\omega t = U_m I_m\sin^2\omega t = UI(1-\cos2\omega t)$$
$$= UI - UI\cos2\omega t \tag{3-17}$$

式(3-17)表明,瞬时功率随时间变化,并且由两部分组成:第一部分是恒定值 UI,第二部分是幅值为 UI 以 2ω 角频率随时间变化的交变量 $-UI\cos2\omega t$。瞬时功率的波形图如图3-9(d)所示。由于电阻元件的电压、电流同相位,它们的瞬时值总是同时为正或同时为负,所以瞬时功率 p 总为正值(当任意正弦量为零时,$p=0$)。就是说,电阻元件在每一瞬间都在吸收(或者消耗)电功率,因此电阻元件是耗能元件。

瞬时功率随时间变化,使用不方便,因而工程实际中常用瞬时功率在一个周期内的平均值来表示电路元件的功率,称为平均功率,用大写字母 P 表示。平均功率又称为有功功率,它的单位为瓦(W)或千瓦(kW)。

$$P = \frac{1}{T}\int_0^T p\,\mathrm{d}t = \frac{1}{T}\int_0^T UI(1-\cos2\omega t)\,\mathrm{d}t$$
$$= UI = I^2 R = \frac{U^2}{R} \tag{3-18}$$

式(3-18)与直流电路的功率计算公式在形式上完全相同,但式中 U、I 是电压、电流的有效值。

【例 3-6】 有一个 220 V、100 W 的白炽灯,其两端电压为 $u=311\sin(314t+30°)$ V。求:(1)通过白炽灯电流的相量和瞬时值表达式;(2)每天使用 5 小时,每度电(1 千瓦时)收费 0.5 元,问每月(按 30 天计算)应付多少电费?

解:(1)白炽灯属于电阻性负载,电压的相量为

$$\dot{U} = U\underline{/\psi_u} = \frac{311}{\sqrt{2}}\underline{/30°} = 220\underline{/30°}\text{ V}$$

由式(3-18)得

$$R = \frac{U^2}{P} = \frac{220^2}{100} = 484\ \Omega$$

由式(3-16)得电流的相量为

$$\dot{I} = \frac{\dot{U}}{R} = \frac{220\underline{/30°}}{484} = 0.45\underline{/30°}\text{ A}$$

则电流的瞬时值表达式为

$$i = \sqrt{2}I\sin(\omega t + \psi_i) = 0.45\sqrt{2}\sin(314t+30°)\text{ A}$$

(2)每月消耗的电能为

$$W = Pt = 100\text{ W} \times 5\text{ h} \times 30 = 15000\text{ Wh} = 15\text{ kWh}$$

则每月应付电费为

$$15 \times 0.5\ \text{元} = 7.5\ \text{元}$$

3.4　正弦交流电容电路

3.4.1　电容元件

电容元件

电容元件简称电容。如果电容元件的伏安特性曲线在直角坐标平面上是一条通过坐标原点的直线,则称该电容为线性电容。对于线性电容,其特性方程为:$q=Cu$。

$$i=\frac{\mathrm{d}q}{\mathrm{d}t}=C\frac{\mathrm{d}u}{\mathrm{d}t} \tag{3-19}$$

式中 C 称为电容量,其定义为电容上存储的电荷量与电容两端电压的比值,即

$$C=\frac{q}{u} \tag{3-20}$$

电容的单位为法拉,简称法,用字母 F 表示。在工程实际中,由于 F 的单位太大,所以,常用的单位为微法(μF)和皮法(pF)。

$$1\ \mathrm{F}=10^6\ \mu\mathrm{F}$$
$$1\ \mu\mathrm{F}=10^6\ \mathrm{pF}$$

3.4.2　含电容元件的正弦交流电路

电容特性

1.电压与电流关系

如图 3-10(a)所示是只含有电容元件 C 的交流电路。

(a)时域模型　　(b)电压、电流波形图

(c)相量模型　　(d)瞬时功率的波形图　　(e)相量图

图 3-10　正弦交流电路中电容元件上的电压、电流和功率关系

假设施加于电容元件上的正弦交流电压为

$$u=U_{\mathrm{m}}\sin\omega t=\sqrt{2}U\sin\omega t$$

则流过电容元件的电流为

$$i = C\frac{\mathrm{d}u}{\mathrm{d}t} = \omega CU_\mathrm{m}\cos\omega t = I_\mathrm{m}\sin(\omega t + 90°) \tag{3-21}$$

式(3-21)表明:电容元件两端的电压和电流是同频率的正弦量。

(1)数值关系

电压和电流之间的最大值、有效值关系为

$$I_\mathrm{m} = \omega CU_\mathrm{m} \quad 或 \quad U_\mathrm{m} = \frac{I_\mathrm{m}}{\omega C} \tag{3-22}$$

$$I = \omega CU \quad 或 \quad U = \frac{I}{\omega C} \tag{3-23}$$

令

$$X_C = \frac{1}{\omega C} = \frac{1}{2\pi fC} \tag{3-24}$$

则

$$I_\mathrm{m} = \frac{U_\mathrm{m}}{X_C} \quad 或 \quad I = \frac{U}{X_C} \tag{3-25}$$

式(3-25)也被称为电容元件的欧姆定律,类似于电阻元件,X_C 称为电容的容抗,单位为欧姆(Ω)。容抗是表示电容对电流阻碍作用大小的物理量,它与 ωC 成反比。

从式(3-24)可以看出:对于一定的电容 C,频率越高,它呈现的容抗越小;频率越低,它呈现的容抗越大。也就是说,对于一定的电容 C,它对低频电流呈现的阻力大,对高频电流呈现的阻力小。在直流情况下,频率 $f = 0$,故 $X_C = \infty$,电容 C 相当于开路。所以,电容元件具有"隔直流、通交流"或"阻低频、通高频"的特性。因此,电容在电子电路中通常被用于信号耦合、隔直流、旁路和滤波等。

应注意的是,对于电容元件而言,电压和电流的瞬时值之间并不具有欧姆定律的形式,即不存在比例关系,容抗也不能用电压、电流瞬时值的比值来表示。因此,电容元件的欧姆定律只适用于描述电容上电压与电流的有效值或最大值之间的关系。

(2)相位关系

从式(3-21)可知,电容电压和电流出现了相位差,并且电压滞后电流 90°,或者说电容电流超前电压 90°,即 $\psi_u = \psi_i - 90°$。电压、电流波形图如图 3-10(b)所示。

根据电容元件电压、电流之间的数值关系和相位关系,比照电阻元件,可以得到电容元件欧姆定律的相量表示形式为

$$\dot{U}_\mathrm{m} = \frac{\dot{I}_\mathrm{m}}{\omega C}\underline{/-90°} \quad 或 \quad \dot{U} = \frac{\dot{I}}{\omega C}\underline{/-90°} = -\mathrm{j}X_C\dot{I}$$

$$\frac{\dot{U}_\mathrm{m}}{\dot{I}_\mathrm{m}} = \frac{1}{\mathrm{j}\omega C} \quad 或 \quad \frac{\dot{U}}{\dot{I}} = \frac{1}{\mathrm{j}\omega C} \tag{3-26}$$

式(3-26)同时表示了电压和电流之间的数值与相位关系,相应的相量图如图3-10(e)所示。图 3-10(c)为电容元件的相量模型。

2. 功率

当电压、电流取关联参考方向时,电容元件吸收的瞬时功率为

$$p = ui = U_\mathrm{m}\sin\omega t \times I_\mathrm{m}\sin(\omega t + 90°) = U_\mathrm{m}I_\mathrm{m}\sin\omega t\cos\omega t$$

$$= \frac{U_m I_m}{2}\sin 2\omega t$$

$$= UI\sin 2\omega t \tag{3-27}$$

瞬时功率的波形图如图 3-10(d)所示。

电容元件瞬时功率的平均值（平均功率）为

$$P = \frac{1}{T}\int_0^T p\,\mathrm{d}t = \frac{1}{T}\int_0^T UI\sin 2\omega t\,\mathrm{d}t = 0 \tag{3-28}$$

从瞬时功率的数学表达式或波形图都可以看出，瞬时功率也是随时间变化的正弦函数，其幅值为 UI，并以 2ω 角频率随时间变化。在一个周期内，瞬时功率的平均值为零，说明电容元件不消耗能量。但电容元件存在着与电源之间的能量交换，从瞬时功率的波形图可以看出，在第一和第三个 1/4 周期内，u 和 i 同时为正值或负值，瞬时功率 p 大于零，这一过程实际上是电容将电能转换为电场能存储起来，从电源吸取能量；在第二和第四个 1/4 周期内，u 和 i 一个为正值，另一个则为负值，故瞬时功率小于零，这一过程实际上是电容将电场能转换为电能释放出来。电容不断地与电源交换能量，在一个周期内吸收和释放的能量相等，因此平均值为零，说明电容元件不消耗能量，是一个储能元件。

电容元件的平均功率为零，但存在着与电源之间的能量交换，电源要供给它电流，所以电容元件对电源来说仍然是一种负载，因此它要占用电源设备的容量。不同电容元件与电源进行能量交换的速率是不同的，为了衡量这种能量交换的速率，定义瞬时功率的最大值即能量交换的最大速率为电容元件的无功功率。电容的无功功率用大写字母 Q_C 表示，即

$$Q_C = UI = I^2 X_C = \frac{U^2}{X_C} \tag{3-29}$$

Q_C 的单位为乏尔(var)或千乏(kvar)，1 kvar $= 10^3$ var。

【例 3-7】 一个电容元件，已知 $C = 0.005$ F，流过的电流 $i = 1.41\sin(100t - 30°)$ A。求：(1)电容元件的容抗；(2)关联参考方向下的电压 u；(3)电容元件的无功功率。

解：(1)根据式(3-24)，电容元件的容抗为

$$X_C = \frac{1}{\omega C} = \frac{1}{100 \times 0.005} = 2\ \Omega$$

(2)电流、电压的相量为

$$\dot{I} = 1\ \underline{/-30°}\ \text{A}$$

$$\dot{U} = -\mathrm{j}X_C\dot{I} = -\mathrm{j}\times 2\times 1\ \underline{/-30°} = 2\ \underline{/-120°}\ \text{V}$$

电压的瞬时值表达式为

$$u = 2\sqrt{2}\sin(100t - 120°)\ \text{V}$$

(3)无功功率为

$$Q_C = UI = 2\ \text{V}\times 1\ \text{A} = 2\ \text{var}$$

3. 电容的储能

电容充电后，正负极板带等量异号电荷，两极间建立电场，电场中储存电场能量。若电容的 u 和 i 为关联参考方向，则 t 时刻电容吸收的瞬时功率为：$p(t) = \dfrac{\mathrm{d}W(t)}{\mathrm{d}t} = u(t)i(t)$。

从 t_1 到 t_2 时刻电容吸收的能量为

$$W_C(t_1, t_2) = \int_{t_1}^{t_2} p(t)\mathrm{d}t = \int_{t_1}^{t_2} u(t)i(t)\mathrm{d}t = \int_{t_1}^{t_2} u(t)\left[C\frac{\mathrm{d}u(t)}{\mathrm{d}t}\right]\mathrm{d}t$$

$$= C\int_{t_1}^{t_2} u(t)\mathrm{d}u(t) = \frac{1}{2}Cu^2(t_2) - \frac{1}{2}Cu^2(t_1) \tag{3-30}$$

该式表明:从 t_1 到 t_2 时刻供给电容的能量只与 t_1 和 t_2 时刻的电压值 $u(t_1)$ 和 $u(t_2)$ 有关,与在此期间的其他电压值无关。

上式中: $\frac{1}{2}Cu^2(t_2)$ 表示 t_2 时刻电容的储能; $\frac{1}{2}Cu^2(t_1)$ 表示 t_1 时刻电容的储能。

即任意时刻电容储能公式为

$$W_C(t) = \frac{1}{2}Cu^2(t) \tag{3-31}$$

3.5 正弦交流电感电路

3.5.1 电感元件

电感元件简称电感。如果电感元件的伏安特性曲线在直角坐标平面上是一条通过坐标原点的直线,则称该电感为线性电感。对于线性电感,其特性方程为 $N\Phi=Li$。N 为线圈的有效匝数;Φ 为线圈中的有效磁通;i 为通过线圈的电流;L 为线圈的自感系数。实际的电感线圈如图 3-11 所示。

电感元件

根据电磁感应定律,电感元件上电压、电流有如下微分关系

$$u = L\frac{\mathrm{d}i}{\mathrm{d}t} \tag{3-32}$$

式(3-32)中的 L 称作自感系数,简称自感或电感,其定义为通过电感线圈的磁通链 Ψ 与产生该磁通链的电流 i 的比值,即

$$L = \frac{\Psi}{i} \tag{3-33}$$

图 3-11　电感线圈

电感的单位为亨利,简称亨,用字母 H 表示。工程实际中也常用毫亨(mH)和微亨(μH)做单位, $1\ \mathrm{H}=10^3\ \mathrm{mH}=10^6\ \mu\mathrm{H}$。

3.5.2 含电感元件的正弦交流电路

1. 电压与电流关系

只含有电感元件 L 的交流电路如图 3-12(a)所示。

设通过电感元件的正弦交流电流为

$$i = I_\mathrm{m}\sin\omega t = \sqrt{2}I\sin\omega t$$

则电感元件的端电压为

电感特性

(a)时域模型 (b)电压、电流波形图

电感吸收的功率

电感返回电源的功率

(c)相量模型 (d)瞬时功率的波形图 (e)相量图

图 3-12 正弦交流电路中电感元件上的电压、电流和功率关系

$$u = L\frac{\mathrm{d}i}{\mathrm{d}t} = \omega L I_\mathrm{m}\sin(\omega t + 90°)$$

$$= U_\mathrm{m}\sin(\omega t + 90°) \tag{3-34}$$

式(3-34)表明:电感元件中电流与其两端的电压是同频率的正弦量。

(1)数值关系

电压和电流之间的最大值、有效值关系为

$$U_\mathrm{m} = \omega L I_\mathrm{m} \quad \text{或} \quad I_\mathrm{m} = \frac{U_\mathrm{m}}{\omega L} \tag{3-35}$$

$$U = \omega L I \quad \text{或} \quad I = \frac{U}{\omega L} \tag{3-36}$$

令

$$X_L = \omega L = 2\pi f L \tag{3-37}$$

则

$$I_\mathrm{m} = \frac{U_\mathrm{m}}{X_L} \text{或} I = \frac{U}{X_L} \tag{3-38}$$

式(3-38)称为电感元件的欧姆定律,式中 $X_L = \omega L$ 称为感抗,单位为欧姆(Ω)。感抗是表示电感对电流阻碍作用大小的一个物理量,它与 L 和 ω 的乘积成正比。

显然,对于一定的电感 L,频率越高,它呈现的感抗越大;频率越低,它呈现的感抗越小。就是说,对于一定的电感 L,它对高频电流呈现的阻力大,对低频电流呈现的阻力小。在直流情况下,频率 $f = 0$,故 $X_L = 0$,电感 L 相当于短路。所以电感元件具有"通直流、阻交流"或"通低频、阻高频"的特性。在电路中,电感元件通常用来进行信号耦合、滤波、制作高频扼流圈等。

应注意的是,对于电感元件而言,与电容元件一样,其电压和电流的瞬时值之间并不具有欧姆定律的形式,即不存在比例关系,感抗也不能代表电压、电流瞬时值之间的关系。因此电感元件的欧姆定律也只适用于描述电压与电流的有效值或最大值之间的关系。

（2）相位关系

从式（3-34）可知，电感的电压和电流出现了相位差，并且电感电压超前电流90°，或者说电感电流滞后电压90°，即 $\psi_u = \psi_i + 90°$。电压、电流波形图如图 3-12(b) 所示（波形图中 $\psi_i = 0°$，$\psi_u = 90°$）。

类似于电容元件，根据电感元件电压、电流之间的数值关系和相位关系，得到电感元件欧姆定律的相量表示形式为

$$\dot{U}_m = \omega L \underline{/90°}\ \dot{I}_m = jX_L\ \dot{I}_m \quad \text{或} \quad \dot{U} = \omega L \underline{/90°}\ \dot{I} = jX_L\ \dot{I} \tag{3-39}$$

$$\frac{\dot{U}_m}{\dot{I}_m} = jX_L \quad \text{或} \quad \frac{\dot{U}}{\dot{I}} = jX_L \tag{3-40}$$

式（3-40）同时表示了电感电压和电流之间的数值与相位关系，相应的相量图如图 3-12(e) 所示。图 3-12(c) 为电感元件的相量模型。

2. 功率

当电压、电流取关联参考方向时，电感元件吸收的瞬时功率为

$$p = ui = U_m \sin(\omega t + 90°) I_m \sin\omega t = U_m I_m \cos\omega t \sin\omega t$$

$$= \frac{U_m I_m}{2}\sin 2\omega t$$

$$= UI \sin 2\omega t \tag{3-41}$$

瞬时功率的波形图如图 3-12(d) 所示。

电感元件瞬时功率的平均值，即平均功率为

$$P = \frac{1}{T}\int_0^T p\,\mathrm{d}t = \frac{1}{T}\int_0^T UI\sin 2\omega t\,\mathrm{d}t = 0 \tag{3-42}$$

可见，与电容元件一样，电感元件的瞬时功率也是随时间变化的正弦函数，其幅值为 UI，并以 2ω 角频率随时间变化。在一个周期内，瞬时功率的平均值为零，其能量转换过程类似电容元件，只不过电感元件存储的是磁场能而已。因此电感元件同电容元件一样，也是一个储能元件。

与电容元件一样，采用无功功率来衡量电感元件与电源之间能量交换的速率，它仍等于瞬时功率的最大值。电感元件上无功功率的大小为

$$Q_L = UI = X_L I^2 = \frac{U^2}{X_L} \tag{3-43}$$

从电容元件与电感元件无功功率的表达式可以看出，无功功率与有功功率在形式上是相似的，但无功功率不是消耗电能的速率，而是交换能量的最大速率。

【例 3-8】 已知一个电感元件，$L = 1$ H，接在电压 $u = 220\sqrt{2}\sin(314t + 45°)$ V 的电源上。求：(1)电感元件的感抗；(2)关联参考方向下的电流 i；(3)电感元件的无功功率。

解：(1)根据式（3-37），电感元件的感抗为

$$X_L = \omega L = 314 \times 1 = 314\ \Omega$$

(2)电压的相量为

$$\dot{U} = 220\ \underline{/45°}\ \text{V}$$

根据式(3-40),电流相量为

$$\dot{I} = \frac{\dot{U}}{jX_L} = \frac{220 \underline{/45°}}{314 \underline{/90°}} = 0.7 \underline{/-45°} \text{ A}$$

则电流的瞬时值表达式为

$$i = 0.7\sqrt{2}\sin(314t - 45°) \text{ A}$$

(3)根据式(3-43),无功功率为

$$Q_L = UI = 220 \text{ V} \times 0.7 \text{ A} = 154 \text{ var}$$

3. 电感的储能

当电感的 u 和 i 为关联参考方向时,t 时刻电感吸收的瞬时功率为:

$$p(t) = \frac{dW(t)}{dt} = u(t)i(t)$$

从 t_1 到 t_2 时刻电感吸收的能量为

$$W_L(t_1, t_2) = \int_{t_1}^{t_2} p(t)dt = \int_{t_1}^{t_2} u(t)i(t)dt = \int_{t_1}^{t_2} L\frac{di(t)}{dt}i(t)dt$$

$$= L\int_{t_1}^{t_2} i(t)di(t) = \frac{1}{2}Li^2(t_2) - \frac{1}{2}Li^2(t_1) \tag{3-44}$$

该式表明:在 t_1 到 t_2 时刻供给电感的能量只与 t_1 和 t_2 时刻的电流值 $i(t_1)$ 和 $i(t_2)$ 有关,与在此期间的其他电流值无关。

上式中:$\frac{1}{2}Li^2(t_2)$ 表示 t_2 时刻电感的储能;$\frac{1}{2}Li^2(t_1)$ 表示 t_1 时刻电感的储能。

即任意时刻电感储能公式为

$$W_L(t) = \frac{1}{2}Li^2(t) \tag{3-45}$$

4. R、L、C 基本元件上电流、电压、功率的关系归纳

为便于理解和掌握 R、L、C 三种基本电路元件的特性,现将正弦交流电路中 R、L、C 元件上的电压、电流、功率的关系列入表 3-1 中。其中,R、L、C 元件上电压与电流的相量关系(包括大小关系和相位关系)以及 R、L、C 元件的复阻抗概念是重点内容。

表 3-1　正弦交流电路中 R、L、C 基本元件的电流、电压、功率的关系[设 $i = I\sqrt{2}\sin(\omega t + 0°)$ A]

电路元件	电阻 R	电感 L	电容 C
元件符号			
u 与 i 的波形图			
u 与 i 的瞬时值关系式	$u_R = Ri_R$	$u_L = L\dfrac{di_L}{dt}$	$i_C = C\dfrac{du_C}{dt}$
$\dot{U}$ 与 $\dot{I}$ 的相量关系式	$\dot{U}_R = R\dot{I}_R$	$\dot{U}_L = j\omega L\dot{I}_L = jX_L\dot{I}_L$	$\dot{U}_C = \dfrac{1}{j\omega C}\dot{I}_C = -jX_C\dot{I}_C$

（续表）

电路元件	电阻 R	电感 L	电容 C
U 与 I 的有效值关系	$U_R = RI_R$	$U_L = \omega L I_L = X_L I_L$	$U_C = \dfrac{1}{\omega C} I_C = X_C I_C$
ψ_u 与 ψ_i 的相位关系	$\psi_u = \psi_i$	$\psi_u = \psi_i + 90°$	$\psi_u = \psi_i - 90°$
$\dot{U}$ 与 $\dot{I}$ 的相量图	$\xrightarrow{\quad}\dot{U}_R$ $\dot{I}_R$ $(\varphi = 0°)$	$\dot{U}_L$ $\rightarrow \dot{I}_L$ $(\varphi = +90°)$	$\rightarrow \dot{I}_C$ $\downarrow \dot{U}_C$ $(\varphi = -90°)$
复阻抗 Z	R	$\mathrm{j}X_L = \mathrm{j}\omega L$	$-\mathrm{j}X_C = \dfrac{1}{\mathrm{j}\omega C}$
复导纳 Y	$G = \dfrac{1}{R}$	$-\mathrm{j}B_L = \dfrac{1}{\mathrm{j}\omega L}$	$\mathrm{j}B_C = \mathrm{j}\omega C$
有功功率 P（平均功率）	$P_R = U_R I_R$	0	0
无功功率 Q	0	$Q_L = U_L I_L$	$Q_C = -U_C I_C$

【仿真训练】

仿真训练 1　正弦交流电源的测量与仿真

一、仿真目的

(1)学习使用 Multisim 软件；

(2)熟悉函数信号发生器的使用方法；

(3)初步掌握用示波器观察电信号波形、定量测出正弦信号波形参数的方法。

二、仿真原理

正弦交流信号是指其电压 u（或电流 i）随时间 t 按正弦规律变化。如正弦交流电压 $u = U_\mathrm{m}\sin(\omega t + \varphi_u)$，其中 U_m 为正弦交流电压的振幅，ω 为正弦交流电压的角频率，φ_u 为正弦交流电压的初相位。U_m、ω 和 φ 称为正弦量的三要素。在正弦交流电压中，最大值 U_m 与有效值 U 的关系为 $U_\mathrm{m} = \sqrt{2}\,U$，角频率 ω 与频率 f、周期 T 的关系为 $\omega = 2\pi f = 2\pi/T$。

三、仿真仪器

带 Multisim 软件的计算机一台。

图 3-13　正弦交流信号的波形测量

四、仿真内容和步骤

1.仿真内容

利用计算机的电路仿真软件,测试如图 3-13 所示电路中的正弦交流电压的波形和大小。电路中电源电压 V_1 的幅值为 1 V_P(最大值),频率为 1 kHz;函数信号发生器波形为正弦波,频率为 2 kHz,幅值为 10 V_P(最大值)。

2.仿真步骤

(1)正弦交流电源的选取:电路如图 3-13 所示,在 Multisim 10.0 软件的电源库中选取交流电压源(AC voltage source),双击图标设置参数:频率为 1 kHz,幅值为 1 V_P(最大值)。在仪器(Instruments)库中选取函数信号发生器(Function Generator),双击函数信号发生器图标,设置参数:波形为正弦波,频率为 2 kHz,振幅为 10 V_P(最大值),如图 3-13 的左下角所示。

(2)电路连接:在仪器库中选取双通道示波器(Oscilloscope),A 通道的信号输入端接正弦交流电压源,B 通道的信号输入端接函数信号发生器(当电路图中有接地符号时,双踪示波器的接地端可以不接),电路连接如图 3-13 左上角所示。

(3)示波器面板设置:双击示波器图标得到示波器的显示面板,如图 3-13 右边部分所示,该显示面板与实际示波器的面板基本一致。

①在显示面板的时基部分(Timebase)设置参数:X 轴刻度(Scale)选择为每格 1 毫秒(1 ms/Div),X 轴起点位置(X position)为 0,波形显示方式为 Y/T。

②在 Y 轴输入的通道(Channel)部分设置参数:通道 A 的 Y 轴刻度选择为 1 V/Div,波形在 Y 轴上的偏移位置为 1 格,信号输入端的耦合方式为交流(AC);通道 B 的 Y 轴刻度选择为 10 V/Div,波形在 Y 轴上的偏移位置为 −1 格。

③在触发(Trigger)方式部分设置参数:触发边沿(Edge)选择上升沿,触发电平(Level)为 0,触发类型(Type)为普通方式(Normal)。

(4)波形测量：单击仿真开关，则在示波器显示屏的上半部分显示 A 通道输入的 1 V_P/1 kHz 正弦交流电压，在示波器显示屏的下半部分显示 B 通道输入的 10 V_P/2 kHz 正弦交流信号，其波形如图 3-13 的示波器波形显示区所示。

①被测波形的振幅值（最大值）＝显示波形垂直方向的 Y 轴刻度数×对应通道的 Y 轴刻度选择（Scale）数；被测波形的有效值＝最大值/$\sqrt{2}$＝最大值×0.707。

②被测波形的周期＝显示波形水平方向一个周期的 X 轴刻度数×X 轴的刻度选择（Scale）数；被测波形的频率＝1/周期。

(5)改变函数信号发生器的幅度和频率，可以观察到示波器波形的相应变化情况。改变示波器时基部分的 X 轴时间刻度选择或 X 轴时间起始位置，显示的波形随之改变。改变示波器输入 A 通道的 Y 轴幅度刻度选择或 Y 轴波形偏移位置，显示的波形随之变化。

(6)将测量数据填入表 3-2。

表 3-2 　　　　　　　示波器测量数据

正弦波信号 〔＼〕 测定项目	2 kHz /10 V_P（最大值）	1 kHz /1 V_P（最大值）
示波器 X 轴"t/Div"		
一个周期占有的格数		
信号周期 T/s		
计算所得频率/Hz		
示波器 Y 轴"V/Div"		
峰峰值波形格数		
最大值/V		
计算所得有效值/V		

五、注意事项

(1)正弦信号有效值和最大值的选取。

(2)示波器面板的设置。

六、思考题

示波器面板上"t/Div"和"V/Div"的含义是什么？

仿真训练 2　　正弦交流电路中的 R、L、C 元件仿真

一、仿真目的

(1)学习使用 Multisim 软件；

(2)熟练使用信号发生器和示波器；

(3)测试 R、L、C 元件上的电压与电流的波形及大小；

(4)掌握 R、L、C 元件在正弦交流电路中的伏安特性。

二、仿真原理

在正弦交流电路中，电路元件主要有电阻 R、电感 L 和电容 C。电阻元件的复阻抗为

102

$Z_R = R$，电阻元件上的电压与电流同相，即相位关系为 $\psi_u = \psi_i$；电容元件的复阻抗为 $Z_C = 1/(\mathrm{j}\omega C)$，电容元件上的电压滞后电流 90°，即相位关系为 $\psi_u = \psi_i - 90°$；电感元件的复阻抗为 $Z_L = \mathrm{j}\omega L$，电感元件上的电压超前电流 90°，即相位关系为 $\psi_u = \psi_i + 90°$。

三、仿真仪器

带 Multisim 软件的计算机一台。

四、仿真内容和步骤

1. 仿真内容

利用计算机的电路仿真软件，测试如图 3-14、图 3-15、图 3-16 所示电路中的电压和电流的波形和大小，以此确定正弦交流电路中 R、L、C 元件上的伏安特性。电路中电源电压 V_1 的频率为 1 kHz，幅值为 10 V_P（最大值），$R_1 = 1\ \Omega$，$R_2 = 1\ \mathrm{k}\Omega$，$C_1 = 100\ \mathrm{nF}$，$L_1 = 300\ \mathrm{mH}$。

2. 仿真步骤

(1) 电阻元件 R 上的电压与电流的相位关系仿真

① 在 Multisim 10.0 窗口中建立如图 3-14 所示电路。正弦电源（AC voltage source）的频率设置为 1 kHz，幅值设置为 10 V_P（最大值）。

图 3-14　电阻元件 R 上的电压与电流的波形

② 在仪器（Instruments）库中选取双踪示波器（Oscilloscope），B 通道的信号输入端用来测量电阻元件（$R_2 = 1\ \mathrm{k}\Omega$）两端的电压波形；示波器 A 通道的信号输入端用来测量电路中电流的波形，由于电路中的电流波形无法直接测量，所以可在电路中串联一只小电阻（$R_1 = 1\ \Omega$），该电阻对电路的总阻抗的影响可以忽略不计（$R_1 \ll R_2$）。因此可通过 R_1 电阻两端的电压波形的测量来间接获得电路中电流的波形，此时电路中的电流 $i = u_{R1}/R_1 = u_{R1}(\mathrm{V})/1\ \Omega \approx u_{R2}/R_2$。

③ 双击示波器图标打开示波器的显示面板。在显示面板的时基部分（Timebase）设置 X 轴刻度（Scale）每格 1 毫秒（1 ms/Div），在 Y 轴输入的 A 通道（Channel A）部分设置 Y 轴刻度为 10 mV/Div，B 通道（Channel B）的 Y 轴刻度设置为 5 V/Div，具体设置如图 3-14 右边的设置区所示。

④单击仿真"运行/停止"开关,则在示波器显示屏上显示 A 通道输入的电流波形(实际上是 1 Ω 电阻上的电压波形),该波形已用标记标出;同时示波器显示屏上也显示了 B 通道输入的电阻元件($R_2 = 1$ kΩ)两端的电压波形,该电压的幅度和频率与电源电压基本相同。其电阻元件上的电压与电流波形如图 3-14 的示波器波形显示区所示。从所显示的电压与电流波形可见,电阻元件上的电压与电流的相位相同。

⑤将相关数据填入表 3-3 中(表中电压值与电流值为有效值)。

表 3-3　　　　　　　　　电阻 R 特性测量数据

U_S/V	U_{R2}/V	U_{R1}/V	I/ mA	$\psi_u - \psi_i$
$5\sqrt{2}$				

(2)电容元件 C 上的电压与电流的相位关系仿真

①在 Multisim 10.0 窗口中建立如图 3-15 所示电路。正弦电源(AC voltage source)的幅值与频率设置同(1),电容值取 $C_1 = 100$ nF。

图 3-15　电容元件 C 上的电压与电流的波形

②设置双通道示波器(Oscilloscope)的 B 通道用来测量电容元件($C_1 = 100$ nF)两端的电压波形;A 通道用来测量电路中电流的波形,该电流仍从小电阻($R_1 = 1$ Ω)上取得。因 $R_1 \ll X_{C1}$,所以 R_1 对电路的总阻抗的影响可以忽略不计,电容上的电压与电源电压近似相等。

③双击示波器图标打开示波器的显示面板。对显示面板的设置如图 3-15 右边的设置区所示。

④单击仿真"运行/停止"开关,则在示波器显示屏上显示 A 通道输入的电流波形,该波形用标记标出;同时显示 B 通道输入的电容元件($C_1 = 100$ nF)两端的电压波形。由图 3-15 所显示的电压与电流波形可见,电容元件上的电压滞后电流 90°。

⑤将相关数据填入表 3-4 中(表中电压值与电流值为有效值)。

U_S/V	U_{C1}/V	U_{R1}/V	I/mA	$\psi_u - \psi_i$
$5\sqrt{2}$				

表 3-4   电容 C 特性测量数据

（3）电感元件 L 上的电压与电流的相位关系仿真

①在 Multisim 10.0 窗口中建立如图 3-16 所示电路。正弦电源（AC voltage source）的幅值与频率设置同（2），电感值取 $L_1 = 300$ mH。

图 3-16   电感元件 L 上的电压与电流的波形

②双通道示波器（Oscilloscope）的设置同（2），B 通道用来测量电感元件两端的电压波形；A 通道用来测量电路中电流的波形，该电流仍从小电阻（$R_1 = 1$ Ω）上取得。因 $R_1 \ll X_{L1}$，所以 R_1 对电路的总阻抗的影响可以忽略不计，电感上的电压与电源电压近似相等。

③双击示波器图标打开示波器的显示面板，显示面板的设置同（2）。

④单击仿真"运行/停止"开关，则在示波器显示屏上显示 A 通道输入的电流波形，该波形用标记标出；同时显示 B 通道输入的电感元件（$L_1 = 300$ mH）两端的电压波形。由图 3-16 所显示的电压与电流波形可见，电感元件上的电压超前电流 $90°$。

⑤将相关数据填入表 3-5 中（表中电压值与电流值为有效值）。

表 3-5   电感 L 特性测量数据

U_S/V	U_{L1}/V	U_{R1}/V	I/mA	$\psi_u - \psi_i$
$5\sqrt{2}$				

五、注意事项

（1）在电路未连接完毕或未检查前，不要通电。

（2）电流测量采用间接测量方法，用示波器（或毫伏表）测量 $R_1 = 1$ Ω 上的电压，然后换算成电流。

六、思考题

如何根据电压与电流的时域波形画出对应的相量图？

【技能训练】

技能训练1　正弦交流电的波形观察与分析

一、训练目的

(1)熟悉信号发生器的布局、各旋钮和开关的作用；

(2)掌握信号发生器的使用；

(3)掌握用示波器观察电信号波形的方法,定量测出正弦信号的波形参数。

二、训练原理

(1)正弦交流信号是常用的电激励信号,由信号发生器提供;正弦信号的波形参数是幅值 U_m、周期 T(或频率 f)和初相。

(2)示波器是一种信号图形测量仪器,可定量测出波形参数,从荧光屏的 Y 轴刻度尺并结合其量程分挡选择开关读得电信号的幅值;从荧光屏的 X 轴刻度尺并结合其量程分挡选择开关,读得电信号的周期、脉宽、相位差等参数,一台双踪示波器可同时观察和测量两个信号波形。

三、训练器材

信号发生器1台,双踪示波器1台。

四、训练内容与步骤

1. 双踪示波器的自检

将双踪示波器面板部分的"标准信号"插口,通过示波器专用同轴电缆接至双踪示波器的 Y 轴输入端口 Y_A 或 Y_B 端,然后开启示波器电源,指示灯亮,稍后,协调地调节示波器面板上的"辉度""聚焦""辅助聚焦""X轴位移""Y轴位移"等旋钮,使荧光屏的中心部分显示出线条细而清晰、亮度适中的方波波形;通过选择幅度、扫描速度和灵敏度,并将它们的微调旋钮旋至"校准"位置,从荧光屏上读出该"标准信号"的幅度与频率,并与标称值做比较。

2. 正弦波信号的观察

(1)将示波器的幅度和扫描速度微调旋钮旋至"校准"位置。

(2)通过同轴电缆将信号发生器的正弦波输出端口与示波器的 Y_A 插座相连。

(3)接通电源,调节信号发生器的频率和幅度旋钮,使输出的频率/幅度(最大值)分别为 50 Hz/0.01 V,1.5 kHz/1 V 和 20 kHz/2 V,调节示波器 Y 轴和 X 轴灵敏度至合适的位置,从荧光屏上读得同步值及周期,记入表3-6中。

表 3-6   示波器测量数据

测定项目 正弦波信号	50 Hz/0.01 V	1.5 kHz/1 V	20 kHz/2 V
示波器 X 轴 "t/Div"			
一个周期占有的格数			
信号周期 T/s			
计算所得频率/Hz			
示波器 Y 轴 "V/Div"			
峰峰值波形格数			
最大值/V			
计算所得有效值/V			

五、训练注意事项

(1)示波器的辉度不要调得使荧光屏过亮,调节仪器旋钮时,动作不要过猛。

(2)调节示波器时,要注意触发电平调节旋钮的配合使用,以使显示的波形稳定。

(3)做定量测量时,"t/Div"和"V/Div"的微调旋钮应旋至"标准"位置。

六、思考题

(1)示波器面板上的"t/Div"和"V/Div"的含义是什么?

(2)观察本机"标准信号"(1 kHz/0.5 V 方波)时,要在荧光屏上得到两个周期的稳定波形,而幅度要求为五格,试问 Y 轴电压灵敏度旋钮应置于哪一挡位置?"t/Div"旋钮又应置于哪一挡位置?

技能训练 2   正弦交流电路中的 R、L、C 元件特性测量

一、训练目的

(1)熟练使用信号发生器和双踪示波器;

(2)测试 R、L、C 元件上的电压与电流的波形及大小;

(3)掌握 R、L、C 元件在正弦交流电路中的伏安关系。

二、训练原理

(1)在正弦交流电路中,电路元件主要有电阻 R、电感 L 和电容 C。电阻元件的复阻抗为 $Z_R=R$,电压与电流同相,即相位关系为 $\psi_u=\psi_i$;电容元件的复阻抗为 $Z_C=1/(\mathrm{j}\omega C)$,电压滞后电流 90°,即相位关系为 $\psi_u=\psi_i-90°$;电感元件的复阻抗为 $Z_L=\mathrm{j}\omega L$,电压超前电流 90°,即相位关系为 $\psi_u=\psi_i+90°$。

(2)R、L、C 元件的 VAR 相量关系表达式为:

$$\dot{U}_R=R\,\dot{I}_R,\dot{U}_L=\mathrm{j}X_L\,\dot{I}_L,\dot{U}_C=-\mathrm{j}X_C\,\dot{I}_C$$

三、训练器材

信号发生器 1 台,双踪示波器 1 台、交流毫伏表 1 只,电阻 10 Ω、100 Ω 各 1 只,电容 1 μF、电感 10 mH 各 1 只,导线若干。

四、训练内容及步骤

1.电阻元件 R 上的电压与电流的相位关系

(1)按照图 3-17(a)连接电路。

图 3-17 R、L、C 元件特性测量电路

(2)将信号发生器 U_S 的输出调至 1 kHz/4 V(频率/有效值)。

(3)用双踪示波器观测电阻 R_0、电阻 R 两端的电压波形,并记录两者的相位差。

(4)用交流毫伏表分别测量交流电压有效值 U_R、U_{R0},并计算交流电流有效值 I($I=U_{R0}/R_0$),将相关数据记录在表 3-7 中(表中电压值与电流值为有效值)。

表 3-7　　　　　　　　　　　　　电阻 R 特性测量数据

U_S/V	U_R/V	U_{R0}/V	I/mA	$\psi_u - \psi_i$
4				

2.电容元件 C 上的电压与电流的相位关系

(1)按照图 3-17(b)连接电路。

(2)将信号发生器 U_S 的输出调至 1 kHz/4 V(频率/有效值)。

(3)用双踪示波器观测电阻 R_0、电容 C 两端的电压波形,并记录两者的相位差。

(4)用交流毫伏表分别测量交流电压有效值 U_C、U_{R0},并计算交流电流有效值 I,将相关数据记录在表 3-8 中(表中电压值与电流值为有效值)。

表 3-8　　　　　　　　　　　　　电容 C 特性测量数据

U_S/V	U_C/V	U_{R0}/V	I/mA	$\psi_u - \psi_i$
4				

3.电感元件 L 上的电压与电流的相位关系

(1)按照图 3-17(c)连接电路。

(2)将信号发生器 U_S 的输出调至 1 kHz/4 V(频率/有效值)。

(3)用双踪示波器观测电阻 R_0、电感 L 两端的电压,并记录两者的相位差。

(4)用交流毫伏表分别测量交流电压有效值 U_L、U_{R0},并计算交流电流有效值 I,将相关数据记录在表 3-9 中(表中电压值与电流值为有效值)。

表 3-9　　　　　　　　　　　　　电感 L 特性测量数据

U_S/V	U_L/V	U_{R0}/V	I/mA	$\psi_u - \psi_i$
4				

五、注意事项

(1)在电路未连接完毕或未检查前,不要通电。

（2）电流测量采用间接测量方法，用示波器（或毫伏表）测量 $R_0 = 10\ \Omega$ 上的电压，然后换算成电流。

（3）电感线圈具有一定的直流电阻，测量 L 上的电压与电流的相位关系时应考虑其影响。

六、思考题

如何根据电压与电流的时域波形画出对应的相量图？

本 章 小 结

1. 随时间按正弦规律变化的电量（电压、电流和电动势）统称为正弦电量，或者称为正弦交流电，简称交流电，常用 AC 或 ac 表示。

2. 正弦量的三要素是最大值（或有效值）、角频率（或频率或周期）和初相位，它们可以完整地描述一个正弦量的变化情况。若已知正弦量的三要素，则可以写出它的瞬时值表达式并画出它的波形图。

3. 正弦量的有效值指的是与正弦量热效应相等的直流电的数值。一般所说的正弦量的数值均指的是有效值。

4. 正弦量可以用瞬时值表达式、波形图、旋转矢量和相量四种形式表示。相量表示法是分析和计算交流电路的一种重要工具。

5. 正弦量的相量表示法是用复数表示正弦量的有效值和初相位，但相量并不等于正弦量，两者之间不能直接相等。相量常用有效值和初相来定义：

电流相量

$$\dot{I} = I\mathrm{e}^{\mathrm{j}\psi_i} = I\ \underline{/\psi_i}$$

电压相量

$$\dot{U} = U\mathrm{e}^{\mathrm{j}\psi_u} = U\ \underline{/\psi_u}$$

6. 相量图是在复平面上用矢量表示相量的一种方法。在同一相量图中，各相量所表示的正弦量必须是同频率的。应用相量图可以方便地求几个正弦量的相加或相减，写出其瞬时值表达式。

7. KCL 的相量形式为 $\sum \dot{I} = 0$，KVL 的相量形式为 $\sum \dot{U} = 0$。

8. 电阻 R、电感 L、电容 C 是理想的电路元件，实际电路可由这些元件和电源的组合构成。

9. 电阻 R 在直流电路及交流电路中作用相同，即有阻碍电流的作用，将电能转换为热能。在交流电路中，电阻两端的电压和流经电阻的电流是同频率的正弦量，二者同相位，电压和电流的瞬时值、最大值和有效值均服从欧姆定律，其欧姆定律的相量形式是：$\dot{U}_R = R\dot{I}_R$，有功功率为 $P_R = U_R I_R\ (\mathrm{W})$，无功功率为 $Q_R = 0(\mathrm{var})$。

10. 电容 C 在直流电路中相当于开路；在交流电路中，电容两端的电压和流经电容的电流是同频率的正弦量，电流超前电压 $90°$，电压和电流的最大值、有效值服从欧姆定律。电容元件为储能元件，其欧姆定律的相量形式是：$\dot{U}_C = -\mathrm{j}X_C\dot{I}_C$，有功功率为 $P_C = 0\ (\mathrm{W})$，

无功功率为 $Q_C = U_C I_C = X_C I_C^2 = \dfrac{U_C^2}{X_C}$ (var)。

11. 电感 L 在直流电路中相当于短路；在交流电路中，电感两端的电压和流经电感的电流是同频率的正弦量，电压超前电流 $90°$，电压和电流的最大值、有效值服从欧姆定律。电感元件为储能元件，其欧姆定律的相量形式是：$\dot{U}_L = jX_L \dot{I}_L$，有功功率为 $P_L = 0$ (W)，无功功率为 $Q_L = U_L I_L = X_L I_L^2 = \dfrac{U_L^2}{X_L}$ (var)。

习　题

3-1　已知一正弦电压 $u = 141\sin(314t - 120°)$ V，计算其频率、角频率、周期、最大值、有效值和初相位，并画出波形图。

3-2　有一个正弦电压，初相位为 $\pi/6$，当 $t = T/2$ 时，其瞬时电压为 -100 V，求该电压的最大值和有效值。

3-3　已知某一工频电压的波形如图 3-18 所示，试写出该正弦电压的瞬时值表达式。

图 3-18　习题 3-3 图

3-4　已知正弦电压 $u_1 = 220\sin 314t$ V，$u_2 = 220\sin(314t - 120°)$ V。试求：

(1) u_1 与 u_2 的相位差，并说明它们的相位关系；

(2) 若计时起点向右移 $T/4$，初相位及相位差如何变化？

3-5　已知 $u_1 = 100\cos\omega t$ V，$u_2 = 100\sin\omega t$ V。试求：

(1) 写出 u_1、u_2 的相量；

(2) 画出相量图，并求 $u_3 = u_1 + u_2$，$u_4 = u_1 - u_2$。

3-6　写出下列各相量对应的瞬时值表达式（设角频率为 ω）。

(1) $\dot{I}_1 = 10\underline{/72°}$ A；　　　(2) $\dot{U}_{1m} = 300\underline{/-60°}$ V。

3-7　对于 L 元件指出下列各式哪些是正确的，哪些是错误的。说明理由，并加以改正。

(1) $\dfrac{u}{i} = X_L$；　　　(2) $\dfrac{\dot{U}}{\dot{I}} = j\omega L$；　　　(3) $\dot{I} = \dfrac{\dot{U}}{\omega L}$；

(4) $U = L\dfrac{du}{dt}$；　　　(5) $P = I^2 X_L$。

3-8　根据下面各组电压、电流的数值，判断它们是什么元件上的电压、电流，并计算该元件的参数值。

(1) $u = 80\sin(\omega t + 40°)$ V；　　　　(2) $u = 100\sin(377t + 10°)$ V；
　　$i = 20\sin(\omega t + 40°)$ A。　　　　　$i = 5\sin(377t - 80°)$ A。

(3) $u = 300\sin(155t + 30°)$ V；　　　　(4) $u = 50\cos(\omega t + 20°)$ V；
　　$i = 1.5\sin(155t + 120°)$ A。　　　　$i = 5\sin(\omega t + 110°)$ A。

3-9　已知电感 $L = 1$ H，两端的电压 $u = 28.2\sin(10t + 60°)$ V。试求通过电感元件的电流 i 和电感的无功功率 Q，并画出相量图。

3-10 电容 $C=10\ \mu\text{F}$，流过的电流 $i=0.14\sin(314t-45°)$ A。试求电容的电压 u 和电容的无功功率 Q，并画出相量图。

3-11 在电压为 220 V 的工频交流电路中，接入一个电阻为 11 Ω 的电阻炉。试求：

(1)电阻炉取用电流的有效值；

(2)电阻炉消耗的功率；

(3)画出电压、电流相量图。

3-12 已知一电感元件 $L=0.5$ H，加在它两端的电压为 $u=311\sin(314t+60°)$ V。试求：

(1)I 和 $\dot{I}$，并写出电流的瞬时值表达式；

(2)画出相量图；

(3)无功功率和有功功率；

(4)若电压频率增大 1 倍，写出电流的瞬时值表达式。

3-13 已知一电容 $C=140\ \mu\text{F}$，现接在 $u=311(314t+60°)$ V 的交流电路中，试求：

(1)I 和 $\dot{I}$，并写出电流的瞬时值表达式；

(2)画出相量图；

(3)无功功率和有功功率；

(4)若将此电容元件接在电压为 220 V 的直流电路中，流过该电容的电流是多少？

3-14 已知一电感元件 $L=0.5$ H，将其两端接在正弦工频电源上时，电流为 2 A。

(1)现将一个电容连接到同样的电源上，电流仍为 2 A，求电容值；

(2)若电源电压不变，频率变为 400 Hz，则电感和电容的电流应该变为多少？

正弦交流电路的分析

第4章

【教学导航】

【教学目标】

➢ 进一步理解正弦电路中欧姆定律的相量形式和基尔霍夫定律的相量形式；

➢ 学会用相量法分析计算正弦交流电路中的复阻抗或复导纳；

➢ 掌握用相量法分析计算正弦交流电路中的电流、电压与功率；

➢ 掌握多阻抗串、并联简单正弦交流电路的相量图求解法；

➢ 掌握有功功率、无功功率、视在功率的概念与计算方法，了解提高功率因数的意义；

➢ 理解 RLC 串联电路中的阻抗三角形关系、电压三角形关系、功率三角形关系；

➢ 理解 RLC 并联电路中的导纳三角形关系、电流三角形关系、功率三角形关系；

➢ 掌握 RLC 串联谐振电路和并联谐振电路的谐振条件、谐振频率、谐振特点、Q 值与特性阻抗 ρ。

【教学重点】

➢ 正弦交流电路中的复阻抗与复导纳的分析与计算方法；

➢ 正弦交流电路中的电流、电压与功率的分析与计算方法；

➢ 多阻抗串、并联简单正弦交流电路的相量图求解法；

➢ RLC 串、并联谐振电路的谐振特点、Q 值与特性阻抗 ρ。

【教学难点】

➢ 导纳的概念与计算，复阻抗 Z 与复导纳 Y 的等效变换方法；

➢ 用相量法分析计算正弦交流电路的方法；

➢ 功率的计算与功率因数的提高方法；

➢ RLC 串、并联谐振电路特点的理解与 Q 值的计算。

【参考学时】 20 学时

4.1 阻抗和导纳

相量法是正弦交流电路分析的一个重要方法。在正弦交流电路中，若各正弦电流 i

用电流相量$\dot{I}$表示，各正弦电压u用电压相量$\dot{U}$表示，各电路元件（R、L、C）的阻抗都用复阻抗表示，则正弦交流电路的分析方法就与直流电路的分析方法相同，只是正弦交流电路的运算对应的是复数的运算。

正弦交流电路中各元件的连接方式是多种多样的，一个单口无源网络的特性可以用复阻抗来表示，也可以用复导纳来表示，两者都反映了该单口无源网络的电压与电流之间的大小关系与相位关系。复阻抗和复导纳互为倒数，并各自具有对应的电路模型。此外利用两者之间的相互转换关系，还可以将阻抗的串联电路模型与导纳的并联电路模型进行等效变换，达到简化电路结构的目的。

4.1.1 阻抗与复阻抗

在上一章中讨论了R、L、C单一基本元件的电压与电流关系的相量形式。对于正弦交流电路，由R、L、C组合构成的如图 4-1(a) 所示的单口无源网络，其端口的电压相量与电流相量之比定义为该电路的复数阻抗，用大写的Z表示，单位为欧姆（Ω），如图 4-1(b) 所示。

图 4-1　阻抗的定义

根据复数阻抗的定义，欧姆定律的相量形式为

$$Z=\frac{\dot{U}}{\dot{I}} \tag{4-1}$$

从式(4-1)可知，Z是一个复数，但因Z不是正弦量，不能表示成相量的形式，所以Z上面不能加点（Z的辐角用φ表示，而不用ψ，以区别于相量的表示符号）。复阻抗Z可用代数式或极坐标式表示，设复阻抗的极坐标式为$Z=|Z|\underline{/\varphi}$，因为$Z=\dfrac{\dot{U}}{\dot{I}}=\dfrac{U\underline{/\psi_u}}{I\underline{/\psi_i}}$，所以有

$$|Z|=\frac{U}{I}, \quad \varphi=\psi_u-\psi_i \tag{4-2}$$

式(4-2)中，$|Z|$称为复阻抗Z的模，有时简称为阻抗（或阻抗的大小），它等于电压与电流有效值的比值；φ称为复阻抗Z的辐角，又称为阻抗角，它等于电压与电流的相位差。

由复阻抗的定义可知，单一元件R、L、C的复阻抗Z分别为

$$\begin{cases} Z_R=R \\ Z_L=\mathrm{j}\omega L=\mathrm{j}X_L \\ Z_C=\dfrac{1}{\mathrm{j}\omega C}=-\mathrm{j}\dfrac{1}{\omega C}=-\mathrm{j}X_C \end{cases} \tag{4-3}$$

若用代数式表示一个单口无源网络的复阻抗，例如RLC串联电路，则$Z=R+\mathrm{j}X_L-\mathrm{j}X_C$ $=R+\mathrm{j}(X_L-X_C)=R+\mathrm{j}X$，其实部$R$称为复阻抗的电阻分量，虚部$X$称为复阻抗的电抗分量，即复阻抗的实部为"阻"，虚部为"抗"，它们的单位都是欧姆（Ω），R一般为正值，而X的值可能为正，也可能为负。这样图 4-2(a) 所示的复阻抗Z就可以用R与$\mathrm{j}X$的串联电路表示，如图 4-2(b) 所示。复阻抗Z与电阻分量R、电抗分量X之间构成阻抗三角形关系，如图 4-2(d) 所示，$|Z|=\sqrt{R^2+X^2}$，$\varphi=\arctan\dfrac{X}{R}$。

由于 $\dot{U}=Z\dot{I}=(R+jX)\dot{I}=R\dot{I}+jX\dot{I}=\dot{U}_R+\dot{U}_X$，对应的电路如图 4-2(c) 所示，可见 $\dot{U}_R$ 与 $\dot{I}$ 同相，$\dot{U}_X$ 与 $\dot{I}$ 相差 90°。总电压 $\dot{U}$ 与电阻分量 $\dot{U}_R$、电抗分量 $\dot{U}_X$ 之间构成电压三角形关系，如图 4-2(e) 所示，$U=\sqrt{U_R^2+U_X^2}$。将阻抗三角形的各分量都乘以电流 $\dot{I}$，则得到电压三角形。此外，若将电压三角形的各分量再乘以电流 I，还可以得到功率三角形，如图 4-2(f) 所示，其中 S 为电路总电压与总电流的乘积，称为电路的视在功率，单位为 V·A，视在功率的具体内容会在后面专门介绍。

图 4-2　复阻抗的电路、阻抗三角形、电压三角形与功率三角形

4.1.2　导纳与复导纳

通常把复阻抗的倒数称为复导纳，用 Y 表示，其单位与电导 G 的单位相同，为西门子 (S)，即

$$Y=\frac{1}{Z}=\frac{\dot{I}}{\dot{U}} \tag{4-4}$$

根据复导纳的定义，有

$$Y=\frac{\dot{I}}{\dot{U}}=\frac{I\,\underline{/\psi_i}}{U\,\underline{/\psi_u}}=\frac{I}{U}\,\underline{/\psi_i-\psi_u} \tag{4-5}$$

从式 (4-5) 可知，复导纳 Y 是一个复数，可用代数式或极坐标式表示。设复导纳的极坐标式为 $Y=|Y|\,\underline{/\varphi'}$，则有

$$|Y|=\frac{I}{U}, \quad \varphi'=\psi_i-\psi_u \tag{4-6}$$

式 (4-6) 中，$|Y|$ 称为复导纳 Y 的模，或者称为导纳的大小，它等于电流与电压有效值的比值；φ' 称为复导纳 Y 的辐角，又称为导纳角，它等于电流与电压的相位差。

由导纳的定义可知，单一元件 R、L、C 的复导纳 Y 分别为

$$\begin{cases} Y_R=\dfrac{1}{R}=G \\[2mm] Y_L=\dfrac{1}{j\omega L}=-j\,\dfrac{1}{\omega L}=-jB_L \\[2mm] Y_C=j\omega C=jB_C \end{cases} \tag{4-7}$$

若用代数式表示一个单口无源网络的复导纳，例如 RLC 并联电路，则复导纳为 $Y=G+jB_C-jB_L=G+j(B_C-B_L)=G+jB$。其实部 G 称为复导纳的电导分量，虚部 B 称为复导纳的电纳分量（其中的 B_L 称为电感元件的感纳，B_C 称为电容元件的容纳，分别为感抗与容抗的倒数），它们的单位都是西门子 (S)。G 一般为正值，而 $B=B_C-B_L$ 的值可能为正，也可能为负。这样图 4-3(a) 所示的复导纳 Y 就可以用 G 与 jB 的并联电路表示了，如图 4-3(b) 所示。复导纳 Y 与电导分量 G、电纳分量 B 之间构成导纳三角形关系，如

图 4-3(d) 所示，$|Y|=\sqrt{G^2+B^2}$，$\varphi'=\arctan\dfrac{B}{G}$。

(a)　　(b)　　(c)　　(d)　　(e)　　(f)

图 4-3　复导纳的电路、导纳三角形、电流三角形与功率三角形

由于 $\dot{I}=Y\dot{U}=(G+jB)\dot{U}=G\dot{U}+jB\dot{U}=\dot{I}_G+j\dot{I}_B$，对应的电路如图 4-3(c) 所示，可见 $\dot{I}_G$ 与 $\dot{U}$ 同相，$\dot{I}_B$ 与 $\dot{U}$ 相差 90°。将图 4-3(d) 所示的导纳三角形的各分量都乘以 $\dot{U}$，则可得到图 4-3(e) 所示的电流三角形。总电流 $\dot{I}$ 与 $\dot{I}_G$、$\dot{I}_B$ 之间构成电流三角形关系，如图 4-3(e) 所示，$I=\sqrt{I_G^2+I_B^2}$。此外，若将电流三角形的各分量再乘以电压 U，还可得到功率三角形，如图 4-3(f) 所示。

【例 4-1】　有一元件的电流和电压相量分别为 $\dot{I}=50\underline{/60°}$ A，$\dot{U}=100\underline{/120°}$ V。试求：该元件的复阻抗和复导纳。

解：复阻抗为
$$Z=\frac{\dot{U}}{\dot{I}}=\frac{100\underline{/120°}}{50\underline{/60°}}\frac{\text{A}}{\text{V}}=2\underline{/60°}\ \Omega$$

复导纳为
$$Y=\frac{1}{Z}=0.5\underline{/-60°}\ \text{S}$$

该元件的参数为 $Z=2\angle60°=2(\cos60°+j\sin60°)=1+j\sqrt{3}\ \Omega$，即该元件可等效为一电阻($R=1\ \Omega$)与电感($L=1.732\ \Omega$)串联的电路。

4.2　RLC 串联电路

在 RLC 串联电路中，流过各元件的电流为同一电流，所以各元件上的电压相量可根据 $\dot{U}=Z\dot{I}$ 求得，总电压可由 $\sum\dot{U}=0$ 得到。

4.2.1　RL 串联电路

RL 串联电路如图 4-4(a) 所示。

设电流相量为 $\dot{I}$，则

$$\dot{U}_R=R\dot{I}，\quad \dot{U}_L=j\omega L\dot{I}$$

又因为

$$\dot{U}=\dot{U}_R+\dot{U}_L=R\dot{I}+j\omega L\dot{I}=(R+j\omega L)\dot{I}=Z\dot{I}$$

这里的 Z 为

(a)RL串联电路　　(b)RL串联电路的各相量关系

图 4-4　RL 串联电路及其各相量关系

$$Z=R+j\omega L=R+jX_L \tag{4-8}$$

RL 串联电路的各相量关系可由图 4-4(b) 表示，为简便起见，该相量图以串联电路中

的电流 $\dot{I}$ 为参考相量(初相角为 $0°$),即设 $\dot{I}=I\underline{/0°}$。相量的矢量相加,在相量图上满足平行四边形相加原理或三角形相加原理。

4.2.2 RC 串联电路

RC 串联电路如图 4-5(a)所示。

在 RC 串联电路中,设电流相量为 $\dot{I}=I\underline{/0°}$,则

$$\dot{U}_R=R\dot{I}, \quad \dot{U}_C=-\mathrm{j}\frac{1}{\omega C}\dot{I}$$

(a)RC串联电路 (b)RC串联电路的各相量关系

图 4-5 RC 串联电路及其各相量关系

又因为 $\dot{U}=\dot{U}_R+\dot{U}_C$,所以

$$\dot{U}=R\dot{I}-\mathrm{j}\frac{1}{\omega C}\dot{I}=(R-\mathrm{j}\frac{1}{\omega C})\dot{I}=Z\dot{I}$$

此时的总复阻抗

$$Z=R-\mathrm{j}\frac{1}{\omega C}=R-\mathrm{j}X_C$$

RC 串联电路中,以 $\dot{I}$ 为参考相量的各电压相量关系如图 4-5(b)所示。

4.2.3 RLC 串联电路

RLC 串联电路如图 4-6(a)所示。

在 RLC 串联电路中,设电流相量为 $\dot{I}=I\underline{/0°}$,则各电压为

$$\dot{U}_R=R\dot{I}, \quad \dot{U}_L=\mathrm{j}\omega L\dot{I}, \quad \dot{U}_C=-\mathrm{j}\frac{1}{\omega C}\dot{I}$$

所以

$$\dot{U}=\dot{U}_R+\dot{U}_L+\dot{U}_C=R\dot{I}+\mathrm{j}\omega L\dot{I}-\mathrm{j}\frac{1}{\omega C}\dot{I}=(R+\mathrm{j}\omega L-\mathrm{j}\frac{1}{\omega C})\dot{I}$$

在此电路中,$Z=R+\mathrm{j}\omega L-\mathrm{j}\frac{1}{\omega C}=R+\mathrm{j}(X_L-X_C)$,设

$$X=X_L-X_C \qquad (4-9)$$

X 称为电抗,等于感抗和容抗的代数和,又因为 $Z=|Z|\underline{/\varphi}$,则有

$$|Z|=\sqrt{R^2+X^2}=\sqrt{R^2+(X_L-X_C)^2}, \quad \varphi=\arctan\frac{X}{R}=\arctan\frac{X_L-X_C}{R}$$

当 $X_L>X_C$ 时,$\varphi>0$,电路的电压超前于电流,此电路呈感性;当 $X_L<X_C$ 时,$\varphi<0$,电压滞后于电流,此电路呈容性;当 $X_L=X_C$,$\varphi=0$ 时,此电路的电压与电流同相,电路呈电阻性。如图 4-6(b)所示为 $X_L>X_C$ 时各电压与电流的相量关系。

【例 4-2】 在图 4-6(a)所示的 RLC 串联电路中,已知 $R=10\ \Omega$,$C=500\ \mu\mathrm{F}$,$L=100\ \mathrm{mH}$,$i=5\sqrt{2}\sin 200t\ \mathrm{A}$。求电流相量和各电压相量,并画出相量图。

解: 由给出的电流,得 $\dot{I}=5\underline{/0°}\ \mathrm{A}$,则各电压相量为

$$\dot{U}_R=R\dot{I}=50\underline{/0°}\ \mathrm{V}$$

$$\dot{U}_L=\mathrm{j}\omega L\dot{I}=\mathrm{j}100\ \mathrm{V}=100\underline{/90°}\ \mathrm{V}$$

$$\dot{U}_C=-\mathrm{j}\frac{1}{\omega C}\dot{I}=-\mathrm{j}50\ \mathrm{V}=50\underline{/-90°}\ \mathrm{V}$$

所以总电压相量为

$$\dot{U}=\dot{U}_R+\dot{U}_L+\dot{U}_C=50+j100-j50=50+j50=70.7\underline{/45°}\ \text{V}$$

它们的相量图如图 4-7 所示。

图 4-6 RLC 串联电路及其各相量关系

图 4-7 【例 4-2】相量图

4.3 *RLC* 并联电路

在 *RLC* 并联电路中，加在各元件上的电压为同一电压，所以各元件中的电流相量可根据 $\dot{I}=\dot{U}/Z=\dot{U}Y$ 求得，总电流可由 $\sum \dot{I}=0$ 得到。

4.3.1 *RL* 并联电路

RL 并联电路如图 4-8(a)所示。

设并联电路的电压为 $\dot{U}$（为分析方便，并联电路中以电压为参考相量 $\dot{U}=U\underline{/0°}$），则各支路电流为

$$\dot{I}_R=\frac{\dot{U}}{R}, \quad \dot{I}_L=\frac{\dot{U}}{j\omega L}$$

图 4-8 *RL* 并联电路及其各相量关系

总电流与总导纳（或总阻抗）为

$$\dot{I}=\dot{I}_R+\dot{I}_L=\frac{\dot{U}}{R}+\frac{\dot{U}}{j\omega L}=(\frac{1}{R}+\frac{1}{j\omega L})\dot{U}$$

$$Y=\frac{\dot{I}}{\dot{U}}=\frac{1}{R}+\frac{1}{j\omega L} \ (\text{或} \ Z=\frac{\dot{U}}{\dot{I}}=\frac{1}{\frac{1}{R}+\frac{1}{j\omega L}}=\frac{j\omega RL}{R+j\omega L}) \tag{4-10}$$

RL 并联电路中以 $\dot{U}$ 为参考相量的各电流相量关系如图 4-8(b)所示。

4.3.2 *RC* 并联电路

RC 并联电路如图 4-9(a)所示。

设并联电路的电压为 $\dot{U}(\dot{U}=U\underline{/0°})$，则电阻和电容支路的电流分别为

$$\dot{I}_R=\frac{\dot{U}}{R}, \quad \dot{I}_C=j\omega C\dot{U}$$

总电流与总复导纳(或总复阻抗)为

$$\dot{I}=\dot{I}_R+\dot{I}_C=(\frac{1}{R}+j\omega C)\dot{U}$$

$$Y=\frac{\dot{I}}{\dot{U}}=\frac{1}{R}+j\omega C=G+j\omega C \text{(或 } Z=\frac{\dot{U}}{\dot{I}}=\frac{1}{\frac{1}{R}+j\omega C})$$

(a)RC并联电路   (b)RC并联电路的各相量关系

图 4-9   RC 并联电路及其各相量关系

RC 并联电路中,以 $\dot{U}$ 为参考相量的各电流相量关系如图 4-9(b)所示。

4.3.3   RLC 并联电路

RLC 并联电路如图 4-10(a)所示。

设电压相量为 $\dot{U}(\dot{U}=U\underline{/0°})$,则电流相量为

$$\dot{I}=\dot{I}_R+\dot{I}_L+\dot{I}_C=\frac{\dot{U}}{R}+\frac{\dot{U}}{j\omega L}+j\omega C\dot{U}$$

(a)RLC并联电路   (b)RLC并联电路的各相量关系

图 4-10   RLC 并联电路及其各相量关系

$$=(\frac{1}{R}-j\frac{1}{\omega L}+j\omega C)\dot{U}$$

这时的复导纳 $Y=G-j\frac{1}{\omega L}+j\omega C$,是三个支路复导纳的和。

RLC 并联电路中,以 $\dot{U}$ 为参考相量的各电流相量关系如图 4-10(b) 所示。

【例 4-3】 在图 4-10(a)中,已知 $R=50\ \Omega$,$\omega=100\ \text{rad/s}$,$L=10\ \text{mH}$,$C=0.01\ \text{F}$,$\dot{I}_R=200\underline{/0°}\ \text{mA}$。求电压相量和其他电流相量。

解:根据电阻的相量关系

$$\dot{U}=R\dot{I}_R=10\underline{/0°}\ \text{V}$$

其他电流为

$$\dot{I}_L=-j\frac{1}{\omega L}\dot{U}=10\underline{/-90°}\ \text{A}$$

$$\dot{I}_C=j\omega C\dot{U}=10\underline{/90°}\ \text{A}$$

4.4   正弦交流电路的相量图求解法

在正弦交流电路中,对于某些不太复杂的电路,相量图是一个十分有用的工具。例如 RLC 串联电路、RLC 并联电路等,这些电路中若采用相量图对其进行定性或定量的分析计算,通过电路中各电流相量图及各电压相量图直观地反映出相互之间的关系,可使电路的计算变得非常简便。

4.4.1   用相量图分析正弦交流电路的主要依据

1. 正弦量可以用相量图表示

在分析计算同频率的正弦量时,正弦量既可以在式子中表示为相量,也可以在相量图

上表示,它们都反映了正弦量三要素中的有效值与初相位两个要素。但不同频率的正弦量,不能在同一个相量图中表示,当然也不能在相量图上进行各种运算。

2. 正弦交流电路中的欧姆定律可用相量形式表示

正弦交流电路中 R、L、C 这三种基本元件的电压与电流的关系都有相应的欧姆定律相量表示形式。在相量图中,应体现三种基本元件的电压与电流的相量关系,包括有效值关系和相位关系。特别是相位关系,在画相量图时需注意:对于电阻,电压与电流同相;对于电感,电压超前于电流 $90°$;对于电容,电流超前于电压 $90°$。

3. KCL 和 KVL 的相量形式

KCL 的相量形式 $\sum \dot{I} = 0$ 和 KVL 的相量形式 $\sum \dot{U} = 0$,反映在相量图上应为闭合的多边形。因为各相量的和为零,在相量图上相加的结果必然是回到相量的起点。

4.4.2 用相量图求解正弦交流电路的方法

1. 参考相量的选择

用相量图求解正弦交流电路时,首先应选定参考相量(参考相量的初相位为 $0°$),同一电路中只可选择一个参考相量,其余相量都以参考相量为基准。参考相量的选择是否合适非常重要,应根据电路的具体结构合理选择才能使相量图变得简洁,否则会使电路的求解困难。

(1)对于串联电路,常选电流作为参考相量。

(2)对于并联电路,常选电压作为参考相量。

(3)对于混联电路,参考相量的选择比较灵活,可根据已知条件选定电路内部某串联部分电流或某并联部分电压作为参考相量。

(4)对于较复杂的混联电路,常选末端电压或电流作为参考相量。

2. 用相量图求解电路的方法

(1)根据电路结构及已知条件选择参考相量。

(2)以参考相量为基准,依据各元件或电路的电压与电流的相位关系画出其余的电压、电流相量图。

(3)运用电路的两个基本定律(相量形式的欧姆定律和 KCL、KVL 定律)及三角函数求解电路。

【例 4-4】 应用相量图求图 4-11(a)所示电路中电压表的读数。

解:图 4-11(a)所示电路为 RLC 串联电路,设参考相量为 $\dot{I} = I \underline{/0°}$,画出相量图如图 4-11(b)所示。在图中,先画出参考相量 $\dot{I}$,相量 $\dot{U}_R$ 与 $\dot{I}$ 同相,相量 $\dot{U}_L$ 超前 $\dot{I}$ 为 $90°$,相量 $\dot{U}_C$ 滞后 $\dot{I}$ 为 $90°$,而总电压为 $\dot{U} = \dot{U}_R + \dot{U}_L + \dot{U}_C$。

因此,可得到图 4-11(b)中所示的直角三角形关系,则

$$U = \sqrt{U_R^2 + (U_L - U_C)^2} = \sqrt{4^2 + (8-5)^2} \text{ V} = 5 \text{ V}$$

电压表读数为 5 V。此题的相量图也可按比例画出,用尺量得 U 的长度即电压表读数。

【例 4-5】 应用相量图求图 4-12(a)所示电路中 R 支路电流的有效值。

图 4-11 【例 4-4】的电路和相量图　　　　图 4-12 【例 4-5】的电路和相量图

解: 图 4-12(a)所示电路为 RLC 并联电路,设参考相量为 $\dot{U}=U\underline{/0°}$,画出相量图如图 4-12(b)所示。在图中,先画出参考相量 $\dot{U}$,相量 $\dot{I}_R$ 与 $\dot{U}$ 同相,相量 $\dot{I}_L$ 滞后 $\dot{U}$ 为 $90°$,相量 $\dot{I}_C$ 超前 $\dot{U}$ 为 $90°$,而总电流为 $\dot{I}=\dot{I}_R+\dot{I}_L+\dot{I}_C$。因此,可得到图 4-12(b)中所示的直角三角形关系,则

$$I_R=\sqrt{I^2-(I_L-I_C)^2}=\sqrt{10^2-(10-4)^2}\ \text{A}=8\ \text{A}$$

R 支路电流的有效值为 8 A。

【例 4-6】 RC 移相电路如图 4-13(a)所示,已知输入电压 $U_i=10$ V,$X_C=1$ kΩ。欲使 u_o 滞后 u_i 为 $60°$,R 值应为多少? 此时的输出电压 U_o 又是多少?

图 4-13 【例 4-6】的电路及相量图

解: 以电流为参考相量(即 $\dot{I}=I\underline{/0°}$),画出电流和各电压的相量图如图 4-13(b)所示。

根据相量图可知:$U_R=U_o\tan60°=\sqrt{3}\,U_o$,且因 $U_R=RI$,$U_o=X_CI$,故得 $R=\sqrt{3}\,X_C=1732$ Ω。$U_o=U_i\cos60°=0.5U_i=5$ V。

4.5 复杂正弦交流电路

在正弦交流电路中,当电路中的电压 u 用电压相量 $\dot{U}$ 表示,电流 i 用电流相量 $\dot{I}$ 表示,电路中的元件(电阻、电感、电容)用复阻抗 Z 或复导纳 Y 表示时,根据欧姆定律和基尔霍夫定律的相量形式 ($\dot{U}=Z\dot{I}$,$\sum\dot{I}=0$,$\sum\dot{U}=0$),就可以对任一复杂的正弦交流电路进行分析计算。此时,直流电路分析中建立的一整套计算方法,如无源网络的等效变换、电流源与电压源的等效变换、叠加定理、戴维南定理、支路电流法、网孔电流法和节点电压法等,都可以直接运用于正弦交流电路中,所不同的是直流电路的求解方程为实数运算,而正弦交流电路的求解方程为复数运算。

4.5.1　阻抗与导纳的等效互换

由单口无源网络的复阻抗 Z 和复导纳 Y 的定义可知,对于同一单口无源网络,Z 与 Y 互为倒数。

$$Z=\frac{1}{Y} \quad 或 \quad Y=\frac{1}{Z}$$

1. 极坐标式 Z 与 Y 的等效互换

因为 Z 与 Y 都是复数,设 $Z=|Z|\underline{/\varphi}, Y=|Y|\underline{/\varphi'}$ 时,有

$$Y=|Y|\underline{/\varphi'}=\frac{1}{|Z|\underline{/\varphi}}=\frac{1}{|Z|}\underline{/-\varphi}$$

所以有

$$|Y|=\frac{1}{|Z|}, \quad \varphi'=-\varphi \tag{4-11}$$

即复阻抗的模与复导纳的模互为倒数,辐角大小相等,符号相反。

2. 代数式 Z 与 Y 的等效互换

设 $Z=R+jX, Y=G+jB$,有

$$Y=\frac{1}{Z}=\frac{1}{R+jX}=\frac{R-jX}{(R+jX)(R-jX)}=\frac{R}{R^2+X^2}-j\frac{X}{R^2+X^2}$$

由 $Y=G+jB$ 有

$$G=\frac{R}{R^2+X^2}, \quad B=-\frac{X}{R^2+X^2} \tag{4-12}$$

同理可得

$$R=\frac{G}{G^2+B^2}, \quad X=-\frac{B}{G^2+B^2} \tag{4-13}$$

根据式(4-12)和式(4-13)可以完成复阻抗与复导纳的相互转换。

单口无源网络的最简单等效电路有两种,用复阻抗 $Z=R+jX$ 表示的串联等效电路和用复导纳 $Y=G+jB$ 表示的并联等效电路,如图 4-2(c)和图 4-3(c)所示。根据复阻抗与复导纳的等效互换公式,这两种等效电路也可以进行等效互换。究竟采用哪一种等效电路,要视电路分析计算的方便与否来确定。

【例 4-7】　电路如图 4-14(a)所示,已知 $\dot{U}=5\underline{/0°}$ V,$R=1$ Ω,$X_L=8$ Ω,$X_C=8.125$ Ω,(1)求电路的总复导纳 Y;(2)求电路的总电流相量 $\dot{I}$;(3)求电容中的电流相量 $\dot{I}_C$。

图 4-14　【例 4-7】电路

解:先将图 4-14(a)中的 RL 串联电路变换为 GB 并联电路,得到图 4-14(b)所示电路。

$$G=\frac{R}{R^2+X_L^2}=\frac{1}{65}\ \text{S}, \quad B_L=-\frac{X_L}{R^2+X_L^2}=-\frac{8}{65}\ \text{S}$$

总复导纳为 $\quad Y=G-jB_L+jB_C=\frac{1}{65}-j(\frac{8}{65}-\frac{1}{8.125})=\frac{1}{65}\ \text{S}$

总电流相量为 $\dot{I}=Y\dot{U}=\frac{1}{65}\times 5\ \underline{/0°}\ \text{A}=\frac{1}{13}\underline{/0°}\ \text{A}=77\ \text{mA}$

电容支路电流相量为 $\dot{I}_C=\dfrac{\dot{U}}{-jX_C}=j\dfrac{1}{8.125}\times 5\ \underline{/0°}\ \text{A}=615\ \underline{/90°}\ \text{mA}$

本例题中电容支路的电流 I_C 比总电流 I 大得多,且电路呈电阻性,总电压与总电流相位相同,这是交流电路的一种特殊现象,称为谐振,由电容 C 与电感 L 的能量交换产生。

4.5.2　阻抗串联、并联电路的计算

在阻抗的串联、并联电路中,当电压与电流都用相量表示,各阻抗都表示为复数形式时,计算方法与直流电路相同。

1. 阻抗的串联

电路中有两个阻抗串联,如图 4-15(a)所示。

设电流相量为 $\dot{I}$,则电路中各电压的相量[图 4-15(b)]分别为

$$\dot{U}_1=Z_1\dot{I}, \quad \dot{U}_2=Z_2\dot{I} \tag{4-14}$$

所以

$$\dot{U}=\dot{U}_1+\dot{U}_2=(Z_1+Z_2)\dot{I} \tag{4-15}$$

设总复阻抗为 Z ,则有

$$Z=Z_1+Z_2 \tag{4-16}$$

由此可见,阻抗的串联就和电阻串联一样,等效总复阻抗是各复阻抗的和。比较式(4-14)和式(4-15)可得

$$\frac{\dot{U}}{\dot{U}_1}=\frac{Z}{Z_1}, \quad \frac{\dot{U}}{\dot{U}_2}=\frac{Z}{Z_2} \quad \text{或} \quad \frac{\dot{U}_1}{\dot{U}_2}=\frac{Z_1}{Z_2} \tag{4-17}$$

即阻抗比等于电压相量比,多阻抗的串联理论与电阻串联相似。

2. 阻抗的并联

与电阻并联相似,设有两个阻抗并联,如图 4-16(a)所示。

图 4-15　阻抗串联电路及相量图

图 4-16　阻抗并联电路及相量图

在该电路中,设并联电压相量为 $\dot{U}$[图 4-16(b)],则有

$$\dot{I}_1 = \frac{\dot{U}}{Z_1}, \quad \dot{I}_2 = \frac{\dot{U}}{Z_2} \tag{4-18}$$

由于总电流相量为

$$\dot{I} = \dot{I}_1 + \dot{I}_2 = \left(\frac{1}{Z_1} + \frac{1}{Z_2}\right)\dot{U} \tag{4-19}$$

设等效总复阻抗为 Z,则有

$$Z = \frac{\dot{U}}{\dot{I}} = \frac{1}{\frac{1}{Z_1} + \frac{1}{Z_2}} = \frac{Z_1 Z_2}{Z_1 + Z_2} \tag{4-20}$$

由此可见,阻抗的并联理论与电阻的并联理论相似。比较式(4-18)和式(4-19)可得

$$\frac{\dot{I}_1}{\dot{I}} = \frac{\frac{1}{Z_1}}{\frac{1}{Z_1} + \frac{1}{Z_2}} = \frac{Z_2}{Z_1 + Z_2}, \quad \frac{\dot{I}_2}{\dot{I}} = \frac{Z_1}{Z_1 + Z_2}, \quad \frac{\dot{I}_2}{\dot{I}_1} = \frac{Z_1}{Z_2} \tag{4-21}$$

由式(4-21)可见,在并联电路中,电流相量比等于复阻抗比的倒数。

【例 4-8】 求如图 4-17 所示电路的输入阻抗。已知:$Y_1 = 0.2 - j0.6$ S,$Y_2 = 0.6 - j1.2$ S,$Z_3 = 2 - j$ Ω。

解:图 4-17 所示电路为混联电路,得

$$Y_3 = \frac{1}{Z_3} = \frac{1}{2-j} \ \Omega = 0.4 + j0.2 \ \text{S}$$

图 4-17 【例 4-8】电路

因为 Y_2 和 Y_3 是并联关系,所以

$$Y_{23} = Y_2 + Y_3 = 1 - j \ \text{S}$$

$$Z_{23} = \frac{1}{Y_{23}} = \frac{1}{1-j} \ \text{S} = 0.5 + j0.5 \ \Omega$$

$$Z_1 = \frac{1}{Y_1} = \frac{1}{0.2 - j0.6} \ \text{S} = 0.5 + j1.5 \ \Omega$$

最后总复阻抗为

$$Z = Z_1 + Z_{23} = 1 + j2 \ \Omega$$

*4.5.3 复杂电路的计算

前面阐述了各种典型交流电路的电流与电压的相量关系。从中可以看到,广泛应用于直流电路中的两个基本理论:欧姆定律和基尔霍夫定律都有相应的相量形式。基于这两个重要理论基础上的各种解题方法,如支路电流法、节点电压法、网孔电流法以及叠加定理、戴维南定理、诺顿定理和电源的等效变换也有相应的相量形式。

这里需要注意的是:在原定律或定理的理论基础上,必须把所有的电流用电流相量表示,把所有的电压用电压相量表示,把所有的元件阻值用复阻抗来表示。这样,直流电路的各种解题方法也可以用来对正弦交流电路进行分析计算。

【例 4-9】 电路如图 4-18 所示,列出 a、b 点的节点电压方程和三个网孔方程。

解:设 c 点为参考节点,对于 a 点和 b 点,以 $\dot{U}_a$、$\dot{U}_b$ 为未知量的节点电压方程为

$$\left(\frac{1}{R_1} + j\omega C_4 + j\omega C_5 + \frac{1}{R_2}\right)\dot{U}_a - \frac{1}{R_2}\dot{U}_b - j\omega C_4\,\dot{U}_b = \frac{1}{R_1}\dot{U}_{S1} - \frac{1}{R_2}\dot{U}_{S2}$$

$$(\frac{1}{R_2}+j\omega C_4+\frac{1}{j\omega L_3})\dot{U}_b-\frac{1}{R_2}\dot{U}_a-j\omega C_4 \dot{U}_a=\frac{1}{R_2}\dot{U}_{S2}-\frac{1}{j\omega L_3}\dot{U}_{S3}$$

同样,用网孔电流法列出以 $\dot{I}_1$、$\dot{I}_2$、$\dot{I}_3$ 为未知量的三个网孔电流方程为

$$(R_1+\frac{1}{j\omega C_5})\dot{I}_1-\frac{1}{j\omega C_5}\dot{I}_3=\dot{U}_{S1}$$

$$(R_2+\frac{1}{j\omega C_4})\dot{I}_2-\frac{1}{j\omega C_4}\dot{I}_3=\dot{U}_{S2}$$

$$(j\omega L_3+\frac{1}{j\omega C_4}+\frac{1}{j\omega C_5})\dot{I}_3-\frac{1}{j\omega C_4}\dot{I}_2-\frac{1}{j\omega C_5}\dot{I}_1=-\dot{U}_{S3}$$

图 4-18 【例 4-9】电路

同理,也可以用其他的几种方法解题。需要指出的是,在求解复数方程的过程中,先进行方程转换,一个复数方程可以根据复数等式两边的实部与实部相等,虚部与虚部相等,分解出两个实数方程,再利用解实数方程的方法求解。

【例 4-10】 电路如图 4-19(a)所示,已知 $\dot{U}=2\underline{/0°}$ V,$R=8$ Ω,$X_L=4$ Ω,$X_C=2$ Ω,试用戴维南定理求电流 $\dot{I}$。

图 4-19 【例 4-10】电路

解:

(1)去掉待求支路 R,形成有源二端网络如图 4-19(b)所示。

$$\dot{U}_{ab}=-\frac{-jX_C}{jX_L-jX_C}\dot{U}+\frac{jX_L}{jX_L-jX_C}\dot{U}=-\frac{-j2}{j4-j2}\times 2\underline{/0°}\text{ V}+\frac{j4}{j4-j2}\times 2\underline{/0°}\text{ V}=6\text{ V}$$

(2)求 Z_{ab} 的等效电路如图 4-19(c)所示。

$$Z_{ab}=2\frac{jX_L(-jX_C)}{jX_L-jX_C}=2\times\frac{j4\times(-j2)}{j4-j2}=-j8\text{ Ω}$$

(3)求 $\dot{I}$ 的等效电路如图 4-19(d)所示。

$$\dot{I}=\frac{\dot{U}_{ab}}{Z_{ab}+R}=\frac{6}{-j8+8}=\frac{3}{8}\sqrt{2}\underline{/45°}=0.53\underline{/45°}\text{ A}$$

【例 4-11】 如图 4-20 所示为常用的 RC 选频电路,试求角频率 ω 为多少时,可使输出电压 $\dot{U}_2$ 与输入电压 $\dot{U}_1$ 的比值最大且相位相同,此最大值等于多少?

解:

设 $Z_1=R-jX_C$,$Z_2=\dfrac{-jX_C R}{R-jX_C}$

则 $\dfrac{\dot{U}_2}{\dot{U}_1} = \dfrac{Z_2}{Z_1 + Z_2} = \dfrac{1}{1 + \dfrac{Z_1}{Z_2}} = \dfrac{1}{1 + \dfrac{(R - \mathrm{j}X_C)^2}{-\mathrm{j}X_C R}} =$

$\dfrac{1}{1 + \dfrac{R^2 - X_C^2 - \mathrm{j}2RX_C}{-\mathrm{j}X_C R}} = \dfrac{1}{3 + \mathrm{j}\left(\dfrac{R}{X_C} - \dfrac{X_C}{R}\right)}$

图 4-20 【例 4-11】电路图

当上式中分母的虚部为 0 时，可使输出电压 $\dot{U}_2$ 与输入电压 $\dot{U}_1$ 的比值最大。

即当 $\dfrac{R}{X_C} - \dfrac{X_C}{R} = 0$ 时，有 $X_C = R$，可得 $\omega = \dfrac{1}{RC}$，$f = \dfrac{1}{2\pi RC}$。

此时，$\dfrac{\dot{U}_2}{\dot{U}_1} = \dfrac{1}{3} \angle 0°$ 为最大，且 $\dot{U}_2$ 与 $\dot{U}_1$ 的相位相同。

注：此电路是常用的 RC 选频电路，适当选取 R、C 的参数，可在频率 $f = \dfrac{1}{2\pi RC}$ 时得到 $R = X_C$，从而使输出电压 $u_\circ$ 最大，并与输入电压 u_i 同相位。而在其他频率时，$R \neq X_C$，输出电压减小，且与输入电压不同相。

【例 4-12】 在如图 4-21(a)所示电路中，电阻 r 及电感 L 是电感线圈的参数。已知：$u = 32\sin100t$ V，$R = 2\ \Omega$，电压表 V_1 的读数为 4 V，电压表 V_2 的读数为 20 V。试求：电感线圈的电阻 r 及电感 L，并画出电流与各电压的相量图。

图 4-21 【例 4-12】电路图及相量图

解：

电路中的电流：$I = \dfrac{U_1}{R} = \dfrac{4\ \mathrm{V}}{2\ \Omega} = 2$ A

电感线圈的阻抗：$|Z| = \dfrac{U_2}{I} = \dfrac{20\ \mathrm{V}}{2\ \mathrm{A}} = 10$ Ω

电路的总阻抗：$|Z_{总}| = \dfrac{U}{I} = \dfrac{16\sqrt{2}\ \mathrm{V}}{2\ \mathrm{A}} = 8\sqrt{2}$ Ω

则有 $\begin{cases} |Z| = \sqrt{r^2 + X_L^2} = 10 \\ |Z_{总}| = \sqrt{(R+r)^2 + X_L^2} = 8\sqrt{2} \end{cases}$ 即 $\begin{cases} r^2 + X_L^2 = 100 \\ (R+r)^2 + X_L^2 = 128 \end{cases}$

125

解得：$r = 6\ \Omega$，$X_L = 8\ \Omega$

则　　$L = \dfrac{X_L}{\omega} = \dfrac{8\ \Omega}{100\ \text{rad/s}} = 0.08\ \text{H}$

电路中的电流与各电压的相量图如图 4-21(b)所示。

其中，$\dot{I} = 2\ \underline{/0°}$ A，$\dot{U}_R = R\dot{I} = 4\ \underline{/0°}$ V，$\dot{U}_r = r\dot{I} = 12\ \underline{/0°}$ V，$\dot{U}_L = jX_L\dot{I} = 16\ \underline{/90°}$ V

$\dot{U}_{rL} = \dot{U}_r + \dot{U}_L = 12 + j16 = \sqrt{12^2 + 16^2}\ \underline{/\arctan\frac{16}{12}}$ V $= 20\ \underline{/53.13°}$ V

$\dot{U} = \dot{U}_R + \dot{U}_r + \dot{U}_L = 4\ \underline{/0°}$ V $+ 12\ \underline{/0°}$ V $+ 16\ \underline{/90°}$ V $= 16\sqrt{2}\ \underline{/45°}$ V

【例 4-13】 RC 桥式移相电路如图 4-22(a)所示，已知 $\dot{U}_i = 10\ \underline{/0°}$ V，试分析：

(1)当 $R_1 = 0$ 时，$\dot{U}_o = ?$ (2)当 R_1 为无穷大(开路)时，$\dot{U}_o = ?$ (3)写出 $\dfrac{\dot{U}_o}{\dot{U}_i}$ 的极坐标表达式。(4)分析当 R_1 从 0 到 ∞ 变化时，$\dot{U}_o$ 相对 $\dot{U}_i$ 的大小关系和相位差的变化范围。

图 4-22 【例 4-13】电路及相量图

解：

(1)当 $R_1 = 0$ 时，$\dot{U}_o = -\dfrac{\dot{U}_i}{2} = -\dfrac{10\ \underline{/0°}}{2}$ V $= 5\ \underline{/180°}$ V

(2)当 R_1 为无穷大时，$\dot{U}_o = \dfrac{\dot{U}_i}{2} = \dfrac{10\ \underline{/0°}}{2}$ V $= 5\ \underline{/0°}$ V

(3) $\dfrac{\dot{U}_o}{\dot{U}_i} = \dfrac{-\dfrac{\dot{U}_i}{2} + \dfrac{R_1}{R_1 - jX_C}\dot{U}_i}{\dot{U}_i} = -\dfrac{1}{2} + \dfrac{R_1}{R_1 - jX_C} = \dfrac{R_1 + jX_C}{2(R_1 - jX_C)} = \dfrac{1}{2}\ \underline{/2\arctan\frac{X_C}{R_1}}$

(4) $\dot{U}_o$ 与 $\dot{U}_i$ 的大小关系为：$\dfrac{U_o}{U_i} = \dfrac{1}{2}$，其值与 R 无关。

当 R_1 从 0 到 ∞ 变化时，$\dot{U}_o$ 与 $\dot{U}_i$ 的相位差 φ 的变化范围是 0°～180°，当 $R_1 = X_C$ 时，$\varphi = 2\arctan\dfrac{X_C}{R_1} = 90°$。相量图如图 4-22(b)所示。

可见在该 RC 桥式移相电路中，当调节 R_1 时，输出电压 u_o 的大小不变，只改变相位。

4.6 正弦交流电路中的功率

在正弦交流电路中,负载往往是由 R、L、C 元件组成的单口无源网络。在单口无源网络中,电阻 R 与 L、C 元件具有不同的特性,电阻 R 是将电能转变成热能而做功的耗能元件,L 和 C 是只进行磁场能与电场能相互转换而不消耗电能的储能元件。下面对单口无源网络的功率做一般性讨论。

4.6.1 瞬时功率

在第 3 章里,已经对电阻元件、电容元件和电感元件的瞬时功率和平均功率做了阐述。在正弦交流电路中,对任一单口无源网络,该网络的阻抗上的电流和电压瞬时值表达式分别为 $i = I_m \sin(\omega t + \psi_i)$ 和 $u = U_m \sin(\omega t + \psi_u)$,则它的瞬时功率为

$$
\begin{aligned}
p = ui &= U_m \sin(\omega t + \psi_u) I_m \sin(\omega t + \psi_i) \\
&= \frac{1}{2} U_m I_m [\cos(\psi_u - \psi_i) - \cos(2\omega t + \psi_u + \psi_i)] \\
&= UI\cos\varphi - UI\cos(2\omega t + \psi_u + \psi_i) \qquad (4\text{-}22) \\
&= UI\cos\varphi - UI\cos(2\omega t + 2\psi_u - \varphi) \\
&= UI\cos\varphi - UI\cos\varphi\cos(2\omega t + 2\psi_u) - UI\sin\varphi\sin(2\omega t + 2\psi_u) \\
&= UI\cos\varphi[1 - \cos(2\omega t + 2\psi_u)] - UI\sin\varphi\sin(2\omega t + 2\psi_u) \qquad (4\text{-}23)
\end{aligned}
$$

式(4-23)表明,p 是一个角频率为 2ω 的函数,式中相位差 $\varphi = \psi_u - \psi_i$。在式(4-22)中,功率可分为两个分量,前者 $UI\cos\varphi$ 是不随时间变化的常量,后者 $-UI\cos(2\omega t + \psi_u + \psi_i)$ 是随时间按 $2\omega t$ 变化的变量。p、u、i 的波形如图 4-23 所示。在式(4-23)中,功率又可分为恒为正值的分量和交流变化的分量。

图 4-23　正弦交流电路中的瞬时功率波形

4.6.2 有功功率

现在讨论具有相量特点的几种功率形式,即有功功率、无功功率和视在功率。

有功功率又叫平均功率,对式(4-22)的瞬时功率 p 在一个周期内求平均值,就得出平均功率 P,其值为

$$
P = \frac{1}{T}\int_0^T p\,\mathrm{d}t = UI\cos\varphi \qquad (4\text{-}24)
$$

在一个阻抗为 Z 的单口无源网络中,由于电感和电容都是储能元件,只进行能量的转换,不消耗功率,因而电感元件和电容元件的平均功率为 0。所以一个单口无源网络的平均功率就是电阻上实际消耗的功率,电阻将电能转换为其他形式的能量而做功,故平均功率又称为有功功率,单位为瓦(W)。

在式(4-24)中，$\cos\varphi$ 称为功率因数，用 λ 表示。由 $P=UI\cos\varphi$ 可以看出，有功功率的大小和电压与电流的相位差 φ 有关，如果阻抗为电阻元件，电流与电压同相，$\varphi=0°$，$\cos\varphi=1$，这时有功功率最大，$P=UI$；当阻抗为电容或电感元件时，电流与电压正交，$\varphi=\pm90°$，$\cos\varphi=0$，此时的有功功率 $P=0$，元件不消耗功率。因此，$\cos\varphi$ 反映了正弦交流电路中有功功率与最大功率之间的关系，即

$$\cos\varphi=P/P_{\max}$$

4.6.3 无功功率

由式(4-22)不难看出它的第二分量是随时间交变的，它是电路中电感元件或电容元件与电源进行能量交换的量值，把这部分的幅值称为无功功率。用 Q 表示，单位为乏(var)。

$$Q=UI\sin\varphi \qquad (4-25)$$

由式(4-25)可见，无功功率也与电压、电流的相位差 φ 有关，当元件为电感 L 或电容 C 时，$\varphi=\pm90°$，$\sin\varphi=\pm1$，无功功率 Q 最大；当元件为电阻 R 时，$\varphi=0°$，$\sin\varphi=0$，无功功率 $Q=0$。

4.6.4 视在功率

许多电力设备的容量是由它们的额定电流和额定电压的乘积决定的，为此引进了视在功率的概念，用 S 表示，单位是伏安(V·A)，即

$$S=UI \qquad (4-26)$$

有功功率、无功功率和视在功率三者之间显然有如下关系

$$\begin{cases} P=S\cos\varphi \\ Q=S\sin\varphi \end{cases} \qquad (4-27)$$

$$\begin{cases} S=\sqrt{P^2+Q^2} \\ \varphi=\arctan\dfrac{Q}{P} \end{cases} \qquad (4-28)$$

4.6.5 复功率

为了便于将相量法引入正弦交流电路的功率计算，也可采用复功率的概念进行分析。复功率用 $\overline{S}$ 表示，定义为

$$\overline{S}=P+jQ \qquad (4-29)$$

即复功率 $\overline{S}$ 的实部为有功功率 $P=UI\cos\varphi$，虚部为无功功率 $Q=UI\sin\varphi$。在复平面上对应为功率三角形的关系，如图 4-24 所示。

图 4-24　复功率的表示

复功率的单位为伏安(V·A)。在式(4-29)中，有功功率 P、无功功率 Q 和视在功率 S 都具有相同的量纲，而有功功率和无功功率之所以分别用瓦(W)和乏(var)做单位，是为了表示二者的实际意义不同。根据复功率的定义，有

$$\overline{S} = S\cos\varphi + jS\sin\varphi$$
$$= S\ \underline{/\varphi}$$
$$= UI\ \underline{/\psi_u - \psi_i}$$
$$= U\ \underline{/\psi_u} \cdot I\ \underline{/-\psi_i}$$
$$= \dot{U}\dot{I}^*$$

(4-30)

式(4-30)中的 $\dot{I}^*$ 为 $\dot{I}$ 的共轭复数,视在功率 S 是复功率 $\overline{S}$ 的模。复功率是一个辅助计算功率的复数,它将正弦稳态电路的三个功率和功率因数统一为一个公式表示。只要计算出电路中的电压和电流相量,各种功率就可以很方便地计算出来。

【例 4-14】 有一复阻抗为 $Z = 10 - j10\ \Omega$,其两端的电压为 $\dot{U} = 50\ \underline{/30°}$ V。求有功功率、无功功率和视在功率。

解:
$$Z = 10 - j10 = 14.14\ \underline{/-45°}\ \Omega$$

根据相量形式的欧姆定律,得

$$\dot{I} = \frac{\dot{U}}{Z} = \frac{50\ \underline{/30°}\ V}{14.14\ \underline{/-45°}}\ \Omega = 3.54\ \underline{/75°}\ A$$

所以电流 $\dot{I}$ 的共轭复数为

$$\dot{I}^* = 3.54\ \underline{/-75°}\ A$$

所以复功率为

$$\overline{S} = \dot{U}\dot{I}^* = 177\ \underline{/-45°} = 125 - j125\ (V \cdot A)$$

最后可得出有功功率为 $P = 125$ W,无功功率为 $Q = 125$ var,视在功率为 $S = 177$ V·A。

4.6.6 功率因数的提高

在电力系统中,发电厂在发出有功功率的同时也输出无功功率。在总功率中,有功功率的比例不取决于发电机,而是由负载的功率因数决定的。由功率三角形关系可知,当负载的电压与电流的相位差 φ 过大,使功率因数 $\cos\varphi$ 过小时,电力设备的额定容量不能充分利用,同时供电线路上也会产生较大的电压降和功率损耗。因为在负载需要一定的有功功率的情况下,功率因数过小必然需要较大的视在功率,导致过大的电压与电流,造成较大的线路损耗而浪费电能。为此,我国公布的电力行政法规中对用户的功率因数有明确的规定。

在实际应用中,大部分负载为电动机,属于感性负载,通常采用并联补偿电容的方法来提高功率因数。

【例 4-15】 电路如图 4-25(a)所示,电源电压为 220 V,工作频率为 50 Hz,负载为感性(等效为 RL 串联电路),负载的有功功率为 $P = 10$ kW,功率因数 $\cos\varphi_1 = 0.6$,如要将功率因数提高到 $\cos\varphi_2 = 0.9$,求并联在负载两端的电容的大小。

解: 设 $\dot{U} = 220\ \underline{/0°}$ V。并联电容之前,$\cos\varphi_1 = 0.6$,$\varphi_1 = \arccos 0.6 = 53.13°$。

图 4-25 【例 4-15】电路及相量图

$$I_{RL}=\frac{P}{U\cos\varphi_1}=\frac{10\times10^3}{220\times0.6}\text{ A}=75.76\text{ A}$$

则有
$$\dot{I}_{RL}=75.76\underline{/-53.13°}\text{ A}$$

并联电容之后，$\cos\varphi_2=0.9$，$\varphi_2=\arccos0.9=25.84°$。其相量图如图 4-25(b)所示。

$$I=\frac{P}{U\cos\varphi_2}=\frac{10\times10^3}{220\times0.9}\text{ A}=50.51\text{ A}$$

则有
$$\dot{I}=50.51\underline{/-25.84°}\text{ A}$$

$$\dot{I}_C=\dot{I}-\dot{I}_{RL}=(50.51\underline{/-25.84°})\text{ A}-(75.76\underline{/-53.13°})\text{ A}=38.59\underline{/90°}\text{ A}$$

$$C=\frac{I_C}{\omega U}=\frac{38.59}{314\times220}\text{ F}=558.63\text{ }\mu\text{F}$$

在【例 4-15】中，并联电容前后的电源输出功率及线路电流变化情况见表 4-1。

表 4-1 　　　　　　　**【例 4-15】功率因数的提高情况对比**

电源输出	并联补偿电容前	并联补偿电容后
功率因数	$\cos\varphi_1=0.6$	$\cos\varphi_2=0.9$
视在功率	$S=UI_{RL}=16.67$ kV·A	$S=UI=11.11$ kV·A
有功功率	$P=10$ kW	$P=10$ kW
无功功率	$Q=13.33$ kvar	$Q=4.84$ kvar
线路电流	$I_{RL}=75.76$ A	$I=50.51$ A

表 4-1 表明并联补偿电容后，有功功率不变，无功功率减小，线路电流减小，线路损耗降低。同时视在功率也减小，负载所需要的无功功率由电容提供了。而对 RL 支路，并联电容前后，其电流、有功功率及无功功率都不变。

在生产实际中，并不会将功率因数 $\cos\varphi$ 提高到 1，因为功率因数从 0.9 提高到 1 时线路总电流的减少并不明显，且这样做需要较大的补偿电容，使投入增大，从经济性来看效果并不明显。

4.7　串联谐振电路

谐振现象是指在含有 L 和 C 的单口网络中，当出现端口电压与电流同相，电路呈纯阻性时所发生的一种特殊现象。谐振现象的研究在电子技术领域有十分重要的实际意义，一方面，谐振有广泛的应用，另一方面，谐振也会破坏正常的工作。

4.7.1　谐振现象与谐振条件

RLC 串联谐振电路如图 4-26(a)所示。

在图 4-26(a)所示的 RLC 串联谐振电路中，复阻抗为

$$Z=R+\text{j}\omega L-\text{j}\frac{1}{\omega C}=R+\text{j}(\omega L-\frac{1}{\omega C})\tag{4-31}$$

当 ω 从低到高逐渐增大时，ωL 随之增大，而 $1/\omega C$ 随之减小，电抗随角频率的变化情

况如图 4-26(c)所示。当 $\omega L=1/\omega C$ 时，$Z=R$，$\varphi=0$，这时电流与电压同相，这种情况称为谐振。

(a)RLC串联谐振电路　　(b)相量图　　(c)电抗随 ω 变化曲线

图 4-26　RLC 串联谐振电路、相量图和电抗随 ω 变化的曲线

谐振时的角频率用 ω_0 表示，称为谐振角频率。当 $\omega=\omega_0$ 时，有

$$\omega_0 L-\frac{1}{\omega_0 C}=0$$

$$\omega_0=\frac{1}{\sqrt{LC}} \quad 或 \quad f_0=\frac{1}{2\pi\sqrt{LC}} \tag{4-32}$$

由式(4-32)可见，谐振频率与电感和电容的大小有关，可以通过改变电感或电容的值来控制谐振的发生。

4.7.2　串联谐振时电路的特点

串联电路的谐振

(1)串联谐振时，电路的总阻抗最小，且等于 R，电路为纯阻性。

因为谐振时 $X_L=X_C$，所以有

$$Z=R+\mathrm{j}(X_L-X_C)=R, \quad |Z|=R$$

(2)串联谐振时，在外加电压不变的情况下，电路的电流最大，且与总电压同相。

因为谐振时的阻抗最小，所以电流最大。电阻上的电压也最大，它等于外加电压。

$$\dot{I}=\frac{\dot{U}}{Z}=\frac{\dot{U}}{R}, \quad I=\frac{U}{|Z|}=\frac{U}{R}, \quad \dot{U}_R=\dot{U}$$

(3)串联谐振时，电感上的电压与电容上的电压大小相等、方向相反，且为电源电压的 Q 倍。

此时有 $\dot{U}_L+\dot{U}_C=0$，$\dot{U}=\dot{U}_R+\dot{U}_L+\dot{U}_C=\dot{U}_R$，且

$$\dot{U}_L=\mathrm{j}\omega_0 L\dot{I}=\mathrm{j}\omega_0 L\frac{\dot{U}}{R}=\mathrm{j}Q\dot{U}, U_L=QU$$

$$\dot{U}_C=-\mathrm{j}\frac{1}{\omega_0 C}\dot{I}=-\mathrm{j}\frac{1}{\omega_0 C}\frac{\dot{U}}{R}=-\mathrm{j}Q\dot{U}, U_C=QU$$

式中的 Q 称为串联谐振的品质因数，$Q=U_L/U$ 或 $Q=U_C/U$。当 Q 较大时，电感上的电压或电容上的电压会远远高于外加的电源电压，所以串联谐振又称为电压谐振。

谐振时的电流相量与各电压相量如图 4-26(b)所示。

(4)谐振时，电感与电容进行完全能量交换。

谐振时，无功功率 Q 为 0，阻抗角 φ 为 0，电路的功率因数 $\cos\varphi$ 为 1，整个电路的复功率就为电路的有功功率。电路不从外部吸收无功功率，电容和电感之间进行周期性的磁场能与电场能的相互转换。任一时刻的电场能与磁场能的总和为一常数，并等于电场能

或磁场能的最大值,即

$$W(\omega_0)=\frac{1}{2}CU_{Cm}^2=CU_C^2 \text{ 或 } W(\omega_0)=\frac{1}{2}LI_{Lm}^2=LI_L^2$$

4.7.3 串联谐振电路的特性阻抗与品质因数

串联谐振电路的特性阻抗是指 RLC 电路谐振时的感抗或容抗,用符号 ρ 表示。在 RLC 串联谐振电路中,特性阻抗 ρ 的大小为

$$\rho=\omega_0 L=\frac{1}{\omega_0 C}=\sqrt{\frac{L}{C}} \tag{4-33}$$

谐振电路的品质因数,工程中简称为 Q 值,是反映谐振电路性能的一个重要物理量。Q 值的大小,用谐振电路中的储能元件(L 或 C)所存储的总能量与每周期中电阻 R 所消耗能量的比值来衡量。从能量角度给出的 Q 定义式为

$$Q=2\pi\times\frac{\text{电路中一个周期内 }L\text{、}C\text{ 存储的最大能量}}{\text{电路中一个周期内 }R\text{ 所消耗的能量}}=\frac{\text{无功功率}}{\text{有功功率}} \tag{4-34}$$

根据 R、L、C 元件上的电压与电流的大小,可得 RLC 串联谐振电路的品质因数为

$$Q=\frac{Q_L}{P}=\frac{U_L I_L}{U_R I_R}=\frac{U_L}{U_R}=\frac{\omega_0 LI}{RI}=\frac{\omega_0 L}{R} \text{ 或 } Q=\frac{Q_C}{P}=\frac{U_C I_C}{U_R I_R}=\frac{U_C}{U_R}=\frac{1}{\omega_0 CR}$$

因此,RLC 串联谐振电路的品质因数又可表示为

$$Q=\frac{\omega_0 L}{R}=\frac{1}{\omega_0 CR}=\frac{1}{R}\sqrt{\frac{L}{C}}=\frac{\rho}{R} \tag{4-35}$$

式(4-35)表示了电路谐振时电感上的电压或电容上的电压是电源电压的多少倍,这个倍数就是 Q 值。在实际谐振电路中,电阻 R 往往是电感元件的内阻,阻值很小,所以 Q 值很大,这就表明谐振时,在电容和电感上会出现高于外加电压很多倍的谐振电压,称为过电压现象。过电压现象在电力系统中需要抑制,而在电子与通信领域却获得广泛应用。例如 $Q=100$,若电源电压 $U=220$ V,则谐振时 $U_L=U_C=QU=100\times220$ V$=22000$ V$=22$ kV,这样高的电压很容易破坏电路的电气设备。但同样是 $Q=100$,若电源电压 $U=10$ mV,则谐振时 $U_L=U_C=QU=100\times10$ mV$=1000$ mV$=1$ V。可见由于产生了谐振,原来很微弱的信号增大了 Q 倍,在无线电与通信技术中,往往利用这一性质来选择有用的信号。

【例 4-16】 电路如图 4-26(a)所示,电路已处于谐振状态,已知 $U=10$ V,$L=1$ H,$C=25$ μF,$R=10$ Ω。(1)求电路的谐振角频率 ω_0;(2)求 I、U_L、U_C 和 U_R;(3)求品质因数 Q。

解:因电路已处于谐振状态,总电流与总电压同相,所以总阻抗的虚部为 0,即 $X=0$。

$$Z=R+j\omega L+\frac{1}{j\omega C}=R+j(\omega L-\frac{1}{\omega C})=R+jX$$

由 $\omega_0 L-\frac{1}{\omega_0 C}=0$,得

$$\omega_0=\frac{1}{\sqrt{LC}}=\frac{1}{\sqrt{25\times10^{-6}}} \text{ rad/s}=200 \text{ rad/s}$$

$$\dot{I}=\frac{\dot{U}}{Z}=\frac{10\underline{/0°}}{R}=\frac{10\underline{/0°}}{10} \text{ A}=1\underline{/0°} \text{ A}$$

$$\dot{U}_R = R\dot{I} = \dot{U} = 10 \underline{/0°} \text{ V}$$

$$\dot{U}_L = j\omega_0 L\dot{I} = j200 \text{ V}$$

$$\dot{U}_C = -\dot{U}_L = -j200 \text{ V}$$

$$Q = \frac{\rho}{R} = \frac{1}{R}\sqrt{\frac{L}{C}} = \frac{1}{10}\sqrt{\frac{1}{25 \times 10^{-6}}} = \frac{200}{10} = 20$$

$\omega_0 = 200 \text{ rad/s}$，$I = 1 \text{ A}$，$U_L = 200 \text{ V}$，$U_C = 200 \text{ V}$，$U_R = 10 \text{ V}$，$Q = 20$

【例 4-17】 某收音机的输入回路如图 4-27(a)所示，可等效为一个 *RLC* 串联电路，如图 4-27(b)所示，已知线圈的电感量 $L = 0.3 \text{ mH}$，电阻 $R = 16 \text{ Ω}$，若欲收听 640 kHz 的电台广播信号，需使电路谐振于该频率。求此时可变电容器的容量 C 应为多少(pF)？如果该电台广播信号的感应电压为 $U = 2 \text{ μV}$，试求这时回路中该信号的电流 I_0 的大小，并计算在电容 C 两端得到的电压 U_C 有多大。

拓展：收音机调台

(a) 输入回路　　　　(b) 等效电路

图 4-27 【例 4-17】收音机输入回路及等效电路

解：据 $f_0 = \dfrac{1}{2\pi\sqrt{LC}}$ 可得　　$640 \times 10^3 = \dfrac{1}{2\pi\sqrt{0.3 \times 10^{-3}C}}$

由此可求出 $C = 206 \text{ pF}$

谐振时回路中的电流为 $I_0 = U/R = 2 \times 10^{-6} \text{ V}/16 \text{ Ω} = 0.125 \text{ μA}$

谐振时的容抗为 $X_C = X_L = 2\pi f L = 2 \times 3.14 \times 640 \times 10^3 \times 0.3 \times 10^{-3} \text{ Ω} = 1205.76 \text{ Ω}$

此时的 $U_C = X_C I_0 = 1205.76 \times 0.125 \times 10^{-6} \text{ V} = 150.72 \text{ μV}$

4.7.4　串联谐振电路的谐振曲线

电路中的阻抗是随频率变化而变化的。为了方便讨论，假定 *RLC* 串联电路的信号源为理想电压源，其内阻为 0。这样，信号源内阻对串联谐振特性的影响就可不必考虑。

在输入信号 u_s 有效值保持不变的情况下，*RLC* 串联电路中的电流也会随频率的变化而变化。阻抗、电流或电压与频率之间的关系称为它们的频率特性。在串联谐振电路中，描绘电流、电压与频率之间关系的曲线，称为谐振曲线。

RLC 串联电路的阻抗与角频率的关系为

$$|Z| = \sqrt{R^2 + X^2} = \sqrt{R^2 + \left(\omega L - \frac{1}{\omega C}\right)^2}$$

其中，R、X_L、X_C、X、$|Z|$ 与角频率 ω 的关系如图 4-28(a)所示。

电路中的电流大小与频率的关系为

$$I = \frac{U_s}{|Z|} = \frac{U_s}{\sqrt{R^2 + \left(\omega L - \frac{1}{\omega C}\right)^2}}$$

(a)

(b)

(c)

图 4-28 *RLC* 串联电路的谐振曲线

I-ω 曲线如图 4-28(b)所示。串联谐振电路中的电流有效值的大小随电源频率变化的曲线,称为串联谐振电路的电流谐振曲线(I-ω 曲线)。

从电流谐振曲线可以看出,在谐振频率及附近,电路中的电流较大,而外加信号频率偏离谐振频率越远,电流就越小。也就是说,串联谐振电路具有选择最接近于谐振频率的信号并抑制其他频率信号的能力,这种能力称为电路的选择性。

电路的选择性与谐振曲线的形状有关,谐振曲线越尖锐、陡峭,选择性越好;谐振曲线越平坦,选择性越差。而电流的谐振曲线尖锐或平坦又与电路的品质因数 Q 直接相关。假设电路的 L、C 值不变(即电路的特性阻抗 ρ 不变),只改变 R 值。R 越小,Q 值越大,则谐振曲线越尖锐,选择性也就越强,这是 Q 值的另外一个物理意义,如图 4-28(c)所示。

谐振曲线的形状还可以用通频带来反映。所谓通频带,就是指该电路能够通过信号的频率范围。在电流谐振曲线上,规定 $I = I_0/\sqrt{2} = 0.707I_0$ 所对应的两个频率点之间的频率范围为该电路的通频带宽度,简称通频带或带宽,用 BW 表示(也有用 B 或 ΔB 表示的)。由图 4-28(b)可见,$BW = \omega_2 - \omega_1 = \Delta\omega$(或 $BW = f_2 - f_1 = \Delta f$),$f_2$ 和 f_1 分别称为上边界频率和下边界频率。

通频带的大小与 Q 值有关,下面进行简要说明。

RLC 串联电路在谐振时,电路中的电流最大,$I_0 = U_S/R$,在其他情况时电流为

$$I = \frac{U_S}{|Z|} = \frac{U_S}{\sqrt{R^2 + \left(\omega L - \dfrac{1}{\omega C}\right)^2}} = \frac{U_S}{R\sqrt{1 + \dfrac{1}{R^2}\left(\omega L - \dfrac{1}{\omega C}\right)^2}} = \frac{I_0}{\sqrt{1 + \dfrac{1}{R^2}\left(\omega L - \dfrac{1}{\omega C}\right)^2}}$$

根据通频带的定义式,有

$$\frac{I}{I_0} = \frac{1}{\sqrt{1 + \dfrac{1}{R^2}\left(\omega L - \dfrac{1}{\omega C}\right)^2}} = \frac{1}{\sqrt{2}}$$

由该等式可得

$$1 + \frac{1}{R^2}\left(\omega L - \frac{1}{\omega C}\right)^2 = 2, \quad \omega L - \frac{1}{\omega C} = \pm R, \quad \omega^2 \mp \frac{R}{L}\omega - \frac{1}{LC} = 0$$

解得

$$\omega = \pm\frac{R}{2L} \pm \sqrt{\left(\frac{R}{2L}\right)^2 + \frac{1}{LC}}$$

134

因为 ω 必须为正值,故有

$$\begin{cases} \omega_2 = \dfrac{R}{2L} + \sqrt{\left(\dfrac{R}{2L}\right)^2 + \dfrac{1}{LC}} \\[3mm] \omega_1 = -\dfrac{R}{2L} + \sqrt{\left(\dfrac{R}{2L}\right)^2 + \dfrac{1}{LC}} \end{cases}$$

则电路的通频带为

$$BW = \Delta\omega = \omega_2 - \omega_1 = \frac{R}{L} \tag{4-36}$$

因此通频带与电路参数 R、L 有关。为了说明 BW 与 Q 的关系,将 RLC 串联谐振电路的 $Q = \omega_0 L / R$ 代入式(4-36)得

$$BW = \frac{R}{L} = \frac{\omega_0 R}{\omega_0 L} = \frac{\omega_0}{Q}$$

实际中 BW 常用 Δf 表示,则对应的有

$$BW = \Delta f = f_2 - f_1 = \frac{f_0}{Q} \tag{4-37}$$

注意:式(4-37)对应的单位是频率,而式(4-36)对应的单位是角频率。

式(4-37)说明了通频带 BW 与品质因数 Q 之间的关系,即 Q 值越大,通频带 BW 越窄。

RLC 谐振电路的选择性与通频带是互相矛盾的。Q 值越大,谐振曲线越尖锐,选择性越好,但通频带越窄;反之,Q 值越小,谐振曲线越平坦,通频带越宽,但选择性越差。因此,实际中需要二者兼顾,合理确定 Q 值的大小。

【例 4-18】 已知 RLC 串联谐振电路中的 $R = 10\ \Omega$,$L = 200\ \mu\text{H}$,$C = 800\ \text{pF}$。试求谐振频率、品质因数及通频带。

解:$f_0 = \dfrac{1}{2\pi\sqrt{LC}} = \dfrac{1}{2\pi\sqrt{2\times10^{-4}\times8\times10^{-10}}}\ \text{Hz} = 398\ \text{kHz}$

$Q = \dfrac{\rho}{R} = \dfrac{\sqrt{L/C}}{10} = \dfrac{\sqrt{2\times10^{-4}/8\times10^{-10}}}{10} = 50$

$BW = \dfrac{f_0}{Q} = \dfrac{398\times10^3}{50}\ \text{Hz} = 7.96\times10^3\ \text{Hz} = 7.96\ \text{kHz}$

4.8 并联谐振电路

串联谐振电路适用于电源低内阻的情况,如果电源内阻很大,采用串联谐振电路将会严重地降低回路的品质因数,使电路的谐振特性变差。此时宜采用并联谐振电路,电源内阻越大,对并联谐振电路品质因数的影响越小。

4.8.1 谐振条件

RLC 并联谐振电路如图 4-29(a) 所示。

在 RLC 并联谐振电路中,复导纳

$$Y=G-j\frac{1}{\omega L}+j\omega C$$

(a)RLC并联谐振电路　　　　　(b)相量图

图 4-29　RLC 并联谐振电路及相量图

显然,当感纳与容纳相等($\frac{1}{\omega L}=\omega C$)时,电路中的导纳最小,即阻抗最大,电路呈纯阻性,这种情况称为并联谐振,并有

$$Y(\omega_0)=G+jB=G+j(B_C-B_L)=G+j(\omega_0 C-\frac{1}{\omega_0 L})=G$$

$$\omega_0 C-\frac{1}{\omega_0 L}=0$$

有

$$\omega_0=\frac{1}{\sqrt{LC}}\quad 或 \quad f_0=\frac{1}{2\pi\sqrt{LC}} \tag{4-38}$$

并联时谐振频率与串联时的谐振频率具有相同的表达式。

4.8.2　并联谐振时电路的特点

(1)并联谐振时,电路总导纳最小,也就是总阻抗最大。

$$Y(\omega_0)=G=\frac{1}{R},即\ Z=\frac{1}{Y}=R$$

(2)在外加电流不变的情况下,电路的端电压最大,且与总电流同相。

$$U(\omega_0)=|Z|I=RI$$

(3)并联谐振时,电感中的电流与电容中的电流大小相等、方向相反,且为电源电流的 Q 倍。

此时有 $\dot{I}_L+\dot{I}_C=0$,$\dot{I}=\dot{I}_R+\dot{I}_L+\dot{I}_C=\dot{I}_R$,且

$$\dot{I}_L(\omega_0)=-j\frac{1}{\omega_0 L}\dot{U}=-j\frac{1}{\omega_0 L}\dot{I}R=-jQ\dot{I},I_L=QI$$

$$\dot{I}_C(\omega_0)=j\omega_0 C\dot{U}=jQ\dot{I},I_C=QI$$

式中的 Q 称为并联谐振电路的品质因数,$Q=I_L/I$ 或 $Q=I_C/I$。当 Q 较大时,电感中的电流或电容中的电流会远远大于电路中的总电流,所以并联谐振又称为电流谐振。

谐振时的电压相量与各电流相量如图 4-29(b)所示。

(4)谐振时,电感与电容进行完全能量交换。

谐振时的无功功率为0,电感与电容相互交换能量。LC 并联电路的电纳 $B=B_C-B_L=0$,电抗 $X=1/B\rightarrow\infty$,类似于开路状态。LC 中的电流由电容和电感之间进行周期性的磁场能与电场能的相互转换而形成。任一时刻的电场能与磁场能的总和为一常数,与 RLC 串联谐振电路相同,等于电场能或磁场能的最大值,即

$$W(\omega_0)=\frac{1}{2}CU_{Cm}^2=CU_C^2\quad 或 \quad W(\omega_0)=\frac{1}{2}LI_{Lm}^2=LI_L^2$$

4.8.3　并联谐振电路的品质因数

并联谐振电路的 Q 是反映并联谐振电路性能的一个物理量。由 $Q=$ 无功功率/有功

功率可得 $Q = I_L/I$ 或 $Q = I_C/I$,即

$$Q = \frac{I_L}{I} = \frac{UB_L}{UG} = \frac{1}{\omega_0 LG} = \frac{R}{\omega_0 L} \quad \text{或} \quad Q = \frac{I_C}{I} = \frac{UB_C}{UG} = \frac{\omega_0 C}{G} = \omega_0 CR$$

因为并联谐振时感纳与容纳相等,$1/(\omega_0 L) = \omega_0 C$,$\rho = \sqrt{\dfrac{L}{C}}$,故

$$Q = \frac{R}{\omega_0 L} = \omega_0 CR = \frac{R}{\rho} = R/\sqrt{\frac{L}{C}} = R\sqrt{\frac{C}{L}} \tag{4-39}$$

将式(4-39)与式(4-35)进行比较,可见 RLC 并联谐振电路的 Q 值计算式与 RLC 串联谐振电路的 Q 值计算式的分子、分母位置正好相反。

若直接根据 Q 值的能量定义式,也同样可以得到上述关系。

因为在并联谐振电路中,L、C 存储的总能量为

$$W(\omega_0) = \frac{1}{2}CU_{Cm}^2 = CU_C^2$$

此时电路中 R 上一个周期内消耗的能量为

$$W_R(\omega_0) = T\frac{U^2}{R} = \frac{2\pi}{\omega_0} \times \frac{U^2}{R}$$

因此,由 Q 的一般定义式得到并联谐振电路的品质因数为

$$Q = \omega_0 CR = \frac{R}{\rho} = R/\sqrt{\frac{L}{C}} = R\sqrt{\frac{C}{L}}$$

而在串联谐振电路中,L、C 存储的总能量为

$$W(\omega_0) = \frac{1}{2}LI_{Lm}^2 = LI_L^2$$

此时电路中 R 上一个周期内消耗的能量为

$$W_R(\omega_0) = TRI^2 = \frac{2\pi}{\omega_0}RI^2$$

因此,由 Q 的一般定义式得到串联谐振电路的品质因数为

$$Q = \frac{\omega_0 L}{R} = \frac{\rho}{R} = \frac{1}{R}\sqrt{\frac{L}{C}}$$

【例 4-19】 电路如图 4-29(a)所示,电路已处于谐振状态,已知 $I = 2$ mA,$L = 1$ H,$C = 1\ \mu F$,$R = 100$ kΩ,(1)求电路的谐振角频率 ω_0;(2)求 U、I_L、I_C 和 I_R;(3)求品质因数 Q。

解:因电路已处于谐振状态,总电流与总电压同相,所以总复导纳的虚部为 0,即 $B = 0$。

$$Y = \frac{1}{R} + j\omega_0 C + \frac{1}{j\omega_0 L} = \frac{1}{R} + j(\omega_0 C - \frac{1}{\omega_0 L}) = R + jB$$

由

$$\omega_0 C - \frac{1}{\omega_0 L} = 0$$

得

$$\omega_0 = \frac{1}{\sqrt{LC}} = 1\ 000\ \text{rad/s}$$

$$\dot{U} = \frac{\dot{I}}{Y} = \frac{\dot{I}}{G} = R\dot{I} = 200 \underline{/0°}\ \text{V}$$

$$\dot{I}_R = G\dot{U} = \dot{I} = 2 \underline{/0°}\ \text{mA}$$

$$\dot{I}_C = jB_C\dot{U} = j\omega_0 C\dot{U} = j200 \text{ mA}$$

$$\dot{I}_L = -\dot{I}_C = -j200 \text{ mA}$$

$$Q = \frac{R}{\rho} = R\sqrt{\frac{C}{L}} = R\omega_0 C = 100$$

$$\omega_0 = 1\ 000 \text{ rad/s}, U = 200 \text{ V}, I_L = 200 \text{ mA}, I_C = 200 \text{ mA}, I_R = 2 \text{ mA}, Q = 100$$

4.8.4 电感线圈与电容器并联谐振电路

在实际运用中,电感线圈都有一定的电阻,其所构成的谐振电路并非如上所述的理想状态的 RLC 并联谐振电路,而是如图 4-30(a)所示电路。

对于图 4-30(a)所示电路,可将 RL 串联电路通过阻抗与导纳的等效变换,转换为理想状态的 RLC 并联谐振电路来分析,如图 4-30(b)所示。

图 4-30 电感线圈与电容器并联谐振电路

对于图 4-30(a)所示的电感线圈与电容器并联谐振电路,总复导纳为

$$Y = \frac{1}{R+j\omega L} + j\omega C = \frac{R}{R^2+(\omega L)^2} - j\frac{\omega L}{R^2+(\omega L)^2} + j\omega C = G - jB_L + jB_C = G + jB$$

式中

$$G = \frac{R}{R^2+(\omega L)^2}, \quad B_L = \frac{\omega L}{R^2+(\omega L)^2}, \quad B_C = \omega C$$

由此可得图 4-30(b)等效电路,在该电路中,原 RL 串联电路已等效为 GB_L 并联电路。

谐振时,总电压与总电流同相,即总复导纳的虚部 B 为 0,所以有

$$B = B_C - B_L = \omega_0 C - \frac{\omega_0 L}{R^2+(\omega_0 L)^2} = 0$$

求解上式可得谐振频率为

$$\omega_0 = \frac{1}{\sqrt{LC}}\sqrt{1 - \frac{C}{L}R^2} \tag{4-40}$$

由于实际电感线圈可以等效为 RL 串联电路,谐振电路中的能量损耗只与 R 有关,其 Q 值主要由谐振时的感抗(或容抗)与电阻 R 的比值决定,因而可将 RLC 串联谐振电路的品质因数 $Q = \frac{1}{R}\sqrt{\frac{L}{C}}$ 代入式(4-40)得

$$\omega_0 = \frac{1}{\sqrt{LC}}\sqrt{1 - \frac{1}{Q^2}} \tag{4-41}$$

从式(4-41)可以看出,电路的谐振角频率 ω_0 完全由电路参数决定。而且只有当

$Q>1$,使 $1-1/Q^2>0$ 时,电路才可能发生谐振。

在电感线圈与电容器并联谐振电路中,当线圈的电阻 R 值很小,$R\ll\sqrt{L/C}$ 时,可使谐振电路的品质因数 $Q\gg1$,此时的谐振角频率与理想状态的 RLC 并联谐振电路的角频率近似相等,于是 $\omega_0=1/\sqrt{LC}$。

此时电路的谐振特性也与理想状态的 RLC 并联谐振电路相近,即具有谐振时的总导纳最小,总阻抗最大,在电源为电流源时电路的总电压也最大,电容中的电流与电感中的电流大小近似相等,且是电源电流的 Q 倍等特性。

在图 4-31(a)所示的并联谐振电路中,谐振时电路的总阻抗为

$$Z_0=\frac{1}{Y_0}=\frac{1}{G}=\frac{L}{RC}=\frac{\rho^2}{R}=Q^2R$$

谐振时的电压 $U_0=Z_0I_S$,相量图如图 4-31(b)所示。阻抗与电压的谐振曲线如图 4-31(c)所示。线圈的等效电阻 R 越小,谐振时的阻抗 Z 就越大,品质因数 $Q=\rho/R$ 值也就越大,谐振曲线越尖锐,通频带 BW 就越窄,通频带 BW 与 Q 值的关系为 $BW=f_0/Q$。

(a)并联谐振电路   (b)谐振时的相量图   (c)阻抗与电压的谐振曲线

图 4-31 并联谐振电路、相量图及谐振曲线

【例 4-20】 某收音机的并联谐振电路如图 4-32(a)所示。已知信号源的 $I_S=0.1$ mA,$R_S=64$ kΩ,电感线圈的 $R=3$ Ω,$L=150$ μH,电容 $C=780$ pF。求电路的特性阻抗 ρ、谐振频率 f_0、品质因数 Q 和通频带 BW,谐振时的电路总阻抗 Z_0、电压 U_0。

(a)   (b)   (c)

图 4-32 【例 4-20】电路

解:电路的特性阻抗为 $\rho=\sqrt{\dfrac{L}{C}}=\sqrt{\dfrac{150\times10^{-6}}{780\times10^{-12}}}$ Ω $=438$ Ω

因为 $\rho\gg R$,所以有 $L'\approx L$

故谐振角频率为 $\omega_0=\dfrac{1}{\sqrt{L'C}}\approx\dfrac{1}{\sqrt{LC}}=\dfrac{1}{\sqrt{150\times10^{-6}\times780\times10^{-12}}}=2.92\times10^6$ rad/s

谐振频率为 $f_0=\dfrac{\omega_0}{2\pi}=\dfrac{2.92\times10^6}{2\pi}$ Hz $=465$ kHz

品质因数为 $Q = \dfrac{\omega_0 L}{R} = \dfrac{\rho}{R} = \dfrac{438}{3} = 146$

通频带为 $BW = \dfrac{f_0}{Q} = \dfrac{465}{146}$ kHz $= 3.2$ kHz

将原电路简化变换为图 4-32(b)和图 4-32(c)所示电路。

其中 $R' = \dfrac{R^2 + (\omega_0 L)^2}{R} = \dfrac{L}{RC} = \dfrac{150 \times 10^{-6}}{3 \times 780 \times 10^{-12}}$ Ω $= 64$ kΩ

$R_{eq} = \dfrac{R_S \cdot R'}{R_S + R'} = 32$ kΩ

谐振时的总阻抗为 $Z_0 = R_{eq} = 32$ kΩ

谐振时的电压为 $U_0 = Z_0 I_S = 32 \times 10^3 \times 0.1 \times 10^{-3}$ V $= 3.2$ V

则：$\rho = 438$ Ω，$f_0 = 465$ kHz，$Q = 146$，$BW = 3.2$ kHz，$Z_0 = 32$ kΩ，$U_0 = 3.2$ V。

【仿真训练】

正弦交流电路中的电压、电流、功率等参数,除了用相量法进行计算外,也可以用仿真方法进行测试,并且可以直接观察到有关电压的波形。

仿真训练 1　正弦交流串联电路仿真

一、仿真目的

(1)学会 Multisim 中的正弦交流电路的交流电压的测量方法。

(2)通过仿真训练,进一步理解正弦交流电路中 R、L、C 元件的性质,电压与电流的大小关系及相位关系。

(3)通过仿真训练,进一步了解正弦交流电路中阻抗串联时,总电压等于各阻抗上分电压的相量和。

二、仿真原理

(1)正弦交流电路的主要电路元件有 R、L、C。电压与电流之间的关系由复数形式的欧姆定律来表示,表达形式为 $\dot{U} = Z\dot{I}$,其中 Z 称为复阻抗。对于 R、L、C 元件,复阻抗分别为 $Z_R = R$, $Z_L = j\omega L$, $Z_C = 1/(j\omega C)$,由此得到 R、L、C 元件上电压与电流的相量关系分别为：$\dot{U}_R = R\dot{I}_R$, $\dot{U}_L = j\omega L\dot{I}_L$, $\dot{I}_C = j\omega C\dot{U}_C$。

(2)在 R、L、C 元件的电压与电流相量关系中,反映了各元件电压与电流的大小关系(有效值关系)和相位关系。

对于电阻元件,电压与电流的大小关系为 $U_R = RI_R$,相位关系为 $\varphi_u = \varphi_i$,即电阻元件的电压与电流同相。

对于电感元件,电压与电流的大小关系为 $U_L = \omega LI_L$,相位关系为 $\varphi_u = \varphi_i + 90°$,即电感元件的电压超前电流 $90°$。

对于电容元件,电压与电流的大小关系为 $U_C = 1/(\omega C)I_C$,相位关系为 $\varphi_u = \varphi_i - 90°$,即电容元件的电压滞后电流 $90°$。

(3)正弦交流电路的分析计算,依据复数形式的欧姆定律($\dot{U} = Z\dot{I}$)和相量形式的基尔霍夫定律($\sum \dot{U} = 0, \sum \dot{I} = 0$)进行,电路分析的方法与直流电路的分析类似。

(4)在 RLC 串联电路中,总电压相量等于各元件上分电压的相量和,总电压的大小与各元件上的分电压大小满足电压三角形关系。

三、仿真内容与步骤

1.两只纯电阻的串联电路仿真

(1)在 Multisim 10.0 软件窗口中建立如图 4-33 所示两只纯电阻串联的仿真电路。双击正弦交流电源,在打开的窗口中设置正弦交流电源的有效值为5 V,频率设置为 $f = 159.15$ Hz(使 $\omega = 2\pi f = 1000$ rad/s),两只电阻分别设置为 300 Ω 和400 Ω。

图 4-33　两只纯电阻串联的仿真电路

(2)从仪器库中选取数字万用表,分别接在电路中各元件的两端,双击各数字万用表,弹出其面板,选择测试项目为交流电压,测量各元件上电压的有效值。

(3)单击仿真运行开关,显示测量结果,将测量值填入表 4-2 中,根据 $\dot{U} = \dot{U}_{R1} + \dot{U}_{R2}$ 画出各电压的相量图(以电流为参考相量),并验证纯电阻串联电路的电压有效值关系 $U = U_{R1} + U_{R2}$。

表 4-2　　　　　　　　正弦交流串联电路的仿真数据记录

两只纯电阻串联电路				RC 串联电路				RL 串联电路			
电压	U_{R1}/V	U_{R2}/V	U/V	$U_{R1}+U_{R2}/V$	电压	U_R/V	U_C/V	U/V	$\sqrt{U_R^2+U_C^2}/V$	电压	U_R/V	U_L/V	U/V	$\sqrt{U_R^2+U_L^2}/V$
相量图					相量图					相量图				

2.电阻与电容的串联电路仿真

建立如图 4-34 所示 RC 串联电路(将图 4-33 中的 R_2 换为 2.5 μF 电容,使容抗为 $X_{C1}=1/\omega C_1=400\ \Omega$)。单击仿真运行开关,将测量结果填入仿真数据记录表 4-2 中,根据 $\dot{U}=\dot{U}_R+\dot{U}_C$ 画出各电压的相量图(以电流为参考相量),并验证 RC 串联电路的电压有效值的三角形关系 $U=\sqrt{U_R^2+U_C^2}$。

图 4-34　RC 串联仿真电路

3.电阻与电感的串联电路仿真

建立如图 4-35 所示 RL 串联仿真电路(将图 4-33 中的 R_2 换为 400 mH 电感,使感抗为 $X_{L1}=\omega L_1=400\ \Omega$)。单击仿真运行开关,将测量结果填入表 4-2 中,根据 $\dot{U}=\dot{U}_R+\dot{U}_L$ 画出各电压的相量图(以电流为参考相量),并验证 RL 串联电路的电压有效值的三角形关系 $U=\sqrt{U_R^2+U_L^2}$。

4.用示波器测量正弦交流电路的相位关系

建立如图 4-36 所示 RL 串联仿真电路(将图 4-35 中的电阻设置为 $R_1=400\ \Omega$,使电阻与感抗相等,即 $R_1=X_{L1}=\omega L_1=400\ \Omega$)。用双踪示波器的 A 通道测量电阻两端的电压 u_{R1} 波形,B 通道测量电感两端的电压 u_{L1} 波形,该波形已用 △ 形做标记。单击仿真开关,观察各波形显示结果。由于本电路中电阻与感抗相等,且电阻上的电压与电流同相位,而电感上的电压超前电流 90°,所以本电路中的 u_L 超前 u_R 45°,且大小相等,$U_R=U_L$。

图 4-35　RL 串联仿真电路　　　　图 4-36　RL 串联仿真电路及其波形与相位测量

四、思考题

(1)仿真电路中数字万用表的交流电压显示的是什么值？最大值与有效值之间是什么关系？

(2)在 RC 串联电路与 RL 串联电路中,各分电压有效值之和为什么不等于电源电压的有效值？它们之间是什么关系？

<h2 style="text-align:center">仿真训练2　正弦交流并联电路仿真</h2>

一、仿真目的

(1)学会 Multisim 中正弦交流电路的交流电流测量方法。

(2)通过仿真训练,进一步理解正弦交流电路中 R、L、C 元件的性质,电压与电流的大小关系与相位关系。

(3)通过仿真训练,进一步了解正弦交流电路中阻抗并联时,总电流等于各阻抗中分电流的相量和。

二、仿真原理

正弦交流电路的分析计算,依据复数形式的欧姆定律($\dot{U} = Z\dot{I}$)和相量形式的基尔霍夫定律($\sum \dot{U} = 0$, $\sum \dot{I} = 0$)进行。在 RLC 并联电路中,总电流相量等于各元件中分电流的相量和,总电流的大小与各元件中的分电流大小满足电流三角形关系 $I = \sqrt{I_R^2 + I_X^2}$。

三、仿真内容与步骤

1.电阻与电容的并联电路仿真

(1)在 Multisim 10.0 软件窗口中建立如图 4-37 所示 RC 并联仿真电路。正弦交流电源的有效值设置为 100 V,频率设置为 $f = 159.15$ Hz(使 $\omega = 2\pi f = 1000$ rad/s),设置电阻 $R_1 = 1$ kΩ,电容 $C_1 = 1$ μF,使容抗与电阻相等($X_{C_1} = 1/\omega C_1 = 1$ kΩ $= R_1$)。

图 4-37　RC 并联仿真电路

（2）从仪器库中选取数字万用表，分别串接在各支路中，双击各数字万用表，弹出其面板，选择测试项目为交流电流，测量各支路中的电流有效值。

（3）单击仿真运行开关显示测量结果，填入表 4-3 中，根据 $\dot{I} = \dot{I}_R + \dot{I}_C$ 画出各电流的相量图（以电压为参考相量），并验证电流有效值的三角形关系 $I = \sqrt{I_R^2 + I_C^2}$。

2．电阻与电感的并联电路仿真

（1）建立如图 4-38 所示的 RL 并联仿真电路（将图 4-37 中的 C_1 换为 1 H 电感 L_1，使感抗与电阻相等，即 $X_{L1} = \omega L_1 = 1\ \text{k}\Omega = R_1$）。

（2）单击仿真运行开关，将测量结果填入表 4-3 中，根据 $\dot{U} = \dot{U}_R + \dot{U}_L$ 画出各电流的相量图（以电压为参考相量），并验证电流有效值的三角形关系 $I = \sqrt{I_R^2 + I_L^2}$。

表 4-3　　　　　　　　　　　　　正弦交流并联电路的仿真数据记录表

	RC 并联电路					RL 并联电路			
电流	I_R/mA	I_C/mA	I/mA	$\sqrt{I_R^2+I_C^2}$/mA	电流	I_R/mA	I_L/mA	I/mA	$\sqrt{I_R^2+I_L^2}$/mA
相量图					相量图				

图 4-38　RL 并联仿真电路

四、思考题

（1）数字万用表的交流电流显示值是什么值？

（2）在 RC 并联电路与 RL 并联电路中，各分电流有效值之和为什么不等于电源电流有效值？它们之间是什么关系？

仿真训练 3 功率与功率因数的提高仿真

一、仿真目的

(1)学会在 Multisim 中测量正弦交流电路功率与功率因数的方法。

(2)通过仿真训练,了解功率因数提高的意义。

(3)通过仿真训练,掌握提高感性负载功率因数的方法。

二、仿真原理

(1)正弦交流电路的有功功率是指瞬时功率在一个周期内的平均值,也是正弦交流电路中电阻所消耗的功率,$P=UI\cos\varphi$,单位为瓦(W),其中 φ 是电路中总电压 u 与总电流 i 的相位差,$\cos\varphi$ 称为电路的功率因数。

(2)正弦交流电路的无功功率是指电路中的电感元件或电容元件在与电源进行能量交换的过程中所产生的功率,$Q=UI\sin\varphi$,单位为乏(var)。

(3)视在功率是指正弦交流电路中的总电压与总电流的有效值的乘积,$S=UI$,单位为伏安(V·A)。视在功率与有功功率和无功功率之间构成功率三角形关系,$S=\sqrt{P^2+Q^2}$。

(4)功率因数 $\cos\varphi$ 的提高在电力系统中具有重要的意义。对于感性负载,提高功率因数的方法是在负载两端并联补偿电容。并联电容后,感性负载上的电压与电流均未变化,但电路中的总电流可以减小。

三、仿真内容与步骤

(1)在 Multisim 10.0 软件窗口中建立如图 4-39 所示电路,电源采用 220 V/50 Hz 的工频正弦交流电源,感性负载由 RL 串联电路构成,电感量设置为 100 mH($X_{L1}=\omega L_1=31.4\ \Omega$),电阻值取 $R_1=31.4\ \Omega$。并联的补偿电容 C_1 采用 200 μF 可调电容,并由开关控制其是否接入电路。可调电容和控制开关均可在基本元件库中选取(可在菜单 Place/Component 弹出的对话框中选取,其中的 Database 项目选 Master Database,Group 项目选 Basic,Family 项目选 Variable Capacitor,即可选出可调电容;在 Family 项目中选 Switch 即可选出控制开关)。双击可调电容或控制开关图标,使其控制按键有所区别,本图中的控制开关由默认的 A 键控制,可调电容由 B 键来调节。

(2)在电路中接入功率表(在仪器库中选取瓦特表 Wattmeter),其中功率表的电压测量端"V"并联在被测负载电路两端,电流测量端"I"串联在被测电路中。双击功率表图标得到其显示面板,可显示被测电路的有功功率和功率因数,如图 4-39 中右侧所示。

图 4-39 功率与功率因数仿真测量电路

145

(3)在电路中串联数字万用表,用来测量电路中总电流的有效值。双击其图标,在显示面板中选交流电流挡,电流有效值如图 4-39 中左侧所示。

(4)按 A 键使控制开关断开,单击仿真"运行/停止"开关,将 RL 感性负载电路的功率 P、电流 I 和功率因数(Power Factor)记录在表 4-4 中。

表 4-4　　　　　　　功率与功率因数测试的仿真数据记录表

开关状态	可变电容 调节比/%	并联补偿电容 C/μF	功率因数 cosφ(P/S)	电路总电流 I/A	电路有功功率 P/W
断开	0	无补偿电容			
闭合	0				
	10				
	20				
	25				
	30				
	50				
	80				
	100				

(5)再按 A 键使控制开关闭合,并联补偿电容被接入电路,如图 4-40 所示。通过按键 B 或(Shift+B)来调节电容的容量大小。根据表 4-4 中的可变电容调节比,在不同的容量下分别打开仿真"运行/停止"开关,将所测结果记录在表 4-4 中。

图 4-40　提高功率因数的方法

(6)根据表 4-4 中的数据,分析电路有功功率 P、电路总电流 I、功率因数 $\cos\varphi$ 与并联补偿电容的关系。

四、思考题

(1)电路中的电容容量改变时,电路的有功功率是否改变?为什么?

(2)电路中电流的大小是如何随补偿电容的容量变化而变化的?为什么?

(3)要提高感性负载的功率因数,如果不用并联补偿电容而用串联电容的方法是否可行?为什么?

仿真训练 4　RLC 串联谐振和并联谐振电路仿真

一、仿真目的

(1)进一步学会 Multisim 中正弦交流电路的电压与电流的测量方法及波形与频率特

性曲线的测量方法。

（2）通过仿真训练，进一步理解 RLC 谐振电路的谐振频率 f_0 与 Q 值的概念。

（3）通过仿真训练，掌握 RLC 串联谐振电路的特点，特别是串联谐振时电路中的电流 I 最大，L 与 C 上的电压大小相等、方向相反、是电源电压的 Q 倍的特点。

（4）通过仿真训练，掌握 RLC 并联谐振电路的特点，特别是并联谐振时电路两端的电压 U 最大，L 与 C 中的电流大小相等、方向相反、是电源电流的 Q 倍的特点。

二、仿真原理

（1）谐振现象是指在 RLC 电路中，当电路的总电压与总电流相位相同时所发生的一种特殊现象。

（2）要使电路的总电压与总电流同相，其条件是电路总阻抗的虚部为 0，即谐振的条件是感抗等于容抗（$\omega L=1/\omega C$），由此可得谐振频率为 $f_0=1/(2\pi\sqrt{LC})$。

（3）RLC 串联谐振也称为电压谐振，谐振时电路的阻抗呈纯阻性，$Z=R$，感抗等于容抗，电路中的电流最大 $I=U/R$，$U_R=U$，电感上的电压与电容上的电压大小相等、相位相反、互相抵消，且为电源电压的 Q 倍（$U_L=U_C=QU$）。

（4）RLC 并联谐振也称为电流谐振，谐振时电路两端的电压最大，导纳最小（阻抗最大），电感中的电流与电容中的电流大小相等、相位相反、互相抵消，且为总电流的 Q 倍（$I_L=I_C=QI$）。

（5）品质因数 Q 是反映谐振电路特性的一个物理量。RLC 串联谐振电路的品质因数为 $Q=\sqrt{L/C}/R$；RLC 并联谐振电路的品质因数为 $Q=R/\sqrt{L/C}$。

三、仿真内容及步骤

1. 用示波器测量 RLC 串联电路的谐振频率 f_0 与品质因数 Q

（1）在 Multisim 10.0 软件窗口中建立如图 4-41 所示的 RLC 串联电路。取电源电压有效值为 1 V，并设置 $R=1\ \Omega$，$L=10\ \text{mH}$，$C=1\ \mu\text{F}$（使谐振频率为 $f_0=1/2\pi\sqrt{LC}=1591\ \text{Hz}$，品质因数为 $Q=\sqrt{L/C}/R=100$）。接入双踪示波器测量电路中的总电压与总电流的相位。示波器的 B 通道输入端与 A 通道输入端分别用来测量 RLC 电路两端的总电压 u 和电路中的电流 i（电路中的电流 i 可通过电阻 R 上的电压间接测量，电流 i 的相位与 u_R 同相）。示波器的面板设置可参考图 4-41 所示。

图 4-41 RLC 串联电路的谐振频率测量

(2)双击正弦交流电源,设置电源的频率在 1.5~1.7 kHz 的某一值,然后单击仿真"运行/停止"开关,观察电路中电流波形与电压波形的相位是否一致,不一致则重新设置某一频率测试,逐次逼近,当电流与电压的相位同相时,对应的电源频率即电路的谐振频率 f_0,经反复测试可使 f_0 在 1.59 kHz 左右,如图 4-41 所示,图中右侧示波器显示面板的上部波形为 R 上的电压(u_R 与 i_R 波形相同),下部波形为 RLC 电路两端的电压(亦即电源电压 u)。此时电阻上的电压与电源电压大小相等,相位相同,$u_R = u$,$U_R = U = 1$ V,$U_L = U_C = 100$ V,$Q = U_L/U = 100$,u_L 与 u_C 的波形如图 4-42 中右侧示波器显示面板所示,两者相位相反,$u_L + u_C = 0$。

图 4-42 RLC 串联谐振电路中 u_L 与 u_C 的波形测量

2.用波特图仪测量 RLC 串联谐振电路的频率特性

波特图仪(Bode Plotter)是一种测量和显示电路的幅频特性和相频特性的仪器,它能够产生一个频率范围很宽的扫频信号,用来分析电路的频率特性。波特图仪有输入和输出两组端口,它的输入端接被测电路的输入端,输出端接被测电路的输出端。

(1)从仪器库中选取波特图仪,输入端接在 RLC 电路的两端,输出端接在电阻 R 两端,用于测量 RLC 电路中的电流($i = u_R/R$),电路如图 4-43 所示。

图 4-43 用波特图仪测量串联谐振电路的频率特性

(2)双击波特图仪,打开设置面板。在显示模式(Mode)区,Magnitude 用来显示被测电路的幅频特性,Phase 用来显示被测电路的相频特性。在 Horizontal 区,设置 X 轴的刻度为线性(Lin),设置频率的初始值(I, Initial)为 1 kHz,频率的最终值(F, Final)为 2 kHz。在 Vertical 区,设置纵轴的刻度为线性(Lin)。在控制(Controls)区,单击 Set,设置扫描的分辨率为 1000(设置的数值越大,分辨率越高,但运行时间越长)。

(3)单击仿真"运行/停止"开关,选择显示模式中的 Magnitude,得到该电路的幅频特性曲线如图 4-44(a)所示。选择显示模式中的 Phase，得到该电路的相频特性曲线如图 4-44(b)所示。移动图中波特图仪的垂直游标至幅频曲线峰值处，由其指示值可见，电路的谐振频率为1.591 kHz。此时电路中的电流 I 幅值（Magnitude）最大，相位（Phase）为 0°。

(a)串联谐振电路的幅频特性曲线

(b)串联谐振电路的相频特性曲线

图 4-44　串联谐振电路的频率特性测量

3. 用交流分析法分析 RLC 串联谐振电路的谐振频率 f_0。

除了通过测量电路的总电压 u 与总电流 i 的波形是否同相来确定谐振频率 f_0 外，也可以通过对电路中总电流 i 的交流分析（AC Analysis）来确定其谐振频率 f_0，电流 i 的交流分析有大小分析与相位分析两种。电路中的电流 i 在不同的频率时有不同的幅值和不同的相位。在谐振时，电路中电流 i 的幅值最大，电流 i 的相位与电源电压的相位相同都为 0°。图 4-45 是对本仿真电路中电流 i 的交流分析的结果，上部图形为电流的幅度（Magnitude）随频率变化的曲线，下部图形为电流的相位（Phase）随频率变化的曲线，在电流最大或相位为 0°时所对应的频率就是谐振频率 f_0，该频率也可经交流分析后通过 Excel 表格输出具体的数值。

交流分析（AC Analysis）的方法可仿照直流工作点分析法，在单击 Simulate/Analysis/AC Analysis 后，弹出交流分析设置对话框，在频率参数选项卡（Frequency Parameters）中，设置合适的交流分析的初始频率（Start Frequency）和终止频率（Stop Frequency），水平坐标轴的频率的扫描类型（Sweep Type）可设置为线性（Linear），每 10 倍频率之间的频率采样点数（Number of Points Per）可设置在 1000 左右，纵坐标的刻度（Vertical）可设置为线性；然后在输出项目（Output）选项卡中，将左边的电路参数中的

图 4-45　电流 i 的交流分析结果（i 的幅值与相位随频率 f 的变化情况）

电流（I）添加（Add）到右边输出端；最后单击 Simulate 按钮，即得到图 4-43 所示的电路中的电流 i 经交流分析后的仿真结果。由图 4-45 可见，电路的谐振频率为 1.59 kHz 左右。此时电路中的电流 I 幅值（Magnitude）最大，相位（Phase）为 0°。

4. 用电压表测量 RLC 串联谐振电路中各元件上的电压值

（1）创建如图 4-46 所示的 RLC 串联谐振电路，各元件两端并联接入数字万用表，并在双击数字万用表图标后出现的显示面板中设置为测量交流电压有效值。

图 4-46　RLC 串联谐振电路的电压测量

（2）单击仿真"运行/停止"开关，将仿真所得到的谐振频率及各元件上的电压值记录在表 4-5 中，并计算该电路的 Q 值（$Q=U_L/U$）及谐振电流 I_0（$I_0=U_R/R$）。

（3）将仿真数据与理论计算值进行分析比较。

表 4-5　　　　　　　　　　　　　RLC 串联谐振电路仿真数据记录表

参数	f_0/kHz	U/V	U_R/V	U_L/V	U_C/V	$I_0(=U_R/R)/\text{A}$	$Q=U_L/U$
测量值							
计算值							

150

5.测量 RLC 并联谐振电路中各支路的电流值

(1)建立如图 4-47 所示 RLC 并联谐振电路,设置电源的频率 f 使电路处于谐振状态。在各支路中串联数字万用表,用来测量各支路的电流的大小,在双击数字万用表图标后的显示面板中设置为测量交流电流有效值。

图 4-47　RLC 并联谐振电路的电流测量

(2)单击仿真"运行/停止"开关,将仿真所得到的谐振频率及各支路中的电流值记录在表 4-6 中,并计算该电路的 Q 值($Q=I_L/I$)及谐振电压 U_0($U_0=I_RR$)。

(3)将仿真数据与理论计算值进行分析比较。

表 4-6　　　　　　　　RLC 并联谐振电路仿真数据记录表

参数	f_0/kHz	I/mA	I_R/mA	I_L/A	I_C/A	$U_0(=I_RR)/\text{V}$	$Q=I_L/I$
测量值							
计算值							

四、思考题

(1)在 RLC 串联谐振电路中,若将 R 值取为 1 kΩ,则表 4-5 中各项的值应为多少?

(2)在 RLC 串联谐振电路中,若将 L 值取为 10 mH,C 值取为 100 pF,则谐振频率和 Q 值分别为多少?

(3)在 RLC 并联谐振电路中,若将 R 值取为 1 Ω,则表 4-6 中各项的值如何变化?

【技能训练】

技能训练 1　RC 串联的正弦交流电路测量

一、训练目的

(1)验证 RC 串联正弦交流电路中的总电压 u 与 R、C 元件电压 u_R、u_C 之间的关系,加深理解 RC 串联容性电路中电压滞后电流的相位特性。

(2)进一步熟悉示波器与信号发生器的操作使用方法,正确识读被测信号波形的频率与幅度。

二、训练说明

在 RC 串联正弦交流电路中,总电压等于各元件上电压的相量和,即 $\dot{U} = \dot{U}_R + \dot{U}_C$。总电压的有效值为 $U = \sqrt{U_R^2 + U_C^2}$,其值可用毫伏表测量或通过示波器的波形读出;总电压 u 滞后电流 i 的相位差为 φ,$\varphi = \arctan\dfrac{X_C}{R}$,电压与电流的相位差可通过示波器观察。

三、训练器材

电阻 $R(100\ \Omega)$ 1 只,电容 $C(1\ \mu F)$ 1 只,数字万用表(自备)1 只,函数信号发生器 1 台,双踪示波器 1 台,交流毫伏表 1 台,连接导线若干。

四、测试步骤

(1)用数字万用表分别测量 R、C 元件的参数,将数据填入表 4-7 中。

表 4-7　　　　　　　　　　　　　**RC 串联电路测试数据记录表**

测量项目	R/Ω	$C/\mu F$	f/kHz	X_C/Ω	$u_R/V_{\text{P-P}}$	$u_C/V_{\text{P-P}}$	$u/V_{\text{P-P}}$	$\varphi = \psi_u - \psi_i$
测量值								

(2)按图 4-48 连接 RC 串联测量电路,函数信号发生器输出频率 f 约为 1.6 kHz,幅度(u_S 的峰-峰值)约为 2.5 $V_{\text{P-P}}$ 的正弦波。

(3)用双踪示波器测量 u_R 和 u_C 波形(两个输入通道连接线的黑线接 R、C 元件的中点),微调信号发生器的频率,使 u_R 与 u_C 的幅度相等(此时有 $X_C = R$),将其频率 f 的数值记入表 4-7 中,并计算 $X_C = \dfrac{1}{2\pi fC}$ 的值。

(4)调节信号发生器输出正弦波的幅度,使 u_R 与 u_C 的幅度为 1 $V_{\text{P-P}}$ 左右,然后再测量 RC 串联电路的总电压 u,将这三个电压的幅值记入表中。

(5)根据 $\dot{U} = \dot{U}_R + \dot{U}_C$,分析是否有 $U = \sqrt{U_R^2 + U_C^2}$ 关系。

(6)观察电路总电压与电流的相位差 φ。用示波器的输入 1 采样电路中电流的波形(通过测量电阻两端的电压 u_R 而得,电流的相位与 u_R 相位相同),输入 2 测量信号源两端电压 u_S 的波形,观察两者之间相位的超前与滞后关系,将两个波形之间的相位差 φ 记录在表 4-7 中。

图 4-48　RC 串联测量电路

五、思考题

(1)数字万用表测量交流电压的最高频率是多少？能否用数字万用表来测量该电路中的电压及电流？

(2)以电流为参考相量（$\dot{I} = I\,\underline{/0^\circ}$ A），画出 $\dot{U}_R$、$\dot{U}_C$、$\dot{U}$ 的相量图。

(3)若将 C 换成 $100\ \Omega$ 的电阻，使电路变为两只 $100\ \Omega$ 电阻串联的电路，则总电压 U 与 U_{R1}、U_{R2} 的关系如何？写出 U 与 U_{R1}、U_{R2} 的关系式。

技能训练2 日光灯电路的安装与功率的测量

一、训练目的

(1)了解日光灯电路的工作原理，学会安装日光灯电路。

(2)了解交流电路中视在功率和有功功率的概念，进一步理解有功功率的含义。

拓展：日光灯电路的
连接与测试

二、训练说明

日光灯电路由灯管、镇流器、启辉器三部分组成，如图 4-49 所示。

当电路开关刚接通时，电源电压全加在启辉器两端，此时启辉器产生辉光放电，使双金属片受热膨胀而接通，电源经镇流器、灯管的两极灯丝及启辉器形成通路，灯管的灯丝受到预热，经 $1\sim3$ s 后，启辉器因触点接通（阻值可视为 0）、温度下降而自动开路，于是镇流器两端瞬间产生较高的自感电压（$400\sim600$ V），该电压与电源电压叠加后加在灯管两端，将管内气体击穿而产生弧光放电，从而使日光灯点亮。日光灯点亮后，相当于一个纯电阻，镇流器的阻抗则起到限流降压的作用，使灯管两端的电压比电源低得多（根据不同的灯管功率该电压可在 $50\sim100$ V，且该电压不足以使启辉器放电，其触点不再闭合），从而维持日光灯正常工作。

在日光灯电路中，视在功率是电路两端的总电压与总电流的乘积，有功功率是电路的总电阻（主要是日光灯灯管的等效电阻 R，另外还包括镇流器的电阻 R_L）上所消耗的功率，无功功率是镇流器的电感 L 上的功率。三者之间为功率三角形的关系：$S^2 = P^2 + Q^2$。

三、训练器材

灯管、镇流器、启辉器、开关各 1 只，功率表 1 只，数字万用表 1 只，连接导线若干。

四、测试步骤

(1)按图 4-49 连接好电路。

(2)检查电路正确无误后，接通开关 S，点亮日光灯的灯管。

(3)按表 4-8 要求，分别测量有关数据，将结果填入表 4-8 中。其中 U 为电源供电电压，U_L 为镇流器两端电压，U_R 为灯管两端电压，I_l 为串路中的交流电流，P 为功率表的指示值。

(4)切断开关 S，用万用表测量镇流器的电阻值 R_L，填入表 4-8 中。

(5)计算灯管的等效电阻：$R = U_R / I_l$，填入表 4-8 中。

(6)计算灯管的有功功率：$P_R = U_R \cdot I_l$，填入表 4-8 中。

(7)计算镇流器电阻上消耗的功率：$P_{RL} = I_l^2 \cdot R_L$，填入表 4-8 中。

(8)计算电路的视在功率:$S=U \cdot I_L$,填入表 4-8 中。

(9)计算电路的无功功率:$Q = \sqrt{S^2 - P^2}$,填入表 4-8 中。

(10)比较功率表的读数值 P 与电路测量值 P' 之间的误差:$\Delta P = P - P'$,其中 $P' = P_R + P_{RL}$。

图 4-49　日光灯电路

表 4-8　　　　日光灯电路测试数据记录表

测量值						计算值					
U/V	U_L/V	U_R/V	I_L/mA	P/W	R_L/Ω	R/Ω	P_R/W	P_{RL}/W	S/VA	Q/var	$\Delta P/P-P'$

五、注意事项

(1)认真检查实验电路,特别注意接线时别把镇流器短路,以免烧坏日光灯。

(2)日光灯启动时的电流较正常工作时的电流大,用数字万用表串联接入电路中测其电流时,应选用 10 A 交流电流挡。

(3)安全用电,注意人身安全,以防触电。

六、思考题

(1)为什么镇流器的功率应与灯管相匹配?

(2)比较功率表读数与灯管消耗功率的大小,并说明产生误差的主要原因。

技能训练 3　RLC 串联谐振电路的测量

一、训练目的

(1)验证串联谐振电路的特点。

(2)测绘串联谐振电路的谐振曲线。

二、训练说明

(1)串联谐振。在 RLC 串联电路中,当满足感抗等于容抗($\omega L = 1/\omega C$)时,电路产生谐振,因此电路的谐振频率为 $f_0 = 1/(2\pi\sqrt{LC})$。在谐振时,电路总阻抗等于电阻,且为最小,$Z = R + j\omega L - j1/\omega C = R$,电路中的电流达最大,$I_0 = U_s/R$,且电流与总电压同相。

(2)谐振曲线。RLC 串联电路的端电压一定时,电路中电流有效值随频率变化的关系用曲线表示,称为电流谐振曲线。曲线顶点为谐振点,其对应的频率即谐振频率 f_0。品质因数 Q 值的大小标志着电路的频率选择性,通常规定电流为最大值的 $1/\sqrt{2}$(约为0.707)的两点频率之差为通频带宽度,其值为 $\Delta f = f_2 - f_1 = f_0/Q$。$Q$ 越大,通频带宽度越小,谐振曲线越尖锐,电路的频率选择性越强。

三、训练器材

函数信号发生器 1 台，晶体管毫伏表（或双踪示波器）1 台，电阻（10 Ω）1 只，电容（0.01 μF）1 只，电感（10 mH）1 只，RLC 数字电桥（测量电感线圈的电阻与电感量）1 只，导线若干。

四、测试步骤

1. 确定谐振频率，验证谐振电路的特点

（1）用 RLC 数字电桥测量 R、L、C 元件参数（需特别注意的是影响谐振电路 Q 值的电感线圈的电感量 L 与等效电阻 r 值），将数据记录在表 4-9 中。

表 4-9   *RLC* 串联谐振电路测试数据表

参数	R/Ω	r/Ω	L/mH	$C/\mu\text{F}$	f_0/Hz	$I_0 = U_R/R$	U_R/V	U_{rL}/V	U_C/V
测量值									
理论值									

（2）按图 4-50（a）连接线路。将函数信号发生器的输出调至 16 kHz/2.5 V$_{\text{P-P}}$ 的正弦波。

(a) *RLC* 串联谐振电路　　　　　　　(b) 绘制电流谐振曲线

图 4-50　*RLC* 串联谐振测试电路

（3）用晶体管毫伏表（或双踪示波器）测量电阻 R 两端电压，并连续微调信号发生器的输出频率，使 U_R 为最大，这时电路发生串联谐振，且电路中的电流为最大值（I_0）。按表 4-9 要求测量有关量，并将测量数据记入表 4-9 中。

（4）将所测数据与理论值进行比较。并根据所测得的各元件上的电压，分析串联谐振电路的特点和该电路的 Q 值。

2. 测绘谐振曲线

（1）电路同上，函数信号发生器输出电压仍为 2.5 V$_{\text{P-P}}$。

（2）在谐振频率两侧调节信号发生器输出频率，在 f_0 周围选取 9 个点（包括 f_0，左右各取 4 个点），频率间隔 200 Hz，分别测量各频率点的 U_R，并填入表 4-10 中。

（3）计算 $I(I = U_R/R)$ 的值并填入表 4-10 中。

（4）根据表 4-10，在图 4-50（b）中绘出该 RLC 串联谐振电路的谐振曲线，并确定该电路的通频带的下限频率 f_L 和上限频率 f_H（上、下限频率为电路中 $I = 0.707 I_0$ 所对应的两个频率点）。

表 4-10　　　　　*RLC* 串联谐振曲线测试数据表

频率/Hz	f_0-800	f_0-600	f_0-400	f_0-200	f_0	f_0+200	f_0+400	f_0+600	f_0+800
f/Hz									
U_R/mV									
I/mA									

五、注意事项

(1)谐振曲线测试过程中,信号发生器所输出的电压应保持不变,只改变输出频率。

(2)当用示波器测量电阻 R 的电压波形时,应及时切换输入衰减和扫描时间,以便读出波形的幅度。

六、思考题

(1)*RLC* 串联谐振电路的电流测量为何采用间接测量法(通过测量 U_R 后求出电流 I)?

(2)电阻 R 两端的电压为何低于信号源电压(一般函数信号发生器的输出电阻约为 50 Ω,10 mH 电感按不同的规格其等效电阻值有几十欧)? 信号发生器的内阻对串联谐振电路的 Q 值有什么影响?

本 章 小 结

1. 阻抗和导纳

阻抗:$Z=R+\mathrm{j}X$ 或 $Z=|Z|\underline{/\varphi}$,阻抗与电流、电压的关系为:$Z=\dfrac{\dot{U}}{\dot{I}}$。

导纳:$Y=G+\mathrm{j}B$ 或 $Y=\dfrac{1}{Z}=|Y|\underline{/\varphi'}$,导纳与电流、电压的关系为:$Y=\dfrac{\dot{I}}{\dot{U}}$。

导纳与阻抗之间的等效转换关系为

$$G=\frac{R}{R^2+X^2},B=-\frac{X}{R^2+X^2}。$$

2. *RLC* 串联电路

总电压为 $\dot{U}=\dot{U}_R+\dot{U}_L+\dot{U}_C=R\dot{I}+\mathrm{j}\omega L\dot{I}-\mathrm{j}\dfrac{1}{\omega C}\dot{I}=(R+\mathrm{j}\omega L-\mathrm{j}\dfrac{1}{\omega C})\dot{I}=(R+\mathrm{j}X)\dot{I}$。

等效阻抗为 $Z=R+\mathrm{j}\omega L-\mathrm{j}\dfrac{1}{\omega C}=R+\mathrm{j}(X_L-X_C)=R+\mathrm{j}X$。

在复平面上 $Z=R+\mathrm{j}X$ 构成阻抗三角形关系,阻抗三角形的各条边乘以电流可得电压三角形关系 $\dot{U}=\dot{U}_R+\mathrm{j}\dot{U}_X$,电压三角形的各条边再乘以电流可得功率三角形关系 $\overline{S}=P+\mathrm{j}Q$。

3. *RLC* 并联电路

总电流为 $\dot{I}=\dot{I}_R+\dot{I}_L+\dot{I}_C=\dfrac{1}{R}\dot{U}-\mathrm{j}\dfrac{1}{\omega L}\dot{U}+\mathrm{j}\omega C\dot{U}=(\dfrac{1}{R}-\mathrm{j}\dfrac{1}{\omega L}+\mathrm{j}\omega C)\dot{U}=(G+\mathrm{j}B)\dot{U}$。

等效导纳为 $Y=G-\mathrm{j}\dfrac{1}{\omega L}+\mathrm{j}\omega C=G+\mathrm{j}B$。

在复平面上 $Y=G+jB$ 构成导纳三角形关系,导纳三角形的各条边乘以电压可得电流三角形关系 $\dot{I}=\dot{I}_R+j\dot{I}_X$,电流三角形的各条边再乘以电压可得功率三角形关系 $\overline{S}=P+jQ$。

4. 阻抗的串并联

在正弦交流电路中,各元件均用复阻抗表示时,阻抗的串并联计算与直流电路相同。

两阻抗串联时有:$Z=Z_1+Z_2$,且电压比等于阻抗比:$\dfrac{\dot{U}}{\dot{U}_1}=\dfrac{Z}{Z_1}$,$\dfrac{\dot{U}}{\dot{U}_2}=\dfrac{Z}{Z_2}$ 或 $\dfrac{\dot{U}_1}{\dot{U}_2}=\dfrac{Z_1}{Z_2}$。

两阻抗并联时有:$Z=\dfrac{Z_1Z_2}{Z_1+Z_2}$,电流比等于阻抗比的倒数:$\dfrac{\dot{I}_2}{\dot{I}_1}=\dfrac{Z_1}{Z_2}$。

5. 正弦交流电路的相量图求解法

对于一些不太复杂的正弦交流电路,可用相量图法来求解。首先选定一个参考相量(初相为 $0°$),然后以该参考相量为基准,画出其余电压或电流的相量图,再通过相量形式的欧姆定律和基尔霍夫定律及三角函数关系求解电路。在串联电路中常以电流为参考相量,在并联电路中常以电压为参考相量。

6. 正弦交流电路中的功率

有功功率:$P=UI\cos\varphi$。

无功功率:$Q=UI\sin\varphi$。

视在功率:$S=UI$。

三者之间的关系为:$P=S\cos\varphi$,$Q=S\sin\varphi$,$S=\sqrt{P^2+Q^2}$,$\varphi=\arctan\dfrac{Q}{P}$。

复功率:$\overline{S}=\dot{U}\dot{I}^*=UI\underline{/\psi_u-\psi_i}=P+jQ$。

7. 谐振

谐振是指在 RLC 电路中当电路总电压与总电流相位相同时所发生的一种特殊现象。

串联谐振时,电路阻抗的虚部为 0,阻抗最小,在一定的外加电压下电流最大,电感与电容上的电压大小相等、方向相反,且为电路总电压的 Q 倍。串联谐振又叫电压谐振。

并联谐振时,电路导纳的虚部为 0,导纳最小(阻抗最大),在一定的外加电流下电压最大,电感与电容中的电流大小相等、方向相反,且为电路总电流的 Q 倍。并联谐振又叫电流谐振。

RLC 谐振电路的谐振角频率 ω_0 均可由电路的总阻抗或总导纳的虚部为 0 求得,理想的 RLC 串联谐振电路或并联谐振电路的谐振频率均为

$$\omega_0=\frac{1}{\sqrt{LC}} \quad \text{或} \quad f_0=\frac{1}{2\pi\sqrt{LC}}$$

Q 值是反映谐振电路性能的一个物理量。Q 值的定义式为

$$Q=\frac{无功功率}{有功功率}=\frac{Q_L}{P}=\frac{Q_C}{P}$$

由此可得 RLC 串联谐振电路的 Q 值为 $Q=\dfrac{\rho}{R}$,RLC 并联谐振电路的 Q 值为 $Q=\dfrac{R}{\rho}$。其中 $\rho=\sqrt{\dfrac{L}{C}}$ 称为电路的特性阻抗,是谐振时的感抗 $\omega_0 L$ 或容抗 $\dfrac{1}{\omega_0 C}$。

RLC 串联谐振和并联谐振电路的频率特性分别由电流谐振曲线和电压谐振曲线来

反映。电路的 Q 值越大,谐振曲线越尖锐,选频特性越好,但通频带越窄;电路的 Q 值越小,谐振曲线越平坦,选频特性越差,但通频带越宽。通频带 BW 与 Q 值的关系为

$$BW = \frac{f_0}{Q}$$

串、并联谐振电路的知识要点与特性比较见表 4-11。

表 4-11 串、并联谐振电路的知识要点与特性比较

谐振概念	在含有 RLC 的二端网络中,若端电压 u 与电流 i 的相位相同,即该网络的总阻抗 Z(或总导纳 Y)为实数,这种现象称为谐振	
谐振类型	RLC 串联谐振	RLC 并联谐振
电路形式		
适用电源	适用于电压源(电源内阻很小) R 包括电压源内阻和线圈等效电阻	适用于电流源(电源内阻很大) R 包括电流源内阻和线圈的等效并联电阻 (谐振时线圈的等效并联电阻为 L/RC)
谐振条件	$X_L = X_C, \omega L = \dfrac{1}{\omega C}$	$B_C = B_L, \omega C = \dfrac{1}{\omega L}$
谐振频率	$\omega_0 = \dfrac{1}{\sqrt{LC}}, f_0 = \dfrac{1}{2\pi\sqrt{LC}}$	$\omega_0 = \dfrac{1}{\sqrt{LC}}, f_0 = \dfrac{1}{2\pi\sqrt{LC}}$
特性阻抗	$\rho = \sqrt{\dfrac{L}{C}}$	$\rho = \sqrt{\dfrac{L}{C}}$
品质因数	$Q = \dfrac{\rho}{R} = \dfrac{1}{R}\sqrt{\dfrac{L}{C}} = \dfrac{\omega_0 L}{R} = \dfrac{1}{\omega_0 CR}$	$Q = \dfrac{R}{\rho} = R\sqrt{\dfrac{C}{L}} = \dfrac{R}{\omega_0 L} = \omega_0 CR$
谐振时总阻抗 Z_0	$Z_0 = R$,最小	$Z_0 = R$,最大(总导纳最小,$Y_0 = 1/R$)
谐振时总电流 I_0 或总电压 U_0	$I_0 = \dfrac{U_S}{R}$,最大	$U_0 = RI_S$,最大
元件电压或电流	$U_{R0} = RI_0 = U_S$,$U_{L0} = U_{C0} = QU_S$	$I_{R0} = U_0/R = I_S$,$I_{L0} = I_{C0} = QI_S$
谐振性质	LC 部分短路($X=0$),发生电压谐振	LC 部分开路($B=0$),发生电流谐振
谐振曲线	 电流谐振曲线	 电压谐振曲线
通频带与 Q 的关系	$BW = \Delta f = f_H - f_L = \dfrac{f_0}{Q}$	$BW = \Delta f = f_H - f_L = \dfrac{f_0}{Q}$

4-1 求如图 4-51 所示电路的等效阻抗和导纳。

4-2 RL 串联电路如图 4-52(a)所示,试用阻抗与导纳的等效变换将其变换为如图 4-52(b)所示的 RL 并联电路,已知电路频率为 $f=50$ Hz,求出 Y、G、B_L 的大小。

图 4-51 习题 4-1 图

图 4-52 习题 4-2 图

4-3 RL 串联电路如图 4-53 所示,$R=30$ Ω,$jX_L=j40$ Ω,$\dot{I}=2.4 \angle 0°$ A,求 $\dot{U}_S$。

4-4 RC 并联电路如图 4-54 所示,$G=0.32$ S,$jB_C=j0.24$ S,$\dot{U}_S=50 \angle 0°$ V,求 $\dot{I}$。

图 4-53 习题 4-3 图

图 4-54 习题 4-4 图

4-5 在 RLC 串联电路中,已知 $R=100$ Ω,$L=25$ mH,$C=8$ μF,端电压为 $u=200\sqrt{2}\sin(5\times10^3 t+45°)$ V,求:电路中的总阻抗 Z,总电流 $\dot{I}$,各元件上的电压 $\dot{U}_R$、$\dot{U}_L$、$\dot{U}_C$,并画出电流和各电压的相量图。

4-6 在 RLC 并联电路中,已知 $R=4$ Ω,$L=20$ μH,$C=0.3$ μF,电路总电流为 $i=2\sqrt{2}\sin(10^6 t+45°)$ A,求:电路中的总导纳 Y,总电压 $\dot{U}$,各元件中的电流 $\dot{I}_R$、$\dot{I}_L$、$\dot{I}_C$,并画出电压和各电流的相量图。

4-7 电路如图 4-55 所示,已知 $R=10$ Ω,$-jX_C=-j10$ Ω,$jX_L=j10$ Ω,$\dot{U}_R=100 \angle 0°$ V,求 $\dot{I}$ 和 $\dot{U}_S$,并画出各电流与电压的相量图。

4-8 用相量图求解法计算图 4-56 所示各电路中电表的读数,并画出有关电流、电压的相量图。

图 4-55 习题 4-7 图

图 4-56 习题 4-8 图

4-9 用相量图求解法计算图 4-57 所示各电路中电表的读数,并画出有关电流、电压的相量图。

图 4-57 习题 4-9 图

4-10 用相量图求解法计算如图 4-58 所示各电路中电压表的读数,并画出有关电流、电压的相量图。

图 4-58 习题 4-10 图

4-11 电路如图 4-59 所示,用相量图求解法计算电压表的读数,并画出有关电流、电压的相量图。

图 4-59 习题 4-11 图

4-12 电路如图 4-60 所示,已知 $R_1 = 4\ \Omega$,$R_2 = 3\ \Omega$,$R_1 L_1$ 两端电压有效值为 $U_1 = 17\ \mathrm{V}$,$R_2 C_2$ 两端电压有效值为 $U_2 = 10\ \mathrm{V}$,电路总电流为 $I = 2\ \mathrm{A}$,试计算 U_{L1}、U_{C2} 及总电压 U_S 的大小。

4-13 电路如图 4-61 所示,已知电压有效值 $U_1 = 100\sqrt{2}\ \mathrm{V}$,$U = 500\sqrt{2}\ \mathrm{V}$,电流有效值 $I_2 = 30\ \mathrm{A}$,$I_3 = 20\ \mathrm{A}$,电阻 $R_1 = 10\ \Omega$,求电压 U_{X1}、U_2 及电抗 X_1、X_2 和 X_3。

图 4-60 习题 4-12 图   图 4-61 习题 4-13 图

4-14 电路如图 4-62 所示。(1)求:Z、$\dot{I}$、$\dot{I}_1$、$\dot{I}_2$、$\dot{U}_{ab}$;(2)画出 $\dot{U}$、$\dot{I}$、$\dot{I}_1$、$\dot{I}_2$ 的相量图。

4-15 用电压法测量 R 和 C 参数的电路如图 4-63 所示。已知 $R_1 = 10\ \Omega$,正弦电源的频率 $f = 50$ Hz。现测得:$U_S = 10\sqrt{5}$ V,$U_1 = 10\sqrt{2}$ V,$U_2 = 10$ V。

(1)求电路中的总电流 I,R 与 C 并联电路的阻抗 $|Z_{RC}|$,电路总阻抗 $|Z|$;

(2)求 R 和 X_C;

(3)以 $\dot{U}_2$ 为参考相量,画出 $\dot{U}_2$、$\dot{U}_1$、$\dot{I}$、$\dot{U}_S$ 的相量图。

图 4-62 习题 4-14 图   图 4-63 习题 4-15 图

4-16 有一感性负载 $Z = 40 + j30\ \Omega$,接在 $\dot{U}_S = 220\underline{/0^\circ}$ V 的正弦交流电源上,电路如图 4-64 所示。求电路的有功功率 P、无功功率 Q、视在功率 S。

4-17 电路如图 4-65 所示,已知 $\dot{U}$ 与 $\dot{I}$ 同相,$I = 3$ A,电路吸收的有功功率为 $P = 34$ W,试求 I_1、I_2。

4-18 电路如图 4-66 所示,已知 $U = 20$ V,电感支路消耗的功率为 $P_1 = 16$ W,功率因数 $\cos\varphi_1 = 0.8$;电容支路消耗的功率为 $P_2 = 24$ W,功率因数为 $\cos\varphi_2 = 0.6$。求 I_1、I_2 和总电流 I,以及电路的复功率 $\bar{S}$。

图 4-64 习题 4-16 图   图 4-65 习题 4-17 图   图 4-66 习题 4-18 图

4-19 在如图 4-67 所示电路中,已知:$R_1 - 5\ \Omega$,$R_2 = 10\ \Omega$,$X_{C1} - X_{C2} - 5\ \Omega$,$X_L = 15\ \Omega$,$u = 10\sqrt{2}\sin(\omega t + \frac{\pi}{2})$ V。求:(1)电路总复阻抗 Z;(2)电路总电流 $\dot{I}$;(3)R_2 上的电压 $\dot{U}_{R2}$;(4)电路总有功功率 P。

4-20 在如图 4-68 所示的 RLC 串联谐振电路中,已知端口电压 $U = 20$ mV,$R = 10\ \Omega$,$L = 200\ \mu$H,$C = 200$ pF。求:(1)谐振角频率 ω_0、特性阻抗 ρ、品质因数 Q;(2)谐振

时的电路总电流 I、电阻电压 U_R、电感电压 U_L、电容电压 U_C；(3)画出电流与各电压的相量图。

4-21 在图 4-69 所示的 RLC 并联谐振电路中，已知总电流 $I_S = 1\ \text{mA}$，$R = 10\ \text{k}\Omega$，$L = 100\ \text{mH}$，$C = 1\ \mu\text{F}$。求：(1)电路的谐振角频率 ω_0、特性阻抗 ρ、品质因数 Q；(2)谐振时的电压 U、电阻中的电流 I_R、电感中的电流 I_L、电容中的电流 I_C；(3)画出电压与各电流的相量图。

图 4-67 习题 4-19 图   图 4-68 习题 4-20 图   图 4-69 习题 4-21 图

4-22 在图 4-70 所示电路中，$U = 220\ \text{V}$，$C = 1\ \mu\text{F}$。(1)当电源角频率 $\omega_1 = 1000\ \text{rad/s}$ 时，$U_R = 0\ \text{V}$；(2)当电源角频率 $\omega_2 = 2000\ \text{rad/s}$ 时，$U_R = U = 220\ \text{V}$。试求电路参数 L_1 和 L_2。

图 4-70 习题 4-22 图

【教学导航】

【教学目标】
➢ 了解互感现象的基本概念,互感系数与耦合系数的定义;
➢ 掌握互感元件同名端的概念,互感电压极性的判别方法;
➢ 掌握互感元件的等效受控源模型和互感电路的分析方法;
➢ 学会互感串联电路和并联电路的互感消去法;
➢ 掌握理想变压器的条件及电压、电流、阻抗变换的特性;
➢ 了解一般变压器和特殊变压器的分析方法与实际应用。

【教学重点】
➢ 互感元件同名端的概念,互感电压极性的判别方法;
➢ 互感元件的等效受控源模型与互感电路的 KCL、KVL 方程;
➢ 互感串联电路和并联电路的互感消去法;
➢ 理想变压器的条件及电压、电流、阻抗变换的特性。

【教学难点】
➢ 互感元件同名端的判别,互感电压极性的判别;
➢ 互感电路的 KCL、KVL 方程;
➢ 互感消去法的灵活应用;
➢ 一般变压器的分析方法;
➢ 理想变压器的条件及阻抗变换特性。

【参考学时】 8 学时

5.1 互感元件

5.1.1 互感元件基本概念

互感在工程上应用广泛,变压器就是典型的互感元件。我们知道,只要穿过线圈的磁通发生变化,线圈中就会感应出电压。当一个线圈中电流

互感现象

变化而引起磁通变化时,不仅在本线圈中产生感应电压,在邻近的其他线圈中也会产生感应电压。如图 5-1 所示是两个位置较近线圈的互感现象。

图 5-1　两个位置较近线圈的互感现象

在开关 S 闭合或断开瞬间以及改变 RP 的阻值时,检流计 P 的指针都会发生偏转。

我们把由于一个线圈中的电流发生变化而在另一线圈中产生电磁感应的现象称为互感现象,简称互感。由互感产生的感应电压称为互感电压,用 u_M 表示。利用互感现象可以把能量从一个线圈传递到另一个线圈,因此在电工技术和电子技术中有广泛的应用。变压器就是互感现象应用的一个典型实例,它能把加在变压器原边线圈上的某种电压等级的电压通过互感现象传递到变压器副边线圈变成另一种(或多种)电压等级的电压输出。

下面了解一下互感现象产生的原因。如图 5-2 所示的两个位置较近的线圈 1 和线圈 2,当线圈 1 中电流 i_1 流动时,在线圈 1 中会有它所产生的磁通 Φ_{11},同时在线圈 1 中会有感应电压产生。(注:本节中磁通、电压等量采用双下标的含义是,第一个下标表示该量所在线圈的编号,第二个下标表示产生该量的原因所在线圈的编号。)从图中可以看出磁通 Φ_{11} 的一部分还穿过线圈 2,设这部分磁通为 Φ_{21},当 i_1 变化时,Φ_{21} 将随之变化,这样在线圈 2 中同样会产生感应电压。我们就说这两个线圈间有磁耦合存在。这种由于邻近线圈中的电流变化而在此线圈中产生感应电压的现象称为互感现象,这种电压称为互感电动势或互感电压,Φ_{21} 称为互感磁通。

图 5-2　两个线圈的互感

当线圈附近没有铁磁材料时,两线圈间的互感是一个与各线圈中所通过的电流无关的常量,它只与两线圈的几何尺寸、匝数、相互位置和线圈附近媒质的磁导率有关。如果把两个线圈一同绕在一个用铁磁物质制成的铁芯上,例如电力变压器,那么情况就不同了。这时,磁通链将是电流的非线性函数。在本书中我们认为互感是与电流大小无关的

常量，这样互感电压可以写为

$$e_{21} = -\frac{\mathrm{d}\Psi_{21}}{\mathrm{d}t} = -M_{21}\frac{\mathrm{d}i_1}{\mathrm{d}t} \qquad u_{21} = M_{21}\frac{\mathrm{d}i_1}{\mathrm{d}t} \left.\right\}$$

$$e_{12} = -\frac{\mathrm{d}\Psi_{12}}{\mathrm{d}t} = -M_{12}\frac{\mathrm{d}i_2}{\mathrm{d}t} \qquad u_{12} = M_{12}\frac{\mathrm{d}i_2}{\mathrm{d}t} \left.\right\} \tag{5-1}$$

可以证明互感系数 M_{12} 和 M_{21} 是相等的（证明从略）。因此今后当只有两个互相耦合的线圈存在时，可以略去下标而直接以 M 表示，这样上列公式可写为

$$e_{21} = -M\frac{\mathrm{d}i_1}{\mathrm{d}t} \qquad u_{21} = M\frac{\mathrm{d}i_1}{\mathrm{d}t} \left.\right\}$$

$$e_{12} = -M\frac{\mathrm{d}i_2}{\mathrm{d}t} \qquad u_{12} = M\frac{\mathrm{d}i_2}{\mathrm{d}t} \left.\right\} \tag{5-2}$$

式中 M 为互感系数，简称互感，单位和自感一样，也是亨（H）。在正弦电流的情况下，互感电动势和互感电压可用相量表示为

$$\dot{E}_{21} = -\mathrm{j}\omega M \dot{I}_1 \qquad \dot{U}_{21} = \mathrm{j}\omega M \dot{I}_1 \left.\right\}$$

$$\dot{E}_{12} = -\mathrm{j}\omega M \dot{I}_2 \qquad \dot{U}_{12} = \mathrm{j}\omega M \dot{I}_2 \left.\right\} \tag{5-3}$$

互感电压与产生它的电流之间存在着相位正交的关系。仿照自感电抗的概念，令 $X_M = \omega M$，X_M 称为互感电抗，这样

$$\dot{E}_{21} = -\mathrm{j}X_M \dot{I}_1 \qquad \dot{U}_{21} = \mathrm{j}X_M \dot{I}_1 \left.\right\}$$

$$\dot{E}_{12} = -\mathrm{j}X_M \dot{I}_2 \qquad \dot{U}_{12} = \mathrm{j}X_M \dot{I}_2 \left.\right\} \tag{5-4}$$

顺便在这里指出一个值得注意的问题，那就是对两个具有互感的线圈来说，如果一个线圈中流的是直流，由于直流电流产生的磁通是不变化的，在另一线圈中不能感应出互感电压，也就是说互感对直流不起作用。

5.1.2　互感元件的同名端

在电路图中为了作图简便，常常并不画出线圈的绕法，这就需要用一种标记来表示出它们绕向之间的关系。常用的标记方法为同名端方法。

所谓同名端，就是指当某一电流 i 所产生的变化磁通 Φ 穿过两个线圈时，在这两个线圈上能够感应出相同电压极性的端子，这两个相同电压极性的端子就称为互感耦合线圈的同名端，用圆点（·）或星号（＊）来标记。对两个有磁耦合的线圈来说，当有一电流从这两个线圈的同名端流入时，这两个线圈所产生的磁通的方向是一致的，即互相增强。

同名端标记的方法：先对第一线圈的任一端钮用圆点来标记，并假想有电流 i_1 流入该端钮；然后用圆点标记第二线圈的一个端钮，并假想有电流 i_2 流入该端钮，这时要求电流 i_2 产生的磁通与电流 i_1 所产生的磁通方向一致、相互增强。这两个带圆点的端钮称为同名端，而不带圆点的两个端钮当然也互为同名端。同名端就是对应端。图 5-3 中给出了几种绕法不同且相对位置也有所不同的互感线圈，并标出了它们的同名端（为了便于看出线圈的实际绕向，图中画出了线圈的框架）。例如，对于图 5-3（a）所示的互感线圈，不难看出当同时有电流流入带圆点的端钮时，它们所产生的磁通方向相同，因此它们是相互增强的。同时还可以注意到，对两个绕向相同的线圈来说，如果它们的相对位置不同，其

同名端就可能有所不同,这是由于互感磁通的方向随线圈的相对位置不同而有所不同。比较图 5-3(a)和图 5-3(c)就不难看出这一点。可见同名端只取决于两线圈的实际绕向以及相对位置。

图 5-3　互感线圈的同名端

　　另外,当两个以上的线圈彼此之间存在磁耦合时,在一般情况下,每一对耦合线圈的同名端必须用不同的符号来标记。例如在图 5-4 中,线圈 1、2 的同名端用圆点(·)表示,线圈 2、3 的同名端用星号(＊)表示,线圈 3、1 的同名端则用三角形(△)表示。

图 5-4　三个线圈同名端的标记方法

　　有时会遇到两个有磁耦合线圈的绕向无法判别的情况,例如线圈被封装在不易打开的壳子中,如电动机绕组、变压器等。在这种情况下,可用实验方法来判别两线圈的同名端,下面是一种常用的方法:把一个线圈通过开关 S 接到直流电压电源(例如干电池)的一端,把直流电压表(或毫伏表)接在另一线圈上,如图 5-5 所示。

图 5-5　同名端的实验确定法

　　当开关 S 迅速地闭合时,就有随时间增大的电流 i_1(即 $\frac{\mathrm{d}i_1}{\mathrm{d}t}>0$)从电源正极流入线圈 1。如果直流电压表(或毫伏表)指针向正刻度偏转,与电源正极相连的线圈 1 的端钮和与直流电压表正极连接的线圈 2 的端钮就是同名端。原因在于,如果假设线圈 1、2 的同名端及电流 i_1 和互感电压 u_{21} 的参考方向如图 5-5 所示,则应当有 $u_{21}=M\frac{\mathrm{d}i_1}{\mathrm{d}t}$。现在 $\frac{\mathrm{d}i_1}{\mathrm{d}t}>0$,

所以 $u_{21}>0$，即电压的实际方向与参考方向一致，线圈 2 的带圆点的端钮的电位应高于另一端钮，因此如图 5-5 所示直流电压表指针做正偏转，所以上述判断是正确的。从这个实例，还可以得出关于互感线圈同名端的一个重要特性，就是当有随时间增大的电流从任一端流入一个线圈时，将会引起另一线圈相应同名端的电位升高。此特性也可以作为标记同名端的依据。

判别互感线圈的同名端不仅在理论分析中很有必要，在实际问题中也是很重要的。例如电力变压器往往采用一种特定的字母标记法来标出原、副绕组之间的绕向关系。在电子技术中广泛应用的互感线圈，在很多情况下，将线圈接入电路时必须考虑互感线圈的同名端，不能把端钮接错。例如在晶体管收音机中，磁性天线上的两个线圈的连接，必须保证所产生的互感电压是相互增强的(在正弦电流情况下，就是要求两者为同相)，如果其中一个线圈接反，则不但不能增强信号电压，反而会使信号电压受到削弱。碰到这种情况，只要调换磁性天线线圈的两个接头就行了。在振荡器中也有类似情况，如果把互感线圈接错，则不能起振。

【例 5-1】 在图 5-6 所示电路中，两线圈之间互感 $M=0.0125$ H，$i_2=10\sin 800t$ A，试求互感电压 u_{12}。电流和电压的参考方向如图中所示。

图 5-6 【例 5-1】电路

解：先确定同名端如图 5-6 所示。按所选的参考方向，电流 i_2 从同名端流入，而电压也从同名端指向另一端钮，因此

$$u_{12}=M\frac{\mathrm{d}i_2}{\mathrm{d}t}$$

用相量表示时，有

$$\dot{U}_{12}=\mathrm{j}\omega M\dot{I}_2$$
$$\omega M=800\times 0.0125=10\ \Omega$$
$$\dot{I}_2=\frac{10}{\sqrt{2}}\underline{/0^\circ}\ \text{A}$$

故

$$\dot{U}_{12}=10\times\frac{10}{\sqrt{2}}\underline{/90^\circ}=\frac{100}{\sqrt{2}}\underline{/90^\circ}\ \text{V}$$

$$u_{12}=100\sin\left(800t+\frac{\pi}{2}\right)\ \text{V}$$

下面再介绍一下耦合系数的概念。一个线圈中的电流所产生的磁通一般不可能全部与另一线圈交链，与第二线圈不交链的磁通称为第一线圈的漏磁通。漏磁通的大小表征了两个线圈之间耦合的紧密程度。通常用耦合系数来表示这种耦合的紧密程度。其定义为两线圈间互感 M 与 $\sqrt{L_1 L_2}$ 的比值，即

$$k=\frac{M}{\sqrt{L_1 L_2}} \tag{5-5}$$

假定线圈 1 的电流 i_1 产生的磁通为 Φ_{11}，其中一部分 Φ_{21} 与线圈 2 交链；同样设线圈 2 的电流 i_2 产生的磁通为 Φ_{22}，其中一部分 Φ_{12} 与线圈 1 交链，并设线圈 1、2 的匝数分别为 N_1、N_2。根据定义

$$L_1 = \frac{N_1 \Phi_{11}}{i_1} \qquad\qquad L_2 = \frac{N_2 \Phi_{22}}{i_2} \left.\begin{matrix}\\[2em]\\[2em]\end{matrix}\right\}$$
$$M_{21} = \frac{N_2 \Phi_{21}}{i_1} \qquad\qquad M_{12} = \frac{N_1 \Phi_{12}}{i_2}$$

(5-6)

由于 $M_{21} = M_{12} = M$，故

$$k^2 = \frac{M^2}{L_1 L_2} = \frac{M_{21} M_{12}}{L_1 L_2} = \frac{N_2 \Phi_{21}}{i_1} \cdot \frac{N_1 \Phi_{12}}{i_2} \Big/ \left(\frac{N_1 \Phi_{11}}{i_1} \cdot \frac{N_2 \Phi_{22}}{i_2} \right) = \frac{\Phi_{21} \Phi_{12}}{\Phi_{11} \Phi_{22}}$$

即

$$k = \sqrt{\frac{\Phi_{21} \Phi_{12}}{\Phi_{11} \Phi_{22}}}$$

(5-7)

一般说来，Φ_{21} 总是小于 Φ_{11}，Φ_{12} 总是小于 Φ_{22}，故 $k<1$；只有在 $\Phi_{21} = \Phi_{11}$，$\Phi_{12} = \Phi_{22}$ 的特殊情况下，$k=1$。因此耦合系数 k 的最大值不超过 1，一般 k 总是小于 1。k 值越大表示漏磁通越小，即两个线圈之间耦合得越紧密。

两个线圈之间的耦合程度或耦合系数的大小与它们的相互位置有关。如果两个线圈靠得很近而且相互平行，如图 5-7(a) 所示，k 值就较大；如果两个线圈紧密绕在一起如图 5-7(b) 所示，k 值就接近 1；反之，如果它们相隔很远，或者它们沿轴线相互垂直放置，如图 5-7(c) 所示，k 值就很小，甚至有可能接近零。对两个几何尺寸及匝数均为固定值的线圈来讲，其电感 L_1 和 L_2 已为固定值，而它们之间的互感 M 就决定了 k 的大小。改变或调整它们的相互位置就可以相应地改变互感 M 的大小。

在电力变压器中为了更有效地传输功率，总是采用极紧密的耦合，使 k 值尽可能接近于 1，为达到这个目的，一般铁芯都是采用铁磁材料制成的。

但与此相反，在有些情况下却应当尽量减少互感作用，以避免某些线圈之间发生相互干扰。在这方面，除了采用屏蔽的手段外，一个有效的方法就是合理布置这些线圈的相互位置，如图 5-7(c) 所示，把两个线圈放在相互垂直的方向上，就可以有效地减少它们的互感作用。

图 5-7　耦合线圈的耦合系数与相互位置的关系

5.1.3　互感元件的等效受控电源模型

图 5-8(a) 是对应于图 5-2 中具有互感的两个耦合线圈的电路模型。通过前面的介

绍可知,在正弦电流的情况下,两个耦合线圈中除了有自感电压外,还会在相邻线圈上产生互感电压。这两个线圈互感电压的大小是受相邻线圈中的电流控制的,式(5-4)可以说明这一问题。从式(5-4)可知:线圈 2 中的互感电压 $\dot{U}_{21}$ 是由线圈 1 中的电流 $\dot{I}_1$ 感应产生的;线圈 1 中的互感电压 $\dot{U}_{12}$ 是由线圈 2 中的电流 $\dot{I}_2$ 感应产生的。回顾本教材第 2 章第 9节"含有受控电源电路的分析"中讲过的 4 种类型的受控电源电路可知:互感电路实质上也是一种受电流控制的电压源(CCVS)的实例。

图 5-8　互感线圈的等效受控电源模型

我们再看图 5-8(a),实际上也是一种二端口网络电路,如图所示的两个具有互感的电感线圈,对正弦电流来说,有下列电流、电压关系式

$$\left.\begin{array}{l} \dot{U}_1 = \mathrm{j}\omega L_1 \dot{I}_1 + \mathrm{j}\omega M \dot{I}_2 \\ \dot{U}_2 = \mathrm{j}\omega L_2 \dot{I}_2 + \mathrm{j}\omega M \dot{I}_1 \end{array}\right\} \tag{5-8}$$

根据上述关系式,可以得出如图 5-8(b)所示的等效电路,其中引入了 $\dot{U}_{12} = \mathrm{j}\omega M \dot{I}_2$ 及 $\dot{U}_{21} = \mathrm{j}\omega M \dot{I}_1$ 两个电压源,这两个电压源都是受电流控制的,称为流控电压源(CCVS)。这就是典型互感元件的等效受控电源电路模型的一个例子。

5.2　互感电路的分析

在计算具有互感的正弦交流电路时,仍可采用相量法,基尔霍夫电流定律的形式仍然不变,在基尔霍夫电压定律的表达式中,应附加由互感作用引起的互感电压。当某些电路之间具有互感时,这些支路的电压不仅与本支路电流有关,还与其余那些与之有互感关系的支路电流有关。这种情况在直流电路或是在无互感作用的交流电路中是没有的。因此,有互感的电路具有一些特殊的问题,应当充分注意。

5.2.1　互感串联电路

首先,我们来分析具有互感的两线圈串联电路,如图 5-9 所示。这时就存在着所谓的"极性"问题,也就是说存在两种可能的接法。一种接法是把线圈的异名端相连,如图 5-9(a)所示,这时电流将从两线圈的同名端流进或流出(注意串联时流过两线圈的为同一电流),因此,磁场总是相互增强的。这种串联接法称为顺接(正向串联)。另一种接法是把两线圈的同名端相连,如图 5-9(b)所示,这时电流总是从一个线圈的同名端流进,而从另一个线圈的同名端流出,磁场总是互相减弱的,这种接法称为反接(反向串联)。

设互感线圈 1 和 2 之间具有互感 M,其本身的电感分别为 L_1 和 L_2,线圈 1 和 2 两端

的电压为 u_1 和 u_2，它们串联后的总电压为 u。

(a) 两线圈顺接电路　　　　　　　　　　　　(b) 两线圈反接电路

(c) 顺接互感线圈的等效受控电源模型　　　　(d) 反接互感线圈的等效受控电源模型

图 5-9　互感串联电路以及等效受控电源模型

电流、电压及互感电压的参考方向如图 5-9 所示。对图 5-9(a) 所示的顺接法，其等效受控电源模型如图 5-9(c) 所示。

在正弦电流情况下，把各电压、电流用相量表示后，可得

$$\left.\begin{aligned}
\dot{U}_1 &= R_1 \cdot \dot{I} + j\omega(L_1 + M)\dot{I} \\
\dot{U}_2 &= R_2 \dot{I} + j\omega(L_2 + M)\dot{I} \\
\dot{U} &= (R_1 + R_2)\dot{I} + j\omega(L_1 + L_2 + 2M)\dot{I}
\end{aligned}\right\} \tag{5-9}$$

对图 5-9(b) 所示的反接法，其等效受控电源模型如图 5-9(d) 所示。

用相量表示时，有

$$\left.\begin{aligned}
\dot{U}_1 &= R_1 \dot{I} + j\omega(L_1 - M)\dot{I} \\
\dot{U}_2 &= R_2 \dot{I} + j\omega(L_2 - M)\dot{I} \\
\dot{U} &= (R_1 + R_2)\dot{I} + j\omega(L_1 + L_2 - 2M)\dot{I}
\end{aligned}\right\} \tag{5-10}$$

由以上各式可见，图 5-9(a)、(b) 所示的电路与电感 $L = L_1 + L_2 \pm 2M$ 的电路等效，这种等效不论电流变化的规律如何，总是成立的。等效电感 L 的公式中 M 前面的正号对应于顺接，负号对应于反接，所以具有互感的两线圈，顺接时等效电感增加，反接时等效电感减少（如果不存在互感作用，即 $M = 0$，则等效电感将是 $L_1 + L_2$）。利用这个结论，可以用实验方法来判别两线圈的同名端。

5.2.2　互感并联电路

现在来研究两个具有互感的线圈并联的情况。这时也有两种接法：一种是同名端在同侧，称同侧并联；另一种是同名端在异侧，称异侧并联。互感线圈的同侧并联及等效电路如图 5-10 所示。

对于同侧并联，在指定电流、电压的参考方向且在正弦电流情况下，可列出下列电压和电流方程

图 5-10 互感线圈的同侧并联及等效电路

$$\left.\begin{array}{l} \dot{U} = j\omega L_1 \dot{I}_1 + j\omega M \dot{I}_2 \\ \dot{U} = j\omega L_2 \dot{I}_2 + j\omega M \dot{I}_1 \end{array}\right\} \tag{5-11}$$

$$\left.\begin{array}{l} \dot{I}_1 = \dfrac{(L_2 - M)\,\dot{U}}{j\omega(L_1 L_2 - M^2)} \\[3mm] \dot{I}_2 = \dfrac{(L_1 - M)\,\dot{U}}{j\omega(L_1 L_2 - M^2)} \end{array}\right\} \tag{5-12}$$

以 $\dot{I} = \dot{I}_1 + \dot{I}_2$ 代入上列方程,可得

$$\left.\begin{array}{l} \dot{I} = \dot{I}_1 + \dot{I}_2 = \dfrac{(L_1 + L_2 - 2M)\,\dot{U}}{j\omega(L_1 L_2 - M^2)} \\[3mm] \dot{U} = j\omega\,\dfrac{L_1 L_2 - M^2}{L_1 + L_2 - 2M}\,\dot{I} = j\omega L\dot{I} \end{array}\right\} \tag{5-13}$$

由上式可得

$$L = \frac{L_1 L_2 - M^2}{L_1 + L_2 - 2M} \tag{5-14}$$

此式就是两个具有互感的线圈在并联(同侧情况)时的等效电感。

互感线圈的异侧并联及等效电路如图 5-11 所示。

如果同名端在异侧,即异侧并联,不难证明,只要把图 5-10(b)中的 $j\omega M \dot{I}_1$ 和 $j\omega M \dot{I}_2$ 的极性改变一下,见图 5-11(b)。它就是消去互感后的等效电路;而等效电感的公式则为

图 5-11 互感线圈的异侧并联及等效电路

$$L = \frac{L_1 L_2 - M^2}{L_1 + L_2 + 2M} \tag{5-15}$$

*5.2.3　一般互感电路

有时还会遇到两个耦合线圈按图 5-12(a)、(b)所示的方式相连接的情况,它们有一端连在一起,通过三个端钮与外电路相连。图 5-12(a)称同侧连接,图 5-12(b)称异侧连接。在图示参考方向下,可列出下列方程

$$\left.\begin{aligned}\dot{U}_{13} &= j\omega L_1 \dot{I}_1 \pm j\omega M \dot{I}_2 \\ \dot{U}_{23} &= j\omega L_2 \dot{I}_2 \pm j\omega M \dot{I}_1 \end{aligned}\right\} \tag{5-16}$$

图 5-12　一端相连的互感线圈及去耦等效电路

式中 M 前面的正号对应于图 5-12(a)的同侧连接,负号对应于图 5-12(b)的异侧连接。利用 $\dot{I} = \dot{I}_1 + \dot{I}_2$ 可将式(5-16)改写为

$$\left.\begin{aligned}\dot{U}_{13} &= j\omega(L_1 \mp M)\dot{I}_1 \pm j\omega M \dot{I} \\ \dot{U}_{23} &= j\omega(L_2 \mp M)\dot{I}_2 \pm j\omega M \dot{I} \end{aligned}\right\} \tag{5-17}$$

由此得出如图 5-12(c)所示的没有互感的去耦等效电路,这种方法叫作互感消去法。在一般情况下,消去互感后,节点将增加,例如图 5-12(c)中的节点 $3'$。

上面讨论了线圈的串联和并联以及一端相连的互感线圈的互感消去法。下面通过两个具体例子来说明具有互感的电路计算。

【例 5-2】　求图 5-13 所示一端口网络的开路电压,其中 $\omega L_1 = \omega L_2 = 10\ \Omega$,$\omega M = 5\ \Omega$,$R_1 = R_2 = 6\ \Omega$,$U_1 = 6\ \text{V}$。

解:1、2 两端的电压 $\dot{U}_o$ 就是一端口网络的开路电压,它应当包括两部分:一部分是电流 $\dot{I}_1$ 在 R_2 上产生的电压,另一部分则是由电流 $\dot{I}_1$ 在 L_2 中产生的互感电压 $\dot{U}_{21}$。因此

$$\dot{U}_o = R_2 \dot{I}_1 + j\omega M \dot{I}_1$$

而

$$\dot{I}_1 = \frac{\dot{U}_1}{R_1 + R_2 + j\omega L_1}$$

由此可得

$$\dot{U}_o = \frac{R_2 + j\omega M}{R_1 + R_2 + j\omega L_1}\dot{U}_1$$

代入数据后得

$$U_o = 3\ \text{V}$$

如果要求这个一端口网络的输入阻抗,那么比无互感作用时要复杂一些。这时根据

输入阻抗的定义,应将电压源短路,并从1、2端计算输入阻抗,在计算时必须考虑互感M的作用(图5-14)。可假设在1、2端外加一正弦电压$\dot{U}$,然后算出在$\dot{U}$的作用下所产生的电流$\dot{I}$。算出$\dot{I}$后,输入阻抗$Z_{\text{in}}=\dot{U}/\dot{I}$。当然,也可以用互感消去法,把互感消去后,再求输入阻抗。

图5-13 【例5-2】具有互感的一端口网络   图5-14 【例5-2】一端口网络输入阻抗的求法

【例5-3】 如图5-15所示电路,已知$R_1=3\ \Omega$,$R_2=5\ \Omega$,$\omega L_1=7.5\ \Omega$,$\omega L_2=12.5\ \Omega$,$\omega M=6\ \Omega$,$U=50$ V。问当开关S断开和闭合时,电流$\dot{I}$分别为多大?

图5-15 【例5-3】电路

解: S断开时电路如图5-15(a)所示,相当于两个串联线圈顺接,等效的感抗为

$$\omega L=\omega(L_1+L_2+2M)=7.5+12.5+2\times6=32\ \Omega$$

所以

$$Z=\sqrt{(R_1+R_2)^2+(\omega L)^2}=\sqrt{(3+5)^2+32^2}=33\ \Omega$$

$$I=\frac{U}{|Z|}=\frac{50}{33}=1.52\ \text{A}$$

S闭合时电路如图5-15(b)所示,有

$$\dot{U}=(R_1+\text{j}\omega L_1)\dot{I}+\text{j}\omega M\dot{I}_1$$

$$\text{j}\omega M\dot{I}+(R_2+\text{j}\omega L_2)\dot{I}_1=0$$

从以上两式可解出

$$\dot{I}=\frac{\dot{U}}{(R_1+\text{j}\omega L_1)-\dfrac{(\text{j}\omega M)^2}{R_2+\text{j}\omega L_2}}$$

代入数据后求得

$$I=\frac{50}{\sqrt{4^2+(5.02)^2}}=7.79\ \text{A}$$

173

5.3 变压器电路

变压器是根据电磁感应原理制成的一种电气设备,是利用互感来实现从一个电路向另一个电路传输能量或信号的一种器件,它可以改变交变电压、电流和阻抗。变压器有多种功能,在强电和弱电(如测量技术和计算技术)方面都得到了广泛的应用。

5.3.1 理想变压器

理想变压器是一种特殊的无损耗全耦合变压器,它是由实际变压器抽象成的理想电路元件,是对互感元件的一种理想化抽象,它的电路图形符号及相量模型如图 5-16 所示。图中 $n = N_1/N_2$ 称为匝数比或变比,N_1 和 N_2 分别为原边线圈和副边线圈的匝数。

图 5-16 理想变压器的电路图形符号及相量模型

理想变压器作为变压器的理想化模型,应当满足下述三个条件:

(1)变压器本身无损耗,即理想变压器任意时刻吸收的功率 p 为零,即 $p = u_1 i_1 + u_2 i_2 = 0$。

(2)全耦合,即耦合系数 $k = M/\sqrt{L_1 L_2} = 1$。

(3)L_1、L_2 和 M 趋于无限大,但 $\sqrt{L_1/L_2}$ 的值维持规定的常数,且等于匝数比,即 $\sqrt{L_1/L_2} = n$。这是因为全耦合时,无漏磁通,$\Phi_{21} = \Phi_{11}$,$\Phi_{12} = \Phi_{22}$,于是有

$$\frac{L_1}{L_2} = \frac{N_1 \Phi_{11}/i_1}{N_2 \Phi_{22}/i_2} = \frac{N_1/N_2 \cdot (N_2 \Phi_{21}/i_1)}{N_2/N_1 \cdot (N_1 \Phi_{12}/i_2)} = \left(\frac{N_1}{N_2}\right)^2 \cdot \frac{M_{21}}{M_{12}} = \left(\frac{N_1}{N_2}\right)^2 = n^2$$

根据上述三个条件,理想变压器具有如下的主要性能:

①理想变压器的电压变比关系。由条件(3)可知:穿过理想变压器原、副边线圈的总磁通 Φ 相等,无漏磁通。那么原、副边线圈的端口电压关系式为

$$\left. \begin{aligned} u_1 &= N_1 \frac{\mathrm{d}\Phi}{\mathrm{d}t} \\ u_2 &= N_2 \frac{\mathrm{d}\Phi}{\mathrm{d}t} \end{aligned} \right\} \tag{5-18}$$

由式(5-18)可得

$$\frac{u_1}{u_2} = \frac{N_1 \dfrac{\mathrm{d}\Phi}{\mathrm{d}t}}{N_2 \dfrac{\mathrm{d}\Phi}{\mathrm{d}t}} = \frac{N_1}{N_2} = n$$

所以，电压变比关系用有效值表示为

$$\frac{U_1}{U_2} = \frac{N_1}{N_2} = n \tag{5-19}$$

②理想变压器的电流变比关系。由条件(2)可知：理想变压器无损耗，其输入功率与输出功率相等，即 $P_1 = P_2$，则 $U_1 I_1 = U_2 I_2$。所以，可得电流变比关系

$$\frac{I_1}{I_2} = \frac{U_2}{U_1} = \frac{N_2}{N_1} = \frac{1}{n} \tag{5-20}$$

由上述性能①与性能②的变压和变流关系，即式(5-19)、式(5-20)可得

$$p = u_1 i_1 + u_2 i_2 = (n u_2)\left(-\frac{1}{n} i_2\right) + u_2 i_2 = 0 \tag{5-21}$$

这样，又满足了条件(1)，即理想变压器任何时候吸收的功率恒等于零，说明它既不储能，也不耗能，只是在输入和输出端口间进行无损耗的能量传送，并进行电压值或电流值的变换。

③理想变压器的阻抗变换关系。我们定义理想变压器的一次侧阻抗为 $Z_1 = \dot{U}_1 / \dot{I}_1$，二次侧阻抗为 $Z_2 = \dot{U}_2 / \dot{I}_2$。则

$$\frac{Z_1}{Z_2} = \frac{\dfrac{\dot{U}_1}{\dot{I}_1}}{\dfrac{\dot{U}_2}{\dot{I}_2}} = \frac{\dot{U}_1}{\dot{U}_2}\frac{\dot{I}_2}{\dot{I}_1} = \frac{N_1/N_2}{N_2/N_1} = \left(\frac{N_1}{N_2}\right)^2 = n^2$$

所以，可得阻抗变换关系

$$Z_1 = n^2 Z_2 \tag{5-22}$$

如果在理想变压器的二次侧接上负载 Z_L，如图 5-17(a)所示，此时，$\dot{U}_2 = -Z_L \dot{I}_2$，则从一次侧看进去的等效输入阻抗为

$$Z_{in} = \frac{\dot{U}_1}{\dot{I}_1} = \frac{n \dot{U}_2}{-\dfrac{1}{n}\dot{I}_2} = \frac{-n Z_L \dot{I}_2}{-\dfrac{1}{n}\dot{I}_2} = n^2 Z_L \tag{5-23}$$

图 5-17 理想变压器的阻抗变换关系

可见，理想变压器还可以用来变换阻抗，从一次侧看进去的等效输入阻抗为二次侧负载阻抗的 n^2 倍，满足了性能③的阻抗变换关系。其一次侧等效电路如图 5-17(b)所示。在工程电路中，理想变压器的这种阻抗变换功能，可用来满足前级电路的阻抗匹配要求。

【例 5-4】 电路如图 5-18(a)所示，电压源的内阻抗为 $Z_S = 50\underline{/0°}\ \Omega$。负载阻抗 $R_L = 10\underline{/0°}\ \Omega$。如果要使负载获得最大功率，试确定理想变压器的匝数比 n。

解：已知负载为纯电阻性质，即 $Z_L = R_L = 10\ \Omega$，故理想变压器一次侧的等效输入阻

图 5-18 【例 5-4】电路

抗为

$$Z_{in} = n^2 R_L = n^2 \times 10 \ \Omega$$

电路可等效为图 5-18(b)。由最大功率传输条件可知,当 $n^2 \times 10 \ \Omega$ 等于电压源的串联电阻(或电源内阻)时,负载上可获得最大功率。即

$$|Z_{in}| = |Z_S| = n^2 \times 10 \ \Omega = 50 \ \Omega$$

所以,匝数比为

$$n = \sqrt{5} = 2.236$$

5.3.2 实际变压器

实际变压器是将理想变压器现实化、具体化的一种互感元件设备。

实际变压器有很多类型:①根据用途分类有:用于远距离输电、配电的电力变压器,用于机床局部照明和控制用的控制变压器,用于电子设备和仪表供电的电源变压器,用于传输信息的耦合变压器等;②根据变压器输入端电源的相数分类有:单相变压器和三相变压器两类;③根据变压器电压的升降分类有:升压变压器和降压变压器两类;④根据变压器骨架结构的类型分类有:用铁磁材料做芯的铁芯变压器和用绝缘材料做芯的空心变压器。

总之,变压器用途广泛,种类繁多。其电气性能和要求自然各有差异,但是无论何种类型的变压器,其原理和基本结构都大同小异。下面我们以普通单相电源变压器为例来了解其基本结构和工作原理。

1. 变压器的结构

变压器的结构形式在使用场合、工作要求及制造工艺等方面有较大差异,但基本结构是一样的,都是在一个闭合的铁芯上绕制两个(或 n 个)线圈(或称绕组),即由铁芯和绕组两部分构成,如图 5-19 所示。铁芯是变压器的主磁路,又是它的机械骨架。为了提高磁路的导磁性能和减少铁芯中的磁滞和涡流损耗,铁芯用 0.35 mm 厚、表面涂有绝缘漆的硅钢片叠成。硅钢片铁芯有较好的导磁性能和较小的损耗。

图 5-19 铁芯变压器结构示意图

绕在铁芯上的线圈称为绕组。绕组是用纱包、丝包或漆包铜线绕制的,一般变压器导

线在一层一层绕制时,层与层之间还要垫上绝缘纸。绕组是变压器电路的主体部分,其作用是输入电能和输出电能。变压器工作时,接电源端的绕组称为原绕组(又称一次绕组或初级绕组),相应地,变压器的这一侧就称为原边;接负载端的绕组称为副绕组(又称二次绕组或次级绕组),变压器的这一侧就称为副边。原、副绕组的匝数分别为 N_1 和 N_2。

2. 变压器的工作原理

变压器的工作原理涉及电路、磁路及其相互联系等诸方面的问题,故比较复杂。为了分析的方便,我们以铁芯变压器为例,分空载和负载两种情况讨论变压器的工作原理。

(1)变压器的空载运行状态

变压器空载运行时,原绕组接交流电源,副绕组不接负载,如图 5-20 所示。

图 5-20 单相变压器空载运行的原理图及电路符号

当原绕组加上交流电源 u_1 后,原绕组中有电流 i_0 流过。i_0 称为空载电流(也称励磁电流),其有效值为原绕组额定电流的 3%～8%。电流 i_0 通过原绕组在闭合的铁芯中建立了磁场,磁动势 $i_0 N_1$ 在铁芯内部产生一个交变的磁通,这个交变磁通大部分沿着铁芯磁路而闭合,并与原、副绕组相交链,叫作主磁通,用 Φ 表示。主磁通分别在原、副绕组中产生感应电压 u_1' 和 u_2',有

$$u_1' = -N_1 \frac{\mathrm{d}\Phi}{\mathrm{d}t} = -N_1 \frac{\mathrm{d}(\Phi_\mathrm{m}\sin\omega t)}{\mathrm{d}t} = -N_1\omega\Phi_\mathrm{m}\cos\omega t = -2\pi f N_1 \Phi_\mathrm{m}\cos\omega t \quad (5\text{-}24)$$

$$u_2' = -N_2 \frac{\mathrm{d}\Phi}{\mathrm{d}t} = -N_2 \frac{\mathrm{d}(\Phi_\mathrm{m}\sin\omega t)}{\mathrm{d}t} = -N_2\omega\Phi_\mathrm{m}\cos\omega t = -2\pi f N_2 \Phi_\mathrm{m}\cos\omega t \quad (5\text{-}25)$$

另外还有部分经过原、副绕组附近的空间而闭合的漏磁通 $\Phi_{1\sigma}$、$\Phi_{2\sigma}$。漏磁通很少,可以忽略。由于原绕组的电阻和漏感抗都很小,均可以忽略不计,所以 $\dot{U}_1 \approx -\dot{E}_1$,有效值关系为

$$U_1 \approx E_1 = \frac{E_{1\mathrm{m}}}{\sqrt{2}} = \frac{2\pi f N_1 \Phi_\mathrm{m}}{\sqrt{2}} = 4.44 f N_1 \Phi_\mathrm{m} \quad (5\text{-}26)$$

式中,N_1 为原绕组匝数;f 为电源频率;Φ_m 为主磁通的最大值。

由于变压器副绕组没有接负载,次级电流 $i_2 = 0$,磁动势 $i_2 N_2$ 也为零。所以,副绕组电压 $\dot{U}_{20} = \dot{E}_2$,其有效值关系为

$$U_{20} \approx E_2 = 4.44 f N_2 \Phi_\mathrm{m} \quad (5\text{-}27)$$

式中,$\dot{U}_{20}$ 为空载时副边的输出电压;N_2 为副绕组的匝数。

原、副绕组的电压之比为

$$\frac{U_1}{U_{20}} \approx \frac{E_1}{E_2} = \frac{N_1}{N_2} = n \tag{5-28}$$

式中，n 为变压器的变比。可见，变压器的原、副绕组上的电压比就是变压器原、副绕组的匝数比，即变比。

式(5-28)表明变压器空载运行时，若 N_1 和 N_2 不同，变压器将起电压变换作用。当 $N_1 > N_2$，$n > 1$ 时，变压器起降压作用，称为降压变压器；反之，若 $N_1 < N_2$，$n < 1$，则变压器起升压作用，称为升压变压器。

必须指出，变压器的原绕组和副绕组之间，在电路上并不相互连接，其电能自原绕组输入，通过电磁感应的形式传递到副绕组上输出。

(2)变压器的负载运行状态

当变压器原绕组接上交流电源，副绕组接上负载后，变压器便在负载的情况下运行。这时变压器的原、副绕组中分别有电流 i_1 和 i_2 流过，如图 5-21 所示。从能量转换的角度看，副绕组接上负载后，副边电路出现电流 i_2，副边有能量输出，必然使原绕组从电源吸取比空载时更多的能量，以满足副边用电设备的需要。这时原绕组的电流 i_1 比空载时的励磁电流 i_0 大很多。而副绕组中电流的大小及相位则由负载阻抗 Z_L 决定，下面从电磁方面分析原、副绕组中电流 i_1 与 i_2 的关系。

图 5-21 单相变压器负载运行的原理图及电路符号

空载运行时主磁通是由原绕组中通入的励磁电流 i_0 产生的，磁路中的磁动势为 $i_0 N_1$。而在负载运行时，原绕组和副绕组中分别有电流 i_1 和 i_2 通过，主磁通是由磁动势 $i_1 N_1$ 以及 $i_2 N_2$ 共同产生的。变压器在空载和负载时主磁通 Φ 不变，故各磁动势有下列关系式

$$i_1 N_1 + i_2 N_2 = i_0 N_1 \tag{5-29}$$

用相量的形式表示为

$$\dot{I}_1 N_1 + \dot{I}_2 N_2 = \dot{I}_0 N_1 \tag{5-30}$$

这就是变压器的磁动势平衡方程。变压器的空载电流是很小的，故在变压器接近满载的情况下，$\dot{I}_0 N_1$ 远远小于 $\dot{I}_1 N_1$ 和 $\dot{I}_2 N_2$，因而常常可以忽略 $\dot{I}_0 N_1$。所以磁动势平衡方程就可以表示为

$$\dot{I}_1 N_1 = -\dot{I}_2 N_2 \tag{5-31}$$

用有效值形式表示

$$I_1 N_1 = I_2 N_2 \tag{5-32}$$

$$\frac{I_1}{I_2} = \frac{N_2}{N_1} = \frac{1}{n} \tag{5-33}$$

式(5-33)表明变压器负载运行时的电流变换作用,即原、副绕组的电流有效值之比近似等于变压器原、副绕组匝数比的倒数。由此可见,变压器负载运行时原绕组电流 I_1 是由副绕组电流 I_2 的大小决定的。变压器在负载运行时,根据图 5-21 所示的参考方向,可得到原、副绕组上的电压平衡方程(用相量形式表示)

$$\left.\begin{aligned}\dot{U}_1 &= \dot{I}_1 R_1 - \dot{E}_1 - \dot{E}_{1\sigma} \\ \dot{U}_2 &= -\dot{I}_2 R_2 + \dot{E}_2 + \dot{E}_{2\sigma}\end{aligned}\right\} \tag{5-34}$$

式中,R_1、R_2 分别为原、副绕组的电阻。

忽略数值较小的漏感抗和电阻压降影响,则方程可简化为

$$\left.\begin{aligned}\dot{U}_1 &\approx -\dot{E}_1 \\ \dot{U}_2 &\approx \dot{E}_2\end{aligned}\right\} \tag{5-35}$$

写成有效值的形式为

$$\left.\begin{aligned}U_1 &\approx E_1 = 4.44 f N_1 \Phi_{\mathrm{m}} \\ U_2 &\approx E_2 = 4.44 f N_2 \Phi_{\mathrm{m}}\end{aligned}\right\} \tag{5-36}$$

故变压器负载运行时的原、副绕组电压比为

$$\frac{U_1}{U_2} \approx \frac{E_1}{E_2} = \frac{N_1}{N_2} = n \tag{5-37}$$

将式(5-28)与式(5-37)相比可知:变压器原、副绕组的电压之比等于匝数比的结论不仅适用于空载运行的情况,也适用于负载运行的情况,不过,有负载时比空载时的误差稍大。

将式(5-33)与式(5-37)相比可知:变压器原、副绕组的电压之比与电流之比互为倒数。这是由于变压器输送的功率是符合能量守恒定律的,其高压绕组电流小,低压绕组电流大。

【例 5-5】 有一台降压变压器,原边电压为 220 V,原绕组匝数为 1980 匝,若欲从副边输出 24 V 电压,问:(1)副绕组匝数为多少?(2)若副绕组电流为 2.5 A,原绕组电流为多少?

解: 由

$$\frac{U_1}{U_2} = \frac{N_1}{N_2}$$

得

$$N_2 = \frac{U_2 N_1}{U_1} = \frac{24 \times 1980}{220} \text{ 匝} = 216 \text{ 匝}$$

由

$$\frac{I_1}{I_2} = \frac{N_2}{N_1}$$

得

$$I_1 = \frac{I_2 N_2}{N_1} = \frac{2.5 \times 216}{1980} \text{A} = 0.273 \text{ A}$$

(3)变压器的阻抗变换作用

实际变压器不仅能起变换电压和变换电流的作用,同时也具有变换负载阻抗的作用。

在电子设备中,为了获得较大的功率输出,常采用变压器来获得所需要的等效阻抗,以实现电路的阻抗匹配。

为简化分析,设变压器为理想变压器,即忽略变压器原、副绕组的漏感抗、励磁电流和损耗,即效率等于100%。虽然,理想变压器实际上并不存在,但性能良好的铁芯变压器的特性与理想变压器很接近。我们完全可以参照5.3.1节得出变压器原、副绕组阻抗变换的等效关系:$Z_{in} = n^2 Z_L$,见式(5-23),这里不再举例,推导也从略。

5.3.3 特殊变压器

在电气线路中,除了单相和三相变压器外,还用到一些专用变压器,如常用于调节电压的自耦变压器;测量高电压用的电压互感器和测量大电流用的电流互感器等产品。下面就对这些特殊用途的变压器加以介绍。

这些特殊用途的变压器的工作原理与前述的一般变压器类似,但各自在结构和特性上又有一些自身的特点。

1. 自耦变压器

如图5-22所示是一单相自耦降压变压器电路,它的结构特点为:副绕组是原绕组的一部分。从图中可以看出,自耦变压器与普通变压器的区别在于,普通变压器有原绕组和副绕组,而自耦变压器只有一个绕组作为高压绕组(原绕组),而低压绕组(副绕组)是高压绕组的一部分。自耦变压器原、副绕组电压之比和电流之比与一般双绕组变压器是一样的,也分别为

$$\left.\begin{aligned} \frac{U_1}{U_2} &= \frac{N_1}{N_2} = n \\ \frac{I_1}{I_2} &= \frac{N_2}{N_1} = \frac{1}{n} \end{aligned}\right\} \tag{5-38}$$

另外,在实验室或某些电子设备中,经常需要平滑地调节交流电压,最简单的方法是用一种可改变副绕组匝数的自耦变压器来调压。自耦变压器也称为调压器,电路如图5-23所示,其原、副绕组不仅有磁的联系,还有电的联系。

图5-22 单相自耦降压变压器电路

图5-23 单相自耦变压器电路

自耦变压器的工作原理和作用与双绕组变压器相同,双绕组变压器的变压、变流和变换阻抗的关系都适用于自耦变压器。自耦变压器原绕组可以输入单相工频交流电压(如220 V,50 Hz),输出电压随输出端"③"的位置而定。当"③"的位置低于输入端"②"时,即$N_2 < N_1$,输出电压值低于输入电压值;当"③"的位置等于或高于输入端"②"时,即

$N_2 \geqslant N_1$，输出电压值等于或高于输入电压值（实际可实现 $0 \sim 250$ V 电压的连续可调）。

自耦变压器具有用料省、体积小、成本低、输出电压连续可调等优点，故应用广泛。但是，因为副绕组是原绕组的一部分，它们有电的联系，故原、副绕组应采用同一绝缘等级，但这对工作人员来说是极其不安全的。因此自耦变压器只适用于低压供电系统，且电压变比一般为 $1.5 \sim 2$。

另外，根据电气安全操作规程，自耦变压器不允许被当作安全变压器使用，使用时要注意以下几点：

(1)不要把原、副绕组搞错，即不要把电源接到可调输出端，否则会损坏变压器。

(2)如图 5-23 所示，"①"与"④"端共点，一定要接电源零线（N 线），"②"端接电源的相线（L 线），否则操作人员极易触电。

(3)接通电源前一定要让动头"③"端下滑到输出电压为零的位置，然后接通电源，逐渐将输出电压调到所需要的数值，否则会烧坏负载。

(4)接电源的输入端电压应是额定电压值。

三相自耦变压器的工作原理与单相自耦变压器一样，这里不再重复。

2. 仪用互感器

仪用互感器与测量仪表配合使用时，用于测量电力线路、设备的大电流和高电压并起隔离作用；在自动控制系统中，可作为电压和电流的检测、控制及保护器件。仪用互感器可分为电流互感器和电压互感器两种。

(1)电流互感器

图 5-24 是电流互感器的原理图，其原绕组只有一匝或几匝，与被测电流的电路串联，故原绕组流过的电流与被测电路的电流相等，其副绕组的匝数较多，它与电流表相连接。由于电流表的阻抗很小，所以，根据变压器原理可认为

$$I_1 = \frac{N_2}{N_1} I_2 = k_i I_2 \tag{5-39}$$

式中，k_i 称为电流互感器的电流变比。可见，利用电流互感器可以用小量程的电流表测量大电流，将电流表的读数乘以常数 k_i 即等于被测的电路电流 I_1。通常，电流互感器副绕组的额定电流设计为 5 A 或 1 A。

使用电流互感器时必须注意以下事项：

①二次侧绝对不允许开路。因为二次侧开路时，电流互感器处于空载运行状态，此时一次侧被测线路电流全部为励磁电流，使铁芯中磁通密度明显增大。这一方面使铁芯损耗急剧增加，会导致铁芯过热甚至烧坏绕组；另一方面将使二次侧感应出很高的电压，不但会使绝缘击穿，而且很可能危及工作人员和其他设备的安全。因此，在一次侧电路工作时如需检修和拆换电流表或功率表的电流线圈，必须先将互感器二次侧短路。

②为了使用安全，电流互感器的二次绕组必须可靠接地，以防止绝缘击穿后，电力系统的高电压危及二次侧测量回路中的设备及操作人员的安全。

(2)电压互感器

图 5-25 是电压互感器的原理图。一次侧直接并联在被测的高压电路上，二次侧接电压表或功率表的电压线圈。一次绕组匝数 N_1 多，二次绕组匝数 N_2 少。由于电压表或功

率表的电压线圈内阻抗很大,所以,电压互感器实际上相当于一台二次侧处于空载状态的降压变压器。如果忽略漏阻抗压降,则有

$$U_1 = \frac{N_1}{N_2}U_2 = k_u U_2 \tag{5-40}$$

式中,k_u 称为电压变比,是一个常数。这就是说,电压互感器的二次侧电压数值 U_2 乘以常数 k_u 后作为一次侧被测电压的数值 U_1。测量 U_1 的电压表可按 $k_u U_2$ 来刻度,从表上直接读出被测电压。

图 5-24　电流互感器的原理图　　　　　　图 5-25　电压互感器的原理图

使用电压互感器时必须注意以下事项:

①使用时电压互感器的二次侧不允许短路。电压互感器正常运行时接近空载,如果二次侧短路,就会产生很大的短路电流,绕组将因过热而烧毁。

②为安全起见,电压互感器的二次绕组连同铁芯一起,必须可靠接地。

③电压互感器有一定的额定容量,使用时二次侧不宜接过多的仪表,以免影响互感器的精度等级。

【仿真训练】

Multisim 10.0 的基本元件(Basic)库中带有丰富的耦合电感与变压器(Transformer)模型。变压器的原理是电感耦合,理想变压器则是实际变压器的极端抽象,它可以用来变换电压、变换电流及变换阻抗,且初级与次级的电压 U、电流 I、阻抗 Z 之间的关系只与初、次级线圈的匝数比($n = N_1/N_2$)有关。

仿真训练 1　互感耦合电路的测量仿真

一、仿真目的

(1)学会利用 Multisim 测量互感耦合线圈同名端的方法。

(2)通过仿真实验,理解互感耦合线圈正向串联等效电感与反向串联等效电感的不同。

(3)通过仿真实验,学会互感系数 M 与耦合系数 k 的测量方法。

二、仿真原理

(1)互感耦合线圈同名端的判定

同名端是指两个线圈在同一磁通作用下产生相同电压极性的端子。同名端的判定在发电机、电动机、变压器等绕组的连接中具有十分重要的意义,若连接错误甚至会烧毁绕组。常用的同名端的判定方法有直流通断法和等值电感法。

①直流通断法:耦合线圈的一个绕组通过开关接直流电源,另一绕组接直流电压表,当开关接通时,电流的瞬间变化使两个绕组中产生感应电压,在电压表指示为正值的情况下,电压表的正极所对应的绕组端子与电源正极所对应的绕组端子为同名端。

②等值电感法:根据耦合线圈正向串联和反向串联时的等效电感不同而使感抗不同的关系,可以在同一电压作用下测量两个线圈正向串联与反向串联时的电流大小,通过比较电流的大小来判定两线圈的同名端。电流小者为正向串联,电流大者为反向串联。

(2)互感系数 M 与耦合系数 k 的测量方法

①两个线圈正向串联时的等效电感为 $L_\text{正}=L_1+L_2+2M$。两个线圈反向串联时的等效电感为 $L_\text{反}=L_1+L_2-2M$。将两式相减可得 $L_\text{正}-L_\text{反}=4M$,由此可计算出互感系数 $M=(L_\text{正}-L_\text{反})/4$。

②正向串联时的等效感抗为 $\omega L_\text{正}=U/I_\text{正}$,反向串联时的等效感抗为 $\omega L_\text{反}=U/I_\text{反}$。

③测得互感系数 M 后,可由式 $k=M/\sqrt{L_1 L_2}$ 计算耦合系数 k。

三、仿真内容与步骤

1. 判定互感线圈的同名端

(1)采用直流通断法判定互感线圈的同名端

①在 Multisim 10.0 软件窗口中建立如图 5-26 所示的同名端检测电路,互感线圈的一侧绕组通过开关接直流电源,另一侧绕组接到直流电压表上。

②单击仿真"运行/停止"开关,并按下 A 键使电路开关瞬间闭合。此时,如果电压表指示为正值,则在图 5-26(a)所示互感线圈的 4 个接线端中 2 脚(电压表正极与 2 脚相连)与 1 脚(电源正极与 1 脚相连)为同名端;如果电压表指示为负值,如图 5-26(b)所示,则说明电压表的极性接反,可调换电压表的两个接线端使指示电压为正值后再确定其同名端。

(a)　　　　　　　　　　　　(b)

图 5-26　用直流通断法判定互感线圈的同名端

（2）采用等值电感法判定互感线圈的同名端

①在 Multisim 10.0 软件窗口中建立如图 5-27 所示的电路，电源采用交流电源（双击其图标可设置交流电源的电压和频率），电路中串联接入数字万用表，用来测量电路中交流电流的大小（双击其图标在显示面板中设置为交流电流挡）。

图 5-27　用等值电感法判定互感线圈的同名端

②将互感线圈的两个绕组分别正向串联和反向串联。单击仿真"运行/停止"开关，观察电路中电流的大小。电流小者为两个绕组正向串联，正向串联的两个绕组的等效感抗较大（$L=L_1+L_2+2M$）；电流大者为两个绕组反向串联，反向串联的两个绕组的等效感抗较小（$L=L_1+L_2-2M$）。由图 5-27 中电表的读数可见：图 5-27(a)所示电路为两个绕组正向串联，互感线圈的 7 脚和 1 脚为同名端；图 5-27(b)所示电路为两个绕组反向串联，互感线圈的 8 脚和 5 脚为同名端。

2. 测量互感线圈的互感系数 M

【例 5-6】　利用仿真软件测量两个具有互感的耦合线圈的互感系数 M。

（1）在 Multisim 10.0 软件窗口中建立如图 5-28 所示电路。互感线圈可从单击菜单 Place/Component 所出现对话框的 Basic 库中选择 Transformer 的 TS_IDEAL 得到，并双击其图标设置参数为：初级线圈电感（Primary Coil Inductance）$L_1=1$ mH，次级线圈电感（Secondary Coil Inductance）$L_2=1$ mH，耦合系数（Coefficient of Coupling）$k=0.5$。

（2）互感线圈的两个绕组分别构成正向串联电路（图 5-28）和反向串联电路（图 5-29）。电源的幅度（有效值）和频率设置可参考图 5-28 中所示。在电路中分别串联电流表和并联电压表。电流表和电压表均通过在数字万用表的显示面板中设置交流电流挡和交流电压挡而得到。

（3）单击仿真"运行/停止"开关，分别将互感线圈的正向串联与反向串联电路的电压值和电流值记录在表 5-1 中。

（4）根据步骤（3）的电压 U 与电流 I，计算正向串联电路的等效感抗（$\omega L_正=U/I_正$）和反向串联电路的等效感抗（$\omega L_反=U/I_反$）。

图 5-28 互感线圈正向串联电路的测量

图 5-29 互感线圈反向串联电路的测量

表 5-1 互感线圈测量数据记录表

电源 电压 U/V	电源 频率 f/kHz	电感 设置 L_1	电感 设置 L_2	互感 耦合 系数 (k)	正串 电流 $I_正$ /mA	反串 电流 $I_反$ /mA	正串 等效 感抗 $\omega L_正$ /Ω	反串 等效 感抗 $\omega L_反$ /Ω	互感 抗 ωM /Ω	互感 系数 M /mH	耦合 系数 验证 $M/\sqrt{L_1 L_2}$
30	159	1 mH	1 mH	0.5							
30	159	1 H	10 mH	1							

(5)由 $\omega M = (\omega L_正 - \omega L_反)/4$ 可求得互感抗,再求得互感系数 M 值,将 M 值记录在表 5-1 中。

(6)由 $k = M/\sqrt{L_1 L_2}$ 求出耦合系数 k 的值,并与 k 的设置值($k=0.5$)进行比较,看是否一致。

(7)将互感耦合线圈设置为 $L_1=1$ H,$L_2=10$ mH,$k=1$。重复上述步骤(2)～(6),将仿真数据记录在表 5-1 中。

四、思考题

(1)判断互感线圈的同名端有何作用?

(2)根据仿真数据,两个线圈之间的互感系数 M 的大小与哪些因素有关?

仿真训练 2 理想变压器的测量仿真

一、仿真目的

(1)通过仿真,进一步了解理想变压器的电压、电流、阻抗变换作用。

(2)通过仿真,进一步掌握理想变压器的电压、电流、阻抗与匝数比之间的关系:$U_1/U_2=N_1/N_2=n$,$I_1/I_2=N_2/N_1=1/n$,$Z_1/Z_2=(N_1/N_2)^2=n^2$。

二、仿真原理

(1)理想变压器是实际变压器的极端抽象,它需要满足三个条件:①无漏磁,使耦合系数 $k=1$;②L_1、$L_2\rightarrow\infty$,使空载电流为0;③无损耗,使输入功率与输出功率相等。

(2)理想变压器的初、次级的电压 U、电流 I、阻抗 Z 之间的关系只与匝数比 n 有关。其关系为:$U_1/U_2=N_1/N_2=n$,$I_1/I_2=N_2/N_1=1/n$,$Z_1/Z_2=(N_1/N_2)^2=n^2$。其中 N_1 为理想变压器的初级匝数,N_2 为次级匝数,n 为匝数比,由理想变压器的条件可得 $n=N_1/N_2=\sqrt{L_1/L_2}$。

三、仿真内容与步骤

(1)在 Multisim 10.0 软件窗口中建立如图 5-30 所示电路。理想变压器可从单击菜单 Place/Component 所出现对话框的 Basic 库中选择 Transformer 的 TS_IDEAL 得到。理想变压器的匝数比 n 可根据 $n=N_1/N_2=\sqrt{L_1/L_2}$ 进行设置。现将 L_1 和 L_2 分别设置为 100 H 和 1 H,耦合系数 k 设置为1,使匝数比 $n=\sqrt{L_1/L_2}=10$。

图 5-30 理想变压器仿真电路之一

(2)在电路中分别串联电流表和并联电压表。电流表和电压表均通过在数字万用表的显示面板中设置交流电流挡和交流电压挡而得到(也可以用测量探针来测量,通过双击探针图标,在参数设置中选择测量交流电流有效值与交流电压有效值)。

(3)单击仿真"运行/停止"开关,将测量所得理想变压器初级和次级的电压与电流值记录在表 5-2 中,并验证变压器的初级与次级的电压、电流、阻抗是否满足 $U_1/U_2=N_1/N_2=n$,$I_1/I_2=N_2/N_1=1/n$,$Z_1/Z_2=(N_1/N_2)^2=n^2$ 的关系,验证电源输出功率与负载消耗功率是否相等。

(4)理想变压器的阻抗特性仿真。设置变压器的 L_1 和 L_2 分别为 100 H 和 1 H,使 $n=\sqrt{L_1/L_2}=10$。在变压器初级回路中接入的阻抗 $Z_0(R_2)$ 为 1 kΩ,次级回路所接的负载阻抗 $Z_L(R_1)$ 为 10 Ω,如图 5-31 所示。根据理想变压器的阻抗变换特性,此时次级 10 Ω 电阻等效到初级后的阻值为 $n^2R_1=1$ kΩ,故电路中的 R_4 取值为 1 kΩ。重测变压器初、次级的电压与电流,验证电压、电流、阻抗与匝数比之间的关系,将数据记录在表 5-2 中。

图 5-31　理想变压器仿真电路之二

表 5-2　　　　　　　　　　　　　　变压器测试数据记录表

电源电压 U/V	电源内阻 Z_0/Ω	负载电阻 Z_L/Ω	变压器匝数比 n	初级电压 U_1/V	初级电流 I_1/mA	次级电压 U_2/V	次级电流 I_2/mA	电源输出功率 P_S/W	负载消耗功率 P_L/W	初级等效阻抗 Z_1/Ω
220	0	1	10							
220	1	10	10							
220	1	10	6							

(5)将图 5-31 中的理想变压器的 L_1 和 L_2 分别设置为 72 H 和 2 H,使 $n=\sqrt{L_1/L_2}=6$。此时次级回路的 10 Ω 电阻等效到初级回路的阻值为 $10\ \Omega\times n^2=360\ \Omega$,故电路中的 R_4 取值为360 Ω,将所测数据填入表 5-2 中。验证电源输出功率与负载消耗功率是否相等。

四、思考题

(1)理想变压器的匝数比与初、次级回路的电感量之间是什么关系?

(2)在图 5-31 中,左电路的理想变压器($n=10$)所接 10 Ω 负载上的功率,与右电路的 1 kΩ 负载上的功率是否相同,为什么?

(3)在图 5-31 中,10 Ω 负载上的功率、电源内阻(1 kΩ)上的功率及电源输出的功率三者之间是什么关系?

【技能训练】

技能训练 1　同名端与互感系数的测量

一、训练目的

(1)学会用直流通断法测定互感线圈的同名端。

(2)学会用正向与反向串联法测试同名端与互感系数。

二、训练原理

(1)同名端是用来反映磁耦合线圈绕向的。当电流分别从两个磁耦合线圈的同名端流入时,这两个电流所产生的磁通是互相增强的(方向相同),各线圈上产生的自感电压与互感电压极性一致；否则两个磁通方向相反，产生的自感电压与互感电压的极性也相反。

（2）互感系数 M 是反映两个线圈之间互感现象强弱的一个物理量，其大小与线圈的形状、尺寸、材料、结构等有关。两个线圈在正向串联时的等效电感为 $L_正=L_1+L_2+2M$，反向串联时的等效电感为 $L_反=L_1+L_2-2M$，由此可得互感系数 $M=(L_正-L_反)/4$。

三、训练器材

单相变压器 1 台（或交流信号源 1 台），互感线圈 1 个，模拟万用表 1 只，交流电流表（或数字万用表）1 只，低功率因数瓦特表 1 只。

四、测试步骤

（1）直流通断法测同名端

按图 5-32 连接电路。在开关接通瞬间，L_1 电流增加，若万用表（置直流电流挡）的指针正偏（电流由红表笔流入），说明 L_2 上产生的互感电压为上正下负，则 a、c 为同名端；若万用表指针反偏（电流由黑表笔流入），则 a、d 为同名端。

（2）正向、反向串联法测互感系数

①按图 5-33 连接电路，分别将 L_1 和 L_2 进行正向串联和反向串联。测量交流电路中的电压 U、电流 I 和有功功率 P，将所测数据填入表 5-3 中。

图 5-32　直流通断法测同名端　　　　图 5-33　正向、反向串联法测互感系数

表 5-3　　　　　　　　　　互感系数 M 测量数据记录表

电路连接	测量值			计算值				
	I	U	P	Z	R	X_L	L	M
正向串联							$L_正$	
反向串联							$L_反$	

②根据所测数据，计算 L_1 和 L_2 正向和反向串联时电路的总阻抗 Z、电阻 R、感抗 X_L、等效电感 L 值，从而得到互感系数 M。将计算结果填入表 5-3 中。

其中：$Z=U/I$，$R=P/I^2$，$X_L=\sqrt{Z^2-R^2}$，$L=X_L/\omega$。

根据两个线圈串联时：$L_正=L_1+L_2+2M$，$L_反=L_1+L_2-2M$，可得到互感系数为：

$$M=\frac{L_正-L_反}{4}$$

五、注意事项

（1）注意安全用电，遵守安全用电操作规程，防止人身触电事故。

（2）因为 L_1 和 L_2 的电感量都很小，故交流电源的电压不可太大，不超过百伏，使电路

中的电流小于 1 A。因此,实训时单相变压器的触头应从最低处逐渐增加电压,边调节电压边看电流表的读数的变化。

六、思考题

(1)在图 5-32 电路中,两个线圈正向、反向串联时,对线圈的 R 有无影响?

(2)两个线圈正向、反向串联时,能否判定同名端?用哪项数据判定?

技能训练 2 单相变压器特性的测量

一、训练目的

(1)掌握变压器的工作原理。

(2)掌握单相变压器的输出特性。

二、训练原理

单相变压器通常都可近似为理想变压器,理想变压器的参数只有一个,即匝数比 n ($n = N_1/N_2$)。理想变压器不会消耗能量,它的输入功率等于输出功率。理想变压器可以用来变换电压、电流和阻抗,其特性为:$u_1/u_2 = N_1/N_2 = n$,$i_1/i_2 = N_2/N_1 = 1/n$,$Z_1/Z_2 = N_1^2/N_2^2 = n^2$。

三、训练器材

单相交流电源变压器(220 V / 10 V)1 只,数字万用表(或交流电压表、交流电流表)1 只,1 kΩ 电位器 1 只,导线若干。

四、测试步骤

(1)观察并记录变压器铭牌上的各项额定数据:输入电压、输出电压、额定功率。

(2)测量空载电流。按图 5-34(a)连接电路,次级不接负载,初级接上交流电源,测量变压器初级绕组的空载电流 I_0。

(3)测量变压比 n。在空载情况下,测变压器的次级绕组的开路电压 U_2,初级绕组的电压 U_1,则该变压器的变压比 $n = U_1/U_2$。

(4)测量变压器的输出特性。次级接入可变负载 R_L,改变负载的大小,测量初级、次级输出的电压与电流的大小,将所测数据填入表 5-4 中。

(5)根据所测变压器的输出电压与输出电流,在图 5-34(b)中画出表明 I_2 与 U_2 关系的输出特性曲线。

图 5-34 单相变压器特性测量电路

表 5-4   单相变压器特性测量数据表

测量参数	$R_L \to \infty$（开路）	$R_L = 1\ k\Omega$	$R_L = 500\ \Omega$	$R_L = 200\ \Omega$	$R_L = 100\ \Omega$
初级电压 U_1 / V					
初级电流 I_1 / mA					
次级电压 U_2 / V					
次级电流 I_2 / mA					

五、注意事项

(1)测量变压器的初级电压与初级电流时,应遵守安全用电操作规程,防止触电事故的发生。

(2)变压器接入负载时,负载不可调得太小,否则次级电流会超过变压器的额定值,过大的电流会导致变压器和负载 R_L 烧毁。

六、思考题

(1)根据空载时所测数据,计算该变压器的变压比 n。

(2)根据额定负载时的所测数据,计算电流比,看它是否等于 $1/n$。产生误差的原因是什么?

本 章 小 结

1.互感、耦合系数、同名端、互感电压

由一个线圈的变化电流在另一个线圈中产生感应电压的现象称为互感现象。在取关联参考方向下,互感磁通链与产生互感磁通链的电流的比值,称为互感系数,简称互感。

$$M = \frac{\Psi_{12}}{i_2} = \frac{\Psi_{21}}{i_1}$$

耦合系数的定义为

$$k = \sqrt{\frac{\Phi_{21}\Phi_{12}}{\Phi_{11}\Phi_{22}}} = \frac{M}{\sqrt{L_1 L_2}}$$

它用来表征两个线圈耦合的紧密程度,与线圈的相对位置有密切关系。

同名端是指某一电流所产生的磁通在两个线圈中感应出相同电压极性的端子。同名端用来反映耦合线圈的相对绕向,从而在分析互感电压时不需要考虑线圈的实际绕向和相对位置。

2.含有耦合电感电路的分析计算

两个互感线圈串联的等效电感为

$$L_{eq} = L_1 + L_2 \pm 2M$$

正向串联取"+",反向串联取"−"。

两个互感线圈并联时的等效电感为

$$L_{eq} = \frac{L_1 L_2 - M^2}{L_1 + L_2 \mp 2M}$$

同名端在同侧取"－"，在异侧取"＋"。

互感线圈一端相连的互感电路是用无互感的电路来等效代替有互感的电路。

3. 变压器电路

(1)理想变压器是满足无损耗、全耦合，电感、互感趋于无穷大及匝数比 $n = \sqrt{L_1/L_2}$ 等三个理想条件而抽象出来的一种多端元件。它的初、次级的电压、电流及阻抗关系为

$$\dot{U}_1 = n\dot{U}_2, \quad \dot{I}_1 = -\frac{1}{n}\dot{I}_2, \quad Z_{\text{in}} = n^2 Z_{\text{L}}$$

理想变压器可以进行电压、电流和阻抗的变换。

(2)实际变压器是根据电磁感应原理制成的静止电气设备。变压器主要由硅钢片叠成的铁芯和绕在铁芯柱上的线圈（即绕组）构成。铁芯用来提供磁路，绕组是变压器的电路部分。变压器遵循电磁感应规律，它具有：

① 电压变换

$$\frac{U_1}{U_2} \approx \frac{E_1}{E_2} = \frac{N_1}{N_2} = n$$

② 电流变换

$$\frac{I_1}{I_2} = \frac{N_2}{N_1} = \frac{1}{n}$$

③ 阻抗变换

$$Z_{\text{in}} = n^2 Z_{\text{L}}$$

(3)特殊变压器

① 自耦变压器的结构特点是副绕组是原绕组的一部分，常做成调压器。

② 仪用互感器可分为电流互感器和电压互感器两种。$k_i = I_1/I_2$ 称为电流互感器的电流变比，$k_u = U_1/U_2$ 称为电压互感器的电压变比。

习　题

5-1　如图 5-35 所示为半导体收音机磁性天线线圈 L_1、L_2 和线圈 L_3。试根据图示线圈的绕法标出它们的同名端。

图 5-35　习题 5-1 图

5-2　如图 5-36 所示为两只相同的单相变压器，线圈 1 和 3 并联后接到同一交流电源上，线圈 2 和 4 有两种不同的串联接法，如图 5-36(a)、图 5-36(b) 所示。试分析在这两种接法下输出电压 u_2 有什么不同？线圈 2、4 还有两种不同的并联接法，如图 5-36(c)、图 5-36(d) 所示。试分析哪一种接法是正确的，为什么？

图 5-36 习题 5-2 图

5-3   通过测量流入有互感的两串联线圈的电流、功率和外加电压,能够确定两个线圈之间的互感。现在用 $U=220$ V、$f=50$ Hz 的电源进行测量。当顺接时,测得 $I=2.5$ A,$P=62.5$ W;当反接时,测得 $P=250$ W,试求互感 M。

5-4   已知图 5-37 所示电路的参数 $L_1=0.01$ H,$L_2=0.02$ H,$R_1=5$ Ω,$R_2=10$ Ω,$C=20$ μF,$M=0.01$ H。试求:当两个线圈顺接时和反接时电路的谐振角频率 ω_0。

5-5   在图 5-38 所示电路中,已知 $L_1=0.1$ H,$L_2=0.2$ H,$M=0.1$ H,电源频率为 50 Hz,电压有效值为 31.4 V。试求图 5-38(a)、图 5-38(b)两种不同并联接法的各支路电流,以及电路的等效阻抗各为多少。

图 5-37 习题 5-4 图   图 5-38 习题 5-5 图

5-6   试计算【例 5-2】一端口网络的输入阻抗。

5-7   一个可变电感器由一可动线圈和一固定线圈组成。顺接时最大电感为 626.5 mH,反接时最小电感为 106.5 mH,两个线圈的电感值一样。问互感最大值为多少?

5-8   在图 5-39 所示具有互感的正弦电路中,已知 $X_{L1}=10$ Ω,$X_{L2}=20$ Ω,$X_C=5$ Ω,耦合线圈互感抗 $X_M=10$ Ω,$R_L=30$ Ω,电源电压 $\dot{U}_S=20\underline{/0°}$ V,用支路电流法求 $\dot{I}_2$。

图 5-39　习题 5-8 图

5-9　在图 5-40 所示电路中，已知 $R_1=10\ \Omega,R_2=8\ \Omega,\omega L_1=12\ \Omega,\omega L_2=10\ \Omega,\omega L_3=6\ \Omega,\omega M_{12}=6\ \Omega,U=120\ \text{V}$，求 U_1。

5-10　在图 5-41 所示电路中，已知 $R_1=50\ \Omega,L_1=20\ \text{mH},L_2=60\ \text{mH},C_2=1.5\ \mu\text{F},\omega=10^4\ \text{rad/s},U=200\ \text{V}$。问互感 M_{12} 的值为多少时，才能使整个电路发生电压谐振？并计算谐振时的总电流 I_1。

图 5-40　习题 5-9 图

图 5-41　习题 5-10 图

5-11　一台单相变压器的原边电压 $U_1=3300\ \text{V}$，副边电流 $I_2=60\ \text{A}$，其匝数比 $n=15$。试求：(1)副边电压 U_2；(2)原边电流 I_1。

5-12　在电子线路中，输出变压器带有一个负载电阻 $R=8\ \Omega$ 的扬声器。为了在输出变压器的原边获得一个 $29\ \Omega$ 的等效电阻，试求输出变压器的匝数比 n。

5-13　某变压器的原边有一个线圈，已知原边电压 $U_1=380\ \text{V}$，匝数 $N_1=760$，副边有两个绕组，其空载电压分别为 $U_{20}=127\ \text{V}$ 和 $U_{30}=36\ \text{V}$，求这两个绕组各有多少匝。

5-14　已知某信号源电压为 $10\ \text{V}$，内阻为 $800\ \Omega$，负载电阻 $R_L=8\ \Omega$，为使负载获得最大输出功率，阻抗需要匹配，今在信号源和负载间接入一只变压器，试求该变压器的匝数比 n 和负载获取的功率。

第 5 章　互感电路

193

第6章 三相电路

三相电路 第6章

【教学导航】

【教学目标】
➤ 了解三相交流电在实际生活中的应用；
➤ 掌握三相电路的基本概念与基本分析方法；
➤ 熟悉三相电源与三相负载的 Y 形接法与 △ 形接法的特点；
➤ 掌握对称三相电路中线与相之间的电压、电流关系；
➤ 掌握对称三相电路中电压、电流、功率的分析与计算；
➤ 掌握三相电路功率的概念及应用；
➤ 理解负载星形连接时中线的作用；
➤ 了解不对称三相电路的特点与分析方法。

【教学重点】
➤ 三相电源与负载的星形连接与三角形连接的特点；
➤ 对称三相电路中线与相之间的电压、电流关系；
➤ 对称三相电路归结为一相的计算方法；
➤ 对称三相电路中电流、电压与功率的计算；
➤ 三相电路的功率及应用。

【教学难点】
➤ 三相电路的基本分析方法；
➤ 三相电路的功率及应用；
➤ 不对称三相电路的特点与分析方法。

【参考学时】 8 学时

6.1 三相电源

6.1.1 三相电源的基本概念

目前,电力系统所采用的供电方式,几乎都是三相制的。工业用的交流电动机大都是三相交流电动机。三相交流电在国民经济中获得了广泛的应用,这是因为三相交流电比单相交流电在电能的产生、输送和应用上具有显著的优点。例如,在发电机尺寸相同的条件下,三相发电机的输出功率比单相发电机高50％左右;输送距离和输送功率一定时,采用三相制比单相制要节省大量的有色金属;三相用电设备(如三相交流电动机等)具有结构简单、运行可靠、维护方便等良好性能。

三相电源由三相交流发电机产生,三相交流发电机结构原理如图 6-1(a)所示,它主要由定子和转子两大部分组成。定子由铁磁材料构成,其中还有绕组;转子做成可旋转的磁极。从图中可以看出,在定子铁芯上均匀嵌入三个绕组 A-X、B-Y、C-Z[图 6-1(b)中画出了一相绕组元件 A-X 的一匝示意图],三个绕组平面在空间的位置彼此相隔120°,绕组几何结构、绕向、匝数完全相同,构成了三相绕组。工程上绕组的始端习惯用 A、B 和 C 表示,绕组的末端则用 X、Y 和 Z 表示,这三个绕组与单相发电机的绕组一样。当转子 N、S 磁极绕转轴旋转时,由于穿过三个绕组的磁通发生变化,且定子与转子间的空气隙中的磁感应强度按正弦规律分布,三个绕组中都有按正弦规律变化的交流电压产生。

当转子以角速度 ω 匀速转动时,在定子三个绕组中将产生三个振幅、频率完全相同,相位上依次相差 120°的正弦感应电压。

若用三个电压源 u_A、u_B、u_C 分别表示三相交流发电机三个绕组的电压,并设其方向由始端指向末端,如图 6-2 所示,并以 u_A 为参考正弦量,则有

$$\left.\begin{aligned}u_A &= U_m \sin\omega t \\ u_B &= U_m \sin(\omega t - 120°) \\ u_C &= U_m \sin(\omega t + 120°)\end{aligned}\right\} \tag{6-1}$$

图 6-1　三相交流发电机模型　　　　　　　　　　图 6-2　三相电源电路模型

这组电压称为对称三相电源,每个电压就是一相,并依次称为 A 相、B 相和 C 相。它们的相量表达式为

$$\left.\begin{aligned}\dot{U}_A &= U \underline{/0°} \\ \dot{U}_B &= U \underline{/-120°} = \alpha^2 \dot{U}_A \\ \dot{U}_C &= U \underline{/120°} = \alpha \dot{U}_A\end{aligned}\right\} \tag{6-2}$$

对称三相电源的波形及相量图分别如图 6-3(a)和图 6-3(b)所示。

从波形和相量图都很容易得出,对称三相电源的特点是

$$u_A + u_B + u_C = 0 \quad 或 \quad \dot{U}_A + \dot{U}_B + \dot{U}_C = 0 \tag{6-3}$$

(a)波形   (b)相量图

图 6-3 对称三相电源的波形及相量图

在图 6-3(a)所示波形上,三相电源中每相电压依次达到同一值(例如正的最大值)的次序称为三相电源的相序。图 6-3(a)中这种相序为 A-B-C-A,称为顺序或正序,即此处 A 相电压超前 B 相电压 120°,B 相电压超前 C 相电压 120°。与正序相反,若 C 相电压超前 B 相电压 120°,B 相电压超前 A 相电压 120°,即 C-B-A-C 的这种相序,称为逆序或负序。工程上通常用的是正序。

A 相可以任意指定,但 A 相一经确定,那么比 A 相滞后 120°的就是 B 相,比 A 相超前 120°的就是 C 相,这是不可混淆的。工业上通常在交流发电机引出线及配电装置的三相母线上涂以黄、绿和红三色区分 A、B 和 C 三相。

图 6-3(b)便是三相电源电压相量图,它可以说明三相电源中每相感应电压最大值相等,都是 U_m,而三个感应电压之间在相位上互差 120°。

6.1.2 三相电源的 Y、△形连接

三相电源有星(Y)形和三角(△)形两种连接方式,以其构成一定的供电体系向负载供电。

1. 三相电源的星(Y)形连接

考虑图 6-2 所示三相电源电路模型,若将各电压源的末端(负极性端)X、Y 和 Z 连在一起,形成一个节点 N,称为中性点,简称中点。再从三个始端(正极性端)A、B 和 C 分别引出三根输出线,称为端线(俗称火线)。这种接法叫作三相电源的星(Y)形连接,如图 6-4 所示。各电压源末端连接在一起的中性点也可引出一根线,这根线称为中性线,简称中线。三相电路系统中有中性线时,称为三相四线制电路,无中性线时称为三相三线制电路。

端线与中性点之间的电压称为相电压,分别用 $\dot{U}_{AN}$、$\dot{U}_{BN}$ 和 $\dot{U}_{CN}$ 表示 A、B 和 C 三相相电压,双下标表示了它们的参考方向,即从端线指向中性点。

每两根端线之间的电压称为线电压,方向也用双下标表示,如线电压 $\dot{U}_{AB}$ 表示其参考方向从端线 A 指向端线 B。

由图 6-4 可见

$$\left.\begin{array}{l} \dot{U}_{AN}=\dot{U}_A \\ \dot{U}_{BN}=\dot{U}_B \\ \dot{U}_{CN}=\dot{U}_C \end{array}\right\}$$

而且线电压与相电压的关系为

$$\left.\begin{array}{l} \dot{U}_{AB}=\dot{U}_A-\dot{U}_B \\ \dot{U}_{BC}=\dot{U}_B-\dot{U}_C \\ \dot{U}_{CA}=\dot{U}_C-\dot{U}_A \end{array}\right\} \tag{6-4}$$

若三相电源相电压是对称的,并设 $\dot{U}_A=U_P\,\underline{/0°}$,则 $U_B=U_P\,\underline{/-120°}$,$\dot{U}_C=U_P\,\underline{/120°}$,画相量图如图 6-5 所示,由相量图可得

$$\left.\begin{array}{l} \dot{U}_{AB}=U_P\,\underline{/0°}-U_P\,\underline{/-120°}=\sqrt{3}U_P\,\underline{/30°} \\ \dot{U}_{BC}=U_P\,\underline{/-120°}-U_P\,\underline{/120°}=\sqrt{3}U_P\,\underline{/-90°} \\ \dot{U}_{CA}=U_P\,\underline{/120°}-U_P\,\underline{/0°}=\sqrt{3}U_P\,\underline{/150°} \end{array}\right\} \tag{6-5}$$

式(6-5)也可表示为

$$\left.\begin{array}{l} \dot{U}_{AB}=\sqrt{3}\dot{U}_A\,\underline{/30°} \\ \dot{U}_{BC}=\sqrt{3}\dot{U}_B\,\underline{/30°} \\ \dot{U}_{CA}=\sqrt{3}\dot{U}_C\,\underline{/30°} \end{array}\right\} \tag{6-6}$$

图 6-4　三相电源的 Y 形连接

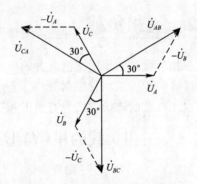

图 6-5　三相电源 Y 形连接时的相量图

由式(6-6)可得出如下结论:三相电源做星形连接时,若相电压是对称的,那么线电压也一定是对称的,并且线电压有效值(幅值)是相电压有效值(幅值)的 $\sqrt{3}$ 倍,记作 $U_L=\sqrt{3}U_P$,在相位上线电压超前于相应两个相电压中的先行相 30°,如 $\dot{U}_{AB}$ 超前 $\dot{U}_A$ 30°,$\dot{U}_{BC}$ 超前 $\dot{U}_B$ 30°。

2.三相电源的三角(△)形连接

若将各相电源的始末端依次相连,即 X 与 B、Y 与 C、Z 与 A 相连接成一个三角形回路,再从三个连接点 A、B 和 C 引出三条端线向外送电,这种接法称为三相电源的三角(△)形连接,如图 6-6(a)所示。

(a)三相电源的△形连接   (b)△形回路电压测量电路   (c)△形回路电压相量图

图 6-6 三相电源的△形连接电路

三相电源做三角形连接时,三个电压源形成一个闭合回路,只要连线正确,由于有 $\dot{U}_A+\dot{U}_B+\dot{U}_C=0$,所以闭合回路中不会产生环流。如果某一相接反了(例如 C 相接反),那么 $\dot{U}_A+\dot{U}_B+(-\dot{U}_C)\neq 0$,而三相电源的内阻抗很小,在回路内会形成很大的环流,将会烧毁三相电源设备,为避免此类现象发生,可在连接电源时串联接入一电压表"PV",根据该表读数来判断三相电源连接正确与否,图 6-6(b)是三相电源三角形连接的回路电压测量电路。

显然,三相电源做三角形连接时线电压与相应相电压相等,即 $\dot{U}_{AB}=\dot{U}_A$,$\dot{U}_{BC}=\dot{U}_B$,$\dot{U}_{CA}=\dot{U}_C$。图 6-6(c)是三相电源三角形连接时的回路电压相量图。

在以后的叙述中,如无特殊说明,都认为三相电源是对称的,所谓三相电源的电压一般指的是线电压的有效值。

6.2   三相负载

三相负载是指使用交流电源的所有用电器。在有中性线的情况下构成三相四线制,没中性线时构成三相三线制。

三相负载的连接方式也有星形和三角形两种。

6.2.1   三相负载的星(Y)形连接

如图 6-7(a)所示,三相负载 Z_A、Z_B 和 Z_C 的连接方式为星(Y)形连接。图中 N' 为负载中性点,从 A'、B'、C' 引出三根端线与三相电源相连,在三相四线制系统中,负载中性点 N' 与电源中性点 N 相连的线称为中性线,简称中线。

三相负载星形连接时,流经各相负载的电流称为相电流,分别用 $\dot{I}_{A'}$、$\dot{I}_{B'}$、$\dot{I}_{C'}$ 表示;而流经端线的电流称为线电流,分别用 $\dot{I}_A$、$\dot{I}_B$、$\dot{I}_C$ 表示,方向如图 6-7(a)所示。显然,三相负载星形连接时,线电流与相应相电流相等,即 $\dot{I}_A=\dot{I}_{A'}$;$\dot{I}_B=\dot{I}_{B'}$;$\dot{I}_C=\dot{I}_{C'}$。

由此可见,在星形连接的对称三相负载中,相电流与线电流对应相等,且相电流也是对称的。相电压与相电流的相量图如图 6-7(b)所示。

流过中性线的电流称为中性线电流,用 $\dot{I}_N$ 表示。在图 6-7(a)所示的电流方向下,中性线电流 $\dot{I}_N$ 为

图 6-7 三相负载的 Y 形连接及对称三相负载 Y 形连接的相电压、相电流相量图

$$\dot{I}_N = \dot{I}_A + \dot{I}_B + \dot{I}_C \tag{6-7}$$

若线电流 $\dot{I}_A$、$\dot{I}_B$、$\dot{I}_C$ 为一组对称三相正弦量，则 $\dot{I}_N = 0$，即 $\dot{I}_A + \dot{I}_B + \dot{I}_C = 0$，此时中性线形同虚设，即使断开，对电路也没有影响。中性线断开后电源中性点 N 与负载中性点 N' 仍是等位点。因此可把中性线省掉，成为星形连接的三相三线制，如图 6-8 所示。对称负载的三相三线制星形连接同三相四线制一样，各相负载所承受的电压仍为对称的相电压，且相电压、线电压关系仍满足 $U_L = \sqrt{3}U_P$。

图 6-8 对称负载三相三线制供电

6.2.2 三相负载的三角(△)形连接

将三相负载 Z_A、Z_B 和 Z_C 接成三角形后与电源相连，如图 6-9(a)所示，这就是负载的 △ 形连接（负载符号改为 Z_{AB}、Z_{BC} 和 Z_{CA}）。负载做三角形连接时只能是三相三线制。

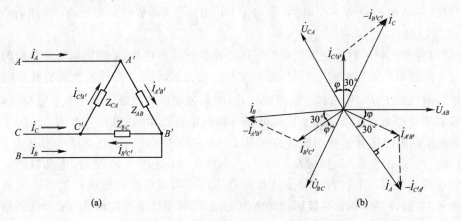

图 6-9 三相负载的△形连接及对称三相负载△形连接的电压、电流相量图

此时,每相负载的相电压都等于线电压。每相负载流过的电流为相电流,分别用 $\dot{I}_{A'B'}$、$\dot{I}_{B'C'}$ 和 $\dot{I}_{C'A'}$ 表示,线电流为 $\dot{I}_A$、$\dot{I}_B$ 和 $\dot{I}_C$。在图 6-9(a)所标注的参考方向下,根据 KCL 有

$$
\left.\begin{aligned}
\dot{I}_A &= \dot{I}_{A'B'} - \dot{I}_{C'A'} \\
\dot{I}_B &= \dot{I}_{B'C'} - \dot{I}_{A'B'} \\
\dot{I}_C &= \dot{I}_{C'A'} - \dot{I}_{B'C'}
\end{aligned}\right\}
\tag{6-8}
$$

若三相负载相电流是对称的,并设 $\dot{I}_{A'B'} = I_{\mathrm{P}} \underline{/0°}$,则 $\dot{I}_{B'C'} = I_{\mathrm{P}} \underline{/-120°}$,$\dot{I}_{C'A'} = I_{\mathrm{P}} \underline{/120°}$,代入式(6-8)可得

$$
\left.\begin{aligned}
\dot{I}_A &= \sqrt{3}\,I_{\mathrm{P}} \underline{/-30°} = \sqrt{3}\,\dot{I}_{A'B'} \underline{/-30°} \\
\dot{I}_B &= \sqrt{3}\,I_{\mathrm{P}} \underline{/-150°} = \sqrt{3}\,\dot{I}_{B'C'} \underline{/-30°} \\
\dot{I}_C &= \sqrt{3}\,I_{\mathrm{P}} \underline{/90°} = \sqrt{3}\,\dot{I}_{C'A'} \underline{/-30°}
\end{aligned}\right\}
\tag{6-9}
$$

上式表明:三相负载△形连接时,若相电流是一组对称三相电流,那么线电流也是一组对称三相电流,且线电流是相电流的 $\sqrt{3}$ 倍,记为

$$
I_{\mathrm{L}} = \sqrt{3}\,I_{\mathrm{P}}
\tag{6-10}
$$

并且线电流滞后于相应的相电流 30°。相量图如图 6-9(b)所示。

将三角形连接的三相负载看成一个广义节点,由 KCL 知,$\dot{I}_A + \dot{I}_B + \dot{I}_C = 0$ 恒成立,与电流的对称与否无关。

三相负载的相电压、线电压的概念与上节介绍的三相电源中的有关概念相同,这里不再讨论。

若三相负载的复阻抗相等,即 $Z_A = Z_B = Z_C$,则称为对称三相负载,三相电动机就是一组对称负载。将对称负载接到对称三相电源上,就构成了对称三相电路。三相负载的复阻抗不相等时,称为不对称负载,由它们构成的电路就是不对称三相电路,三相照明电路一般是不对称的。

三相电源和三相负载通过输电线(端线)相连构成了三相电路。工程上根据实际需要,可以组成多种类型的三相电路,如星形(电源)-星形(负载),简称 Y-Y,还有 Y-△、△-Y和△-△等。

另外,对称三相负载无论是做星形连接还是做三角形连接,必须根据每相负载的额定电压与电源线电压的大小而定,而与电源本身连接方式无关。当各相负载的额定电压等于电源线电压的 $1/\sqrt{3}$ 时,负载应做星形连接;如果各相负载的额定电压等于电源线电压,则负载必须做三角形连接。例如我国低压三相配电系统中,线电压大多为 380 V。如果三相异步电动机的铭牌上标明连接方式是 220 V/380 V-△/Y,当电源的线电压为 380 V 时,电动机的三相绕组必须接成星(Y)形;当电源的线电压为 220 V 时,电动机的三相绕组必须接成三角(△)形。否则会使负载因电压过高而烧毁或因电压过低而不能正常工作。此外,若有许多单相负载接到三相电源上,应尽可能把这些负载平均地分配到每一相上,以使电路尽可能对称。

6.3 三相电路的功率

6.3.1 三相电路的平均功率(有功功率)

三相电源发出的有功功率或者三相负载吸收的有功功率都等于它们各相的有功功率之和,即

$$P = P_A + P_B + P_C$$
$$= U_{AP}I_{AP}\cos\varphi_A + U_{BP}I_{BP}\cos\varphi_B + U_{CP}I_{CP}\cos\varphi_C \tag{6-11}$$

式中,φ_A、φ_B、φ_C 分别是 A 相、B 相、C 相的相电压和相电流之间的相位差。

在对称三相电路中,各相电压和各相电流的有效值均分别相等,而且各相电压、相电流之间的相位差也相等,功率因数也一样,因而各相的有功功率相等,这时式(6-11)三相电路的有功功率可表示为

$$P = 3U_P I_P \cos\varphi \tag{6-12}$$

若它们做星形连接,则 $U_P = \dfrac{U_L}{\sqrt{3}}$,$I_P = I_L$;

若它们做三角形连接,则 $U_P = U_L$,$I_P = \dfrac{I_L}{\sqrt{3}}$。

因而不论做哪种连接,都有 $3U_P I_P = \sqrt{3}U_L I_L$,故式(6-12)可写成

$$P = \sqrt{3}U_L I_L \cos\varphi \tag{6-13}$$

这里必须注意,此式中 φ 仍然是相电压和相电流之间的相位差,它取决于负载的阻抗,而与负载的连接方式无关。

同样,三相电路的无功功率等于各相无功功率之和,即

$$Q = Q_A + Q_B + Q_C$$
$$= U_{AP}I_{AP}\sin\varphi_A + U_{BP}I_{BP}\sin\varphi_B + U_{CP}I_{CP}\sin\varphi_C \tag{6-14}$$

而视在功率应为

$$S = \sqrt{P^2 + Q^2} \tag{6-15}$$

在对称三相电路中,上面的两个公式就变化为

$$Q = 3U_P I_P \sin\varphi = \sqrt{3}U_L I_L \sin\varphi \tag{6-16}$$
$$S = 3U_P I_P = \sqrt{3}U_L I_L \tag{6-17}$$

三相电源或三相负载的功率因数定义为

$$\cos\varphi' = \frac{P}{S} \tag{6-18}$$

在不对称三相电路中,φ' 没有实际意义。在对称三相电路中,三相电路的功率因数同时也是其中每相的功率因数,这里的 φ' 就是式(6-13)中的 φ。

6.3.2 对称三相电路的瞬时功率

在第 4 章中已学过,正弦电流电路中瞬时功率的表达式为

$$p = ui = [\sqrt{2}U\sin\omega t] \times [\sqrt{2}I\sin(\omega t - \varphi)]$$
$$= UI\cos\varphi - UI\cos(2\omega t - \varphi)$$

其中前面一项是平均功率,后面一项是以两倍于电源频率而交变着的功率。对于对称三相电路来说,每相的瞬时功率应为

$$p_A = u_{AP}i_{AP}$$
$$= \sqrt{2}U_P\sin\omega t \times \sqrt{2}I_P\sin(\omega t - \varphi)$$
$$= U_P I_P[\cos\varphi - \cos(2\omega t - \varphi)]$$
$$p_B = u_{BP}i_{BP}$$
$$= \sqrt{2}U_P\sin(\omega t - 120°) \times \sqrt{2}I_P\sin(\omega t - 120° - \varphi)$$
$$= U_P I_P[\cos\varphi - \cos(2\omega t - 240° - \varphi)]$$
$$p_C = u_{CP}i_{CP}$$
$$= \sqrt{2}U_P\sin(\omega t + 120°) \times \sqrt{2}I_P\sin(\omega t + 120° - \varphi)$$
$$= U_P I_P[\cos\varphi - \cos(2\omega t + 240° - \varphi)]$$

上面三个式子中的后面一项,由于对称关系其和为零,所以对称三相电路的瞬时功率为

$$p = p_A + p_B + p_C = 3U_P I_P\cos\varphi \tag{6-19}$$

式(6-19)表明,对称三相电路的瞬时功率是一个与时间无关的常量,其值等于有功功率(平均功率)。这是对称三相电路的一种很好的性质,若负载是三相电动机,那么由于瞬时功率是恒定的,对应电动机转轴所受到的瞬时转矩也是恒定的,不会引起机械振动,因此,其运行情况比单相电动机稳定。这是对称三相电路的一个优越性能。显然,对单相电动机来说,情况就不是这样了,由于它的瞬时功率以两倍电源频率而交变着,所以会有不良的振动。

【例 6-1】 额定电压为 380 V 的中小型三相异步电动机的功率因数 $\cos\varphi$ 一般为 0.85~0.9,效率 η 一般为 0.85~0.9。如某一台电动机 $\cos\varphi = 0.86$,$\eta = 0.88$,在电动机输出功率为 2.2 kW 时,电动机从电源获取多大电流?

解: 电动机输出功率 P_2 与输入功率 P_1 的关系为

$$P_2 = \eta P_1$$

电动机从电源获得的功率

$$P_1 = \sqrt{3}U_L I_L\cos\varphi$$

所以有

$$I_L = \frac{P_1}{\sqrt{3}U_L\cos\varphi} = \frac{P_2}{\sqrt{3}U_L\eta\cos\varphi} = \frac{2200}{\sqrt{3}\times380\times0.88\times0.86} \text{ A} = 4.42 \text{ A}$$

【例 6-2】 工业上用的三相电阻炉,常常利用改变热电阻丝的接法来控制功率,达到调节炉内温度的目的。今有一台三相电阻炉,其每相电阻 $R = 8.68$ Ω,试问:(1)在 380 V 线电压下,接成三角形和星形连接时各从电网取多少功率?(2)在 220 V 线电压下,三角形接法的功率是多少?

解:(1)做三角形连接时,相电流

$$I_P = \frac{U_L}{R} = \frac{380}{8.68} \text{ A} = 43.8 \text{ A}$$

线电流 $\qquad I_L = \sqrt{3} I_P = 75.9 \text{ A}$

这时 $\qquad P = \sqrt{3} U_L I_L \cos\varphi = \sqrt{3} \times 380 \times 75.9 \times 1 \text{ W} = 50 \text{ kW}$

做星形连接时,线电流

$$I_L = I_P = \frac{U_P}{R} = \frac{380/\sqrt{3}}{8.68} \text{ A} = 25.3 \text{ A}$$

这时 $\qquad P = \sqrt{3} U_L I_L \cos\varphi = \sqrt{3} \times 380 \times 25.3 \times 1 \text{ W} = 16.7 \text{ kW}$

(2)线电压 220 V 时,三角形负载中的相电流

$$I_P = \frac{U_L}{R} = \frac{220}{8.68} \text{ A} = 25.3 \text{ A}$$

线电流 $\qquad I_L = \sqrt{3} I_P = 43.8 \text{ A}$

这时 $\qquad P = \sqrt{3} U_L I_L \cos\varphi = \sqrt{3} \times 220 \times 43.8 \times 1 \text{ W} = 16.7 \text{ kW}$

由本例可见:

(1)在线电压不变时,一个负载由三角形连接改成星形连接,相电压和相电流都为原来的 $1/\sqrt{3}$ 倍,所以功率就减少为原来的 1/3。

(2)只要每相负载所承受的相电压相同,那么不管这个负载接成星形还是三角形,其相电流和功率均相等。在实际中,有些三相用电器的铭牌上写着 220 V/380 V-△/Y,就是指这个用电器可在线电压 220 V 下做三角形连接,或者在线电压 380 V 下做星形连接,两者功率相等。

6.4　对称三相电路的分析

三相电路实质上是一种特殊的复杂正弦电路,前面讨论过的正弦稳态电路的分析方法对三相电路也完全适用,但由于三相电路结构上的特点,尤其是对称三相电路的分析计算又有其自身特点,利用这些特点,可以大大简化计算,因此可以用以前讨论过的复杂电路的各种计算方法去解决。我们要分析的对称三相电路,就是由对称三相电源和对称三相负载所组成的三相电路(如果线路的阻抗不能忽略,还要求线路的三个复阻抗相等)。所谓对称三相电源,是指电源的三相电动势是对称的,而且内阻抗也相等。所谓对称三相负载,是指负载的每相复阻抗都相等;一般三相电动机、三相变压器都可看成对称三相负载。在本节中,着重研究对称三相电路究竟有什么特点,以便利用这些特点来简化计算。但要注意,三相电路中只要有任一部分不对称,它就是不对称三相电路,本节的方法也就不适用了。

6.4.1　负载 Y 形连接的三相电路

三相电源一般为星形连接,因此,负载也为星形连接时,三相电路为 Y-Y 的对称三相电路,一般采用三相四线制系统,在考虑了传输线的阻抗 Z_L 及中线阻抗 Z_N 后,则得到图 6-10(a)所示的最简单的对称 Y-Y 三相电路。

由于独立节点数少于独立回路数,故可采用节点分析法先求出中性点 N'、N 之间的

图 6-10　对称 Y-Y 三相电路以及一相(A 相)计算电路

电压。若设 N 点为参考节点来列独立节点方程，根据节点电压法，可得

$$\dot{U}_{N'N} = \frac{(\dot{U}_A + \dot{U}_B + \dot{U}_C)\dfrac{1}{Z + Z_L}}{\dfrac{3}{Z + Z_L} + \dfrac{1}{Z_N}}$$

因为三相电源对称，即 $\dot{U}_A + \dot{U}_B + \dot{U}_C = 0$，所以上式中的分子项为 0，故 $\dot{U}_{N'N} = 0$，即 N 点和 N' 点电位相等。

根据基尔霍夫电压定律，对 A 相来说（即回路 $AA'N'NA$），下式成立

$$\dot{U}_A = \dot{U}_{AA'} + \dot{U}_{A'N'} + \dot{U}_{N'N}$$

因为 $\dot{U}_{N'N} = 0$，而 $\dot{U}_{AA'} + \dot{U}_{A'N'} = \dot{I}_A(Z_L + Z)$，所以有

$$\left.\begin{aligned}
\dot{I}_A &= \frac{\dot{U}_A}{Z_L + Z} \\[2mm]
\dot{I}_B &= \frac{\dot{U}_B}{Z_L + Z} = \frac{\dot{U}_A \underline{/-120°}}{Z_L + Z} = \dot{I}_A \underline{/-120°} \\[2mm]
\dot{I}_C &= \frac{\dot{U}_C}{Z_L + Z} = \frac{\dot{U}_A \underline{/120°}}{Z_L + Z} = \dot{I}_A \underline{/120°}
\end{aligned}\right\} \qquad (6\text{-}20)$$

同理，有（上式中间、右两式）

可见相电流是对称的，中线电流为零，即

$$\dot{I}_N = \dot{I}_A + \dot{I}_B + \dot{I}_C = 0$$

各相电流是对称的，则负载端的相电压也是对称的，即

$$\dot{U}_{A'N'} = \dot{I}_A Z$$

$$\dot{U}_{B'N'} = \dot{I}_B Z = \dot{I}_A Z \underline{/-120°} = \dot{U}_{A'N'} \underline{/-120°}$$

$$\dot{U}_{C'N'} = \dot{I}_C Z = \dot{I}_A Z \underline{/120°} = \dot{U}_{A'N'} \underline{/120°}$$

同理，可以求得各线电压也是对称的。

从上面讨论中可以得出：

(1)对称 Y-Y 连接中，由于三相电动势和负载是对称的，各组的电压或电流也都是对称的。所以，只要求得其中一相电压和电流（比如 A 相），则其他两相（比如 B 相、C 相）就可以根据其对称关系直接写出。

(2)由 $\dot{U}_{N'N} = 0$ 导出的式(6-20)可知，各相电流仅由各相的电动势和阻抗决定，各相之

间互不相关,这就是说,在对称 Y-Y 三相电路中,各相的计算具有独立性。比如计算 A 相,可画出单独的 A 相计算电路,如图 6-10(b)所示。这样一来,三相电路的计算就可以归结为一相来计算。这就是根据对称性特点而找到的一种简便计算方法。显然,这种计算方法的前提是 N 点和 N' 点等电位。

(3)中线阻抗不起作用,不出现在一相计算电路中,这一点在画一相计算电路时应特别注意。

【例 6-3】 对称 Y-Y 三相电路如图 6-11(a)所示,已知线电压 $U_L = 220\sqrt{3}$ V,每相负载阻抗为 $Z = 10 \underline{/60°}$ Ω,不计线路阻抗。(1)求线电流 $\dot{I}_A$,$\dot{I}_B$,$\dot{I}_C$;并作出电压、电流的相量图;(2)求三相负载总的有功功率。

解:本例因忽略了传输线的阻抗 Z_L 及中线阻抗 Z_N,以及考虑对称性,可以先求得其中一相电压、电流(比如 A 相)值,然后,根据其对称关系,再写出其他两相(B 相、C 相)的值。图 6-11(b)就是 A 相的计算电路。

(1)负载做星形连接时,一相电压的有效值为:

$$U_P = \frac{U_L}{\sqrt{3}} = 220 \text{ V}$$

设 $\dot{U}_A = 220 \underline{/0°}$ V,则 $\dot{U}_B = 220 \underline{/-120°}$ V,$\dot{U}_C = 220 \underline{/120°}$ V,因负载为星形连接,所以线电流等于相电流,有

$$\dot{I}_A = \frac{\dot{U}_A}{Z} = \frac{220 \underline{/0°}}{10 \underline{/60°}} \text{ A} = 22 \underline{/-60°} \text{ A}$$

$$\dot{I}_B = \frac{\dot{U}_B}{Z} = \frac{220 \underline{/-120°}}{10 \underline{/60°}} \text{ A} = 22 \underline{/-180°} \text{ A}$$

$$\dot{I}_C = \frac{\dot{U}_C}{Z} = \frac{220 \underline{/120°}}{10 \underline{/60°}} \text{ A} = 22 \underline{/60°} \text{ A}$$

电压、电流的相量图如图 6-11(c)所示。

图 6-11 【例 6-3】对称 Y-Y 三相电路、计算电路与电压、电流的相量图

（2）三相负载总的有功功率为：

$$P = \sqrt{3}U_L I_L \cos\varphi = \sqrt{3} \times 220\sqrt{3} \times 22 \times \cos 60° \text{ W} = 7260 \text{ W}$$

6.4.2 负载△形连接的三相电路

  对于负载三角形连接的三相电路,如图 6-12 所示的对称 Y-△三相电路和如图 6-13 所示的对称△-△三相电路,就不能直接应用上述归结为一相的计算方法。但是,如果把三角形负载用一个等效的星（Y）形连接负载来代替,那么对于三相电源,不论做何种连接,当已知对称三相线电压时,根据△形连接或 Y 形连接时线电压与相电压的关系,总可以用一个对称三相 Y 形连接的电压源代替。因此任何连接形式的对称三相电路总可以转换为 Y-Y 连接的对称三相电路,则图 6-12、图 6-13 所示的三相电路系统就可以化成图 6-14(a)所示的 Y-Y 三相电路。这样一来,就仍然可以应用归结为一相的计算方法［图 6-14(b)］来进行计算。当求得等效星形负载［图 6-14(a)］中的电流、电压后,就可以应用三角形连接中电流和电压的相值与线值之间的关系,反过来求得原三角形连接中的电流和电压（参看【例 6-4】）。

图 6-12 对称 Y-△三相电路

图 6-13 对称△-△三相电路

  用在第 2 章中学过的 Y-△网络的等效变换公式,把一个对称的△形连接阻抗等效变换为 Y 形连接阻抗时,有

$$Z_Y = \frac{1}{3}Z_\triangle$$

故图 6-12 和图 6-13 中的△形阻抗 Z 和等效 Y 形阻抗 Z' 的关系为

$$Z' = \frac{1}{3}Z$$

  将图 6-13 所示△形连接的三相电源改为 Y 形连接时,满足式(6-6),那么线电压仍

图 6-14　对称 Y-△、△-△三相电路的 Y-Y 等效三相电路及一相计算电路

然是相电压的 $\sqrt{3}$ 倍，记作

$$U_L = \sqrt{3}\,U_P$$

【例 6-4】　电路如图 6-13 所示，对称三角形负载的每相复阻抗为 $Z = 27.78 + \mathrm{j}26.1\ \Omega$，线路的阻抗 $Z_L = 0$，电源的线电压为 380 V，求负载端的线电流和相电流。

解：因为是对称三相电路，故可应用化为一相的计算方法求解。

首先，把三角形负载化为等效星形负载，对称的线电压可看成由一对称星形电源供给，则图 6-13 即可化成图 6-14(a)。取出 A 相画成一相计算电路，得图 6-14(b)。

根据图 6-14(b)，设 $\dot U_A$ 为参考量，即 $\dot U_A = 220\ \underline{/0^\circ}$ V；而等效星形负载为

$$Z' = \frac{Z}{3} = \frac{27.78 + \mathrm{j}26.1}{3}\Omega = 9.26 + \mathrm{j}8.7\ \Omega$$

所以

$$\dot I_A = \frac{\dot U_A}{Z'} = \frac{220\ \underline{/0^\circ}}{9.26 + \mathrm{j}8.7} = 17.3\ \underline{/-43.2^\circ}\ \text{A}$$

根据对称性可直接写出其他两个线电流

$$\dot I_B = \dot I_A\ \underline{/-120^\circ} = 17.3\ \underline{/-163.2^\circ}\ \text{A}$$

$$\dot I_C = \dot I_A\ \underline{/120^\circ} = 17.3\ \underline{/76.8^\circ}\ \text{A}$$

线电流既已求得，那么，根据对称三角形连接中线电流和相电流的关系[参看式(6-9)]，可得原三角形负载中的相电流

$$\dot I_{A'B'} = \frac{\dot I_A}{\sqrt{3}}\ \underline{/30^\circ} = 10\ \underline{/-13.2^\circ}\ \text{A}$$

$$\dot I_{B'C'} = \dot I_{A'B'}\ \underline{/-120^\circ} = 10\ \underline{/-133.2^\circ}\ \text{A}$$

$$\dot I_{C'A'} = \dot I_{A'B'}\ \underline{/120^\circ} = 10\ \underline{/106.8^\circ}\ \text{A}$$

对于比较复杂的对称三相电路，利用 Y-△ 的等效变换，最终仍能归结为一相来计算。设有图 6-15(a)所示的对称三相电路，其中电源和负载都为三角形连接，经过一定的等效变换，仍能把这种电路归结为一相来计算。首先，将三角形电源和三角形负载都化成等效的星形连接，如图 6-15(b)所示。在电源方面，按对称星形连接的线电压和相电压之间关

系:参见式(6-6),可得$\dot{U}_A = \dfrac{\dot{U}_{AB}}{\sqrt{3}\,\angle 30°}$(设电源的每相内阻抗为零)。而负载方面,$Z'_4 = Z_4/3$。

根据电路对称性的特点,N、N_1 和 N_2 点的电位相同,当用一根导线[如图 6-15(b)中的虚线]把它们连起来时,这根中线是没有电流的,也就是说,不改变电路的电流、电压分布情况。这样一来,就可以取出一相,例如 A 相,单独画出一相计算电路,如图6-15(c)所示。A 相的电流、电压算出后,则其他两相的电流、电压就可以求得了。

图 6-15 复杂对称三相电路及其一相计算电路

6.5 * 不对称三相电路的概念

在三相电路中,当三相电源不对称,或者负载各相阻抗不一致,或者三相传输线的阻抗不相等时,电路中的各相电流一般是不对称的,我们称这种电路为不对称三相电路。显然,不对称三相电路不能应用上节所述的归结为一相的计算方法,而要用复杂电路的计算方法或其他计算方法,例如对称分量法。在本节,我们对这类计算问题不做深入的讨论,只是分析一下由负载不对称而引起的一些现象。

在实际中,电网的运行是很复杂的,就拿我们经常遇到的低压电力系统来说,随着用户的用电情况不同,各相负载就会不相等,如图 6-16(a)所示。这里,为了分析问题方便,假设没有再接其他负载,而且发电机的内阻抗和传输线的阻抗均忽略不计,则这个不对称三相电路可用图 6-16(b)来表示。

图 6-16 不对称三相电路

先讨论不接中线(即 S 断开)时的情况。设以 N 点为参考节点,根据节点电压法,有

$$\dot{U}_{N'N} = \frac{\dot{U}_A/Z_A + \dot{U}_B/Z_B + \dot{U}_C/Z_C}{1/Z_A + 1/Z_B + 1/Z_C}$$

从上式可以看出,当负载不对称时,即使电压源的各相电压 $\dot{U}_A$、$\dot{U}_B$、$\dot{U}_C$ 是对称的,但 $\dot{U}_{N'N} \neq 0$,即 N 点和 N' 点电位不同,因而负载的相电压 $\dot{U}_{AN'}$、$\dot{U}_{BN'}$、$\dot{U}_{CN'}$ 也不对称,这从图 6-17 的相量关系可以很清楚地看到。这种负载中性点 N' 和电源中性点 N 的电位不重合的现象,称为负载中点的位移。

很明显,在中点位移较大时,势必引起负载中有的相电压过高,有的相电压过低(如图 6-17 中的 $\dot{U}_{BN'}$ 和 $\dot{U}_{CN'}$),这对负载运行很不利。例如,对照明负载来说,灯泡的额定电压是一定的,某一相电压过高,就会烧毁灯泡,某一相电压过低,则灯泡亮度不足。

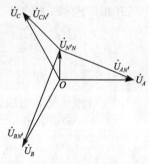

图 6-17 负载中点位移向量图

现在,接上中线(即 S 闭合)。当中线阻抗忽略不计时,N' 点和 N 点的电位就相同了,即 $\dot{U}_{N'N} = 0$,这时负载各相电压和相应的电源各相电压相等。当电源相电压对称时,负载相电压对称。由此可见,接上中线就能使不对称星形负载的各相电压对称,这就是低压电力系统广泛采用三相四线制的原因之一。实际上,为了避免中线断开,在中线上不允许接保险丝和开关,有时还采用机械强度较高的导线作为中线。但必须指出,这时负载的相电压虽然能够对称,但由于负载阻抗不对称,所以负载的相电流并不对称,因而中线电流一般也不为零。上面所讨论的中线阻抗忽略不计,仅是理想情况,实际上中线阻抗总不能为零,因而当中线中有电流流过时,就会产生电压降,势必也会引起中点位移,即 $\dot{U}_{N'N} \neq 0$,这就是总是尽量使三相负载对称运行的原因。例如,在安装一幢三层楼房的照明设备时,通常将一、二、三层楼的电灯分别接到 A、B、C 三相上,其目的也是尽量让三相负载对称运行,从而使各层楼电灯承受的电压近似相等。

【例 6-5】 相序指示器是一种决定相序的仪器,由一只电容和两个灯泡组成星形电路,如图 6-18(a)所示。如果使 $\frac{1}{\omega C} = R$,而且线电压对称,求灯泡承受的相电压,从而判定

哪一个灯泡较亮。

图 6-18 【例 6-5】相序指示器

解：这是一个不对称三相 Y 形连接负载电路，不能用化成一相的计算方法去解。因为线电压是对称的，所以可把电源看成对称的 Y 形连接，如图 6-18(b)所示。设 $\dot{U}_A = U\underline{/0°}$，并以 N 点为参考节点，则按节点电压法，有

$$\dot{U}_{N'N} = \frac{\dot{U}_A j\omega C + \dot{U}_B \frac{1}{R} + \dot{U}_C \frac{1}{R}}{j\omega C + \frac{1}{R} + \frac{1}{R}}$$

$$= \frac{j\underline{/0°} + 1\underline{/-120°} + 1\underline{/120°}}{j+2}U = (-0.2 + j0.6)U = 0.632U\underline{/108.4°}$$

B 相灯泡承受的电压为

$$\dot{U}_{BN'} = \dot{U}_{BN} - \dot{U}_{N'N} = U\underline{/-120°} - 0.632U\underline{/108.4°}$$

$$= (-0.3 - j1.47)U = 1.5U\underline{/-101.5°}$$

所以 $$U_{BN'} = 1.5U$$

C 相灯泡承受的电压为

$$\dot{U}_{CN'} = \dot{U}_{CN} - \dot{U}_{N'N} = U\underline{/120°} - 0.632U\underline{/108.4°}$$

$$= (-0.3 + j0.266)U = 0.4U\underline{/138.4°}$$

所以 $$U_{CN'} = 0.4U$$

由此可见，若设电容所接的那一相为 A 相，则灯泡比较亮的那一相即 B 相，比较暗的那一相为 C 相，从而测出了三相电源的相序。$U_{BN'}$、$U_{CN'}$ 的大小也可以从图 6-18(c)所画出的相量图上看出。

【仿真训练】

仿真训练 1　三相交流电路负载星形连接电路仿真

一、仿真目的

(1)通过仿真,学会三相交流电路中负载星形连接的方法。

(2)测量负载星形连接时的线电压与相电压、线电流与相电流之间的关系。

(3)加深理解三相四线制的中线在负载不对称时的作用。

二、仿真原理

(1)三相对称负载做星形连接时,负载的相电压与相电流均对称,负载的线电压是相电压的 $\sqrt{3}$ 倍,负载的线电流与相电流相等,中线电流为 0,可以采用三相三线制连接。

(2)三相不对称负载做星形连接时,若有中线,则各相上的电压对称,相电压大小相等,各相电流不对称,中线电流不等于 0;若无中线,则各相电压与电流均不对称,从而导致负载不能正常工作,所以不对称负载做星形连接时一定要有中线,必须采用三相四线制连接,以保持各相负载上的相电压对称,而且中线不允许接保险丝和开关。

三、仿真内容与步骤

(1)在 Multisim 10.0 软件窗口中创建如图 6-19 所示电路,对称三相电源分别设置有效值 220 V/50 Hz,相位 $0°/-120°/+120°$。

图 6-19 三相交流电路负载星形连接

(2)在电路中接入两只开关,S_1 用来控制三相电路的中线通断,使电路切换为三相三线制和三相四线制连接方式;S_2 用来控制 A 相负载的切换,使电路切换为对称负载与不对称负载连接电路。

(3)接入 4 个测量探针,探测三相负载的相电压和相电流以及中线电压与中线电流。接入 3 只数字万用表,测量 3 根火线之间的线电压。

(4)单击仿真"运行/停止"开关,分别操作 A 键和 B 键(S_1 和 S_2 分别接通与断开),使电路成为三相三线制与三相四线制电路,以及成为负载对称与负载不对称电路。

根据各测量探针的指示值和数字万用表的读数,可见对称负载时的中线电流为 0,各线电流相等;线电压 $U_L = \sqrt{3}U_P = \sqrt{3} \times 220 \text{ V} = 381 \text{ V}$。当接通开关 S_2 使负载不对称时,中线电流不为 0,各线电流不相等。

将所得数据记录在表 6-1 中。

表 6-1　　　　　　　　　　　　　　负载星形连接电路仿真数据记录表

三相负载	中线有无	线电压/V			相电压/V			线、相电流/mA			中线电流/mA
		U_{AB}	U_{BC}	U_{CA}	U_A	U_B	U_C	I_A	I_B	I_C	I_0
对称负载 (S₂开)	有(S₁合)										
	无(S₁开)										
不对称负载(S₂合)	有(S₁合)										
	无(S₁开)										

(5)根据仿真测量的数据,分析电路中对称负载时的线电压与相电压的关系,以及线电流与相电流的关系。分析不对称负载时的中线电流大小及中线的作用。

四、思考题

(1)在星形对称负载情况下,为什么可以不用中线(三相三线制)?

(2)在星形不对称负载情况下,根据电流表的读数分析中线的作用。

(3)在三相四线制电路中,中线上为什么不能接入保险丝?

仿真训练 2　三相交流电路负载三角形连接电路仿真

一、仿真目的

(1)通过仿真,学会三相交流电路中负载三角形连接的方法。

(2)测量负载三角形连接时的线电压与相电压、线电流与相电流之间的关系。

二、仿真原理

(1)三相对称负载做三角形连接时,负载的线电压与相电压相等,线电流是相电流的 $\sqrt{3}$ 倍。

(2)三相不对称负载做三角形连接时,线电流与各相负载中的相电流也不对称。

三、仿真内容与步骤

(1)在 Multisim 10.0 电路窗口中创建如图 6-20 所示电路,电源为 Y 形连接,负载为△形连接。对称三相电源分别设置有效值 220 V/50 Hz,相位 0°/−120°/+120°。

图 6-20　三相交流电路负载三角形连接

（2）在电路中接入 S_1 开关，用来控制 C 相负载的切换，使电路成为对称负载与不对称负载连接电路。

（3）接入 6 只测量探针，分别探测三相负载的线电流和相电流。在三相负载上并联 3 只数字万用表，测量各相负载上的相电压，该相电压也是 3 根火线之间的线电压。

（4）单击仿真"运行/停止"开关，分别断开和接通开关 S_1（操作 A 键），使电路成为三相负载对称与不对称电路。将所得数据记录在表 6-2 中。

表 6-2　　　　　　　　负载三角形连接电路仿真数据记录表

负载情况	线电压/V			线电流/mA			相电流/mA		
	U_{AB}	U_{BC}	U_{CA}	I_{AB}	I_{BC}	I_{CA}	I_A	I_B	I_C
对称负载(S_1开)									
不对称负载(S_1合)									

（5）根据测量数据，分析电路中负载对称时的线电压与相电压的关系，以及线电流与相电流的关系。

四、思考题

（1）在负载做三角形连接时，负载上的相电压与电源的相电压之间是什么关系？

（2）根据测量数据，分析对称负载做三角形连接时线电流与相电流的关系，并画出相量图。

【技能训练】

技能训练 1　三相负载的星形接法

一、实验目的

（1）掌握三相交流电路中负载做星形连接的方法。

（2）验证三相负载做星形连接时，线电压和相电压以及线电流和相电流之间的关系。

（3）了解三相四线制中负载不对称时，中线的作用。

二、实验原理

（1）三相对称负载做星形连接时，电路如图 6-21 所示。

按图中的参考方向，负载的线电压 U_L 与相电压 U_P、线电流 I_L 与相电流 I_P 都是对称的，两中性点间的电压 $U_{NN'}$ 为零，中线电流 I_N 也为零，所以可不用中线，其关系式为

$$U_L = \sqrt{3}\, U_P \quad I_L = I_P \quad U_{NN'} = 0$$

$$\dot{I}_A = \dot{I}_B = \dot{I}_C \quad \dot{I}_N = \dot{I}_A + \dot{I}_B + \dot{I}_C = 0$$

（2）三相不对称负载做星形连接时，电路如图 6-22 所示。

如果有中线，则各相电压相等，$U_{NN'}$ 为 0，其关系式为

$$U_A = U_B = U_C = U_P \qquad\qquad U_L = \sqrt{3}\, U_P$$

$$I_A = U_A/Z_A \quad I_B = U_B/Z_B \qquad I_C = U_C/Z_C$$

$$\dot{I}_N = \dot{I}_A + \dot{I}_B + \dot{I}_C \neq 0 \qquad\qquad U_{NN'} = 0$$

图 6-21 三相对称负载星形连接　　　　　　图 6-22 三相不对称负载星形连接

若无中线,则各相负载上的电压不对称,$U_{NN'}$ 也不为零,从而负载不能正常工作,所以星形不对称负载一定要有中线,以保持各相负载上的相电压对称。

三、实验器材

(1)交流电流表(0~300 mA)　　　　　　4 只

(2)万用表(MF500 或 MF47)　　　　　　1 只

(3)白炽灯(220 V/15 W)　　　　　　　　6 只

(4)开关　　　　　　　　　　　　　　　4 只

(5)导线　　　　　　　　　　　　　　　若干

四、实验内容及步骤

(1)按图 6-21 连接好电路。

(2)将各开关闭合,使电路成为有中线的三相四线制的对称星形负载电路。测量线电压 U_{AB}、U_{BC}、U_{CA},相电压 U_A、U_B、U_C,线、相电流 I_A、I_B、I_C 以及中线电流 I_N,并将测量数据记入表 6-3 中。

表 6-3　　　　　　　　　　　　负载星形连接电路实验数据记录表

负载情况	中线	线电压/V			相电压/V			线、相电流/mA			中线电流/mA
		U_{AB}	U_{BC}	U_{CA}	U_A	U_B	U_C	I_A	I_B	I_C	I_N
三相对称	有(S_4合)										
(S_5合)	无(S_4开)										
三相不对称	有(S_4合)										
(S_5开)	无(S_4开)										

(3)断开开关 S_4,其余闭合,使电路成为无中线的三相三线制对称星形负载电路,重复测量上述各参数,记入表 6-3 中。

(4)断开开关 S_5,其余闭合,使电路成为有中线的三相不对称星形负载电路,重复测量上述各参数,记入表 6-3 中。

(5)断开开关 S_4 和开关 S_5,其余闭合,使电路成为无中线的三相三线制不对称星形负载电路,重复测量上述各参数,记入表 6-3 中。

(6)将上述测量结果进行比较,分析线电压和相电压的关系,以及线、相电流,中线电流在不同情况下的变化情况。三相不对称负载做星形连接时可按图 6-22 所示电路进行分析。

五、注意事项

(1)在连接电路时,首先将电路连接好,再与三相电源接通,且注意有中线时,决不可将一相短路。

(2)因三相电源电压很高,实验过程中,不要碰触电路连线的裸露部分,以防触电,应特别注意人身安全问题。

(3)不能超过仪器设备的额定电压。

六、思考题

(1)为什么照明供电均采用三相四线制?

(2)在三相四线制电路中,中线为什么不能接入保险丝?

＊技能训练2 三相负载的三角形接法

一、实验目的

(1)掌握三相负载做三角形连接的方法。

(2)验证负载做三角形连接时,线电流和相电流以及线电压和相电压的关系。

二、实验原理

在图 6-23 中,按图中的参考方向,线电压 U_L 等于相电压 U_P;当负载为对称三角形负载时,线电流与相电流的关系为 $I_L = \sqrt{3}\ I_P$;当负载为不对称三角形负载时,其线电流与相电流的关系可由下式计算:

图 6-23 负载三角形连接电路

$$\dot{I}_A = \dot{I}_{AB} - \dot{I}_{CA},\ \dot{I}_B = \dot{I}_{BC} - \dot{I}_{AB},\ \dot{I}_C = \dot{I}_{CA} - \dot{I}_{BC}$$

若三角形负载对称,而一根火线断路(设火线 A 断路),则负载的相电压为 $U_{BC}=U_L$,$U_{AB}=U_{CA}=U_L/2$;负载的相电流为 $I_{AB}=I_{CA}=U_L/2|Z|$,$I_{BC}=U_L/|Z|=2I_{AB}$,线电流为 $I_A=0$,$I_B=I_C=1.5U_L/|Z|=1.5I_{BC}=3I_{AB}$。

三、实验器材

(1)交流电流表(0~300 mA)	6 只
(2)万用表(MF47)	1 只
(3)白炽灯(220 V/15 W)	8 只
(4)开关	4 只
(5)导线	若干

四、实验内容及步骤

(1)按图 6-24 连接电路。

(2)断开 S_1,闭合 S_2、S_3、S_4。使电路成为对称三角形负载电路,测量线、相电压 U_{AB}、U_{BC}、U_{CA},线电流 I_A、I_B、I_C 以及相电流 I_{AB}、I_{BC}、I_{CA} 并记入表 6-4 中。

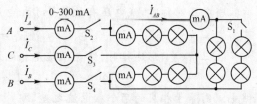

图 6-24 负载三角形连接实验电路

（3）闭合 $S_1 \sim S_4$，使电路成为不对称三角形负载，重复测量上述各项参数，记入表 6-4 中。

表 6-4　　　　　　负载三角形连接电路实验数据记录表

负载情况	U_{AB}/ V	U_{BC}/ V	U_{CA}/ V	I_{AB}/ mA	I_{BC}/ mA	I_{CA}/ mA	I_A/ mA	I_B/ mA	I_C/ mA
负载对称									
负载不对称									
负载对称而火线 A 断开									

（4）断开 S_1 和 S_2，闭合 S_3、S_4，使电路成为负载对称而火线 A 断开的情况，重复上述测量，将结果记入表 6-4 中。

（5）根据表 6-4 中的实验数据，验证负载对称时，$I_L=\sqrt{3}\,I_P$，验证负载对称而火线 A 断开时，$I_B=I_C=1.5I_{BC}=3I_{AB}$。

五、注意事项

（1）连接电路时，应注意不可出现短路情况。

（2）实验过程中，注意人身安全。

（3）不能超过仪器设备的额定电压。

六、思考题

（1）在对称三相负载的三角形接法中，线电流与相电流的关系如何？

（2）画出对称三角形负载时的电压、电流的相量图。

本 章 小 结

1. 对称三相电源是由三个振幅相等、频率相同、相位彼此相差 120° 的正弦电压组成的，它们有星形连接和三角形连接两种方式。三相负载也有星形和三角形两种连接方式，若三相负载的三个复阻抗相等，则称为对称三相负载。对称三相电源和对称三相负载构成的三相电路称为对称三相电路。

2. 按三相电源和三相负载的连接方式，三相电路有四种连接方法：Y-Y（包括 Y_0-Y_0）、Y-△、△-△ 和 △-Y 接法。

3. 三相电路在星（Y）形连接时，无论有无中线其线电流都等于相电流，即

$$I_L=I_P$$

线电压则等于其相应的两个相电压之差，即

$$\dot{U}_{AB}=\dot{U}_A-\dot{U}_B \qquad \dot{U}_{BC}=\dot{U}_B-\dot{U}_C \qquad \dot{U}_{CA}=\dot{U}_C-\dot{U}_A$$

当电压对称时，线电压有效值等于相电压有效值的 $\sqrt{3}$ 倍，即

$$U_L=\sqrt{3}U_P$$

在三角（△）形连接时，线电压就是相电压，即

$$U_L=U_P$$

线电流则等于相应的两个相电流之差，即

$$\dot{I}_A=\dot{I}_{AB}-\dot{I}_{CA} \qquad \dot{I}_B=\dot{I}_{BC}-\dot{I}_{AB} \qquad \dot{I}_C=\dot{I}_{CA}-\dot{I}_{BC}$$

当电流对称时,线电流有效值等于相电流有效值的$\sqrt{3}$倍,即

$$I_L = \sqrt{3}\, I_P$$

4.在星(Y)形连接的对称三相电路中,由于电源中性点电位和负载中性点电位相等,各相的电流仅由该相的电压和阻抗所决定,与其他两相无关。因此各相的计算具有独立性,即可只画出一相来计算其电流和电压,其他两相的电流和电压可根据电路的对称性直接写出。

对于其他连接方式的对称三相电路,可通过 Y-△ 变换化成星形连接后计算。

5.对称三相电路的功率为

$$P = 3U_P I_P \cos\varphi = \sqrt{3}\, U_L I_L \cos\varphi$$

$$Q = 3U_P I_P \sin\varphi = \sqrt{3}\, U_L I_L \sin\varphi$$

$$S = 3U_P I_P = \sqrt{3}\, U_L I_L$$

6.本章重点讨论了对称三相电路的分析方法,其要点为:

(1)把给定的对称三相电路化为等效的 Y-Y 三相电路。

(2)利用对称性归结为一相的计算方法,画出一相计算电路(注意,中线阻抗并不出现在计算电路中)。

(3)求出一相的电流、电压后,可根据对称关系直接获得其他两相的电流、电压。

(4)根据△形和 Y 形连接的等效变换关系,求出原电路的电流和电压。

7.对于不对称三相电路,不能应用上面所述的归结为一相的方法来进行计算,而要用复杂电路的计算方法或其他计算方法。

习　题

6-1　线电压为 380 V 的三相对称电源向三相对称负载供电,负载可有这样几种接法:(1)接成 Y 形,无中性线;(2)接成 Y 形,有中性线(设其阻抗为零);(3)接成△形。试判断,如果 A 相保险丝断开,则加到各相负载上的电压分别是多少?

6-2　在对称三相供电系统中,用三个完全相同的单相变压器能向负载提供完全对称的三相低压电源。如图 6-25(a)所示,单相变压器的副绕组按 Y 形连接,组成了每相电压大小相等,都是 220 V 的三相对称电源,相量图如图 6-25(b)所示。如误将 A、X 相接反,如图 6-25(c)所示。试画出这时的相量图,并求出各线电压是多少。

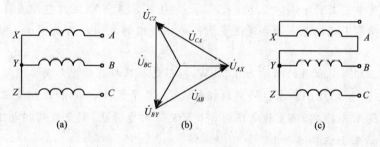

(a)　　　　　　　　　(b)　　　　　　　　　(c)

图 6-25　习题 6-2 图

6-3　三个阻抗同为 $Z=40+j30\ \Omega$ 的负载,接成 Y 形,其中性点与电源中性点通过阻抗为 Z_N 的中性线相连接。已知对称电源线电压为 380 V,求:当 Z_N 为以下三种不同的值时,负载的线电流、相电流、相电压、线电压和功率,并画出相量图。(1) $Z_N=0$;(2) $Z_N=\infty$;(3) $Z_N=1+j0.9\ \Omega$。

6-4　如果习题 6-3 中负载连成△形接到对称电源上,重答上面各问题。此时设:(1)电源是线电压为 220 V 的三角形连接;(2)电源是线电压为 380 V 的三角形连接;(3)电源为星形连接,其相电压为 220 V。

6-5　如图 6-26 所示电路中,三相对称电源向负载 Z 供电,当 S 闭合时,各电流表读数均为 3.8 A。若将 S 打开,问各电流表读数为多少?

图 6-26　习题 6-5 图

6-6　一个三相变压器原绕组做△形连接,空载时其原边每相的等效阻抗 $Z=j100\ \Omega$,其额定相电压为 380 V,经过线路阻抗为 $Z_L=1+j2\ \Omega$ 的三相输电电线与电源连接。希望变压器在空载时的端电压仍为额定值,问此时电源的线电压要提高为多少?

6-7　三相对称电路如图 6-27 所示,电源与负载均为 Y 形连接,每相负载阻抗为 $Z=15+j20\ \Omega$,线路阻抗为 $Z_L=1+j2\ \Omega$,中线阻抗 $Z_N=0.8+j1\ \Omega$;设 $\dot{U}_A=220\ \underline{/30°}$ V,试求 Y 形负载各相电压的相量。

图 6-27　习题 6-7 图

6-8　对称三相感性负载接在对称线电压为 380 V 的电源上,测得输入线电流为 12.1 A,输入功率为 5.5 W,求功率因数 $\cos\varphi$ 和无功功率 Q。

6-9　有一台三相异步电动机,它的额定输出功率为 10 kW,额定电压为 380 V,在额定功率下的功率因数为 $\cos\varphi=0.88$,效率为 $\eta=0.875$,定子绕组做△形连接。问此时电动机在额定功率下吸取电源的电流是多少?每相绕组的复阻抗又是多少(异步电动机为感性负载)?

6-10　三相对称负载的功率为 5.5 kW,△形连接后接在线电压为 220 V 的三相电源上,测得线电流为 19.5 A。求:(1)负载相电流 I_P、功率因数 $\cos\varphi$ 和每相复阻抗 Z;(2)若将该负载改成 Y 形连接,接至线电压为 380 V 的三相电源上,则负载的相电流 I_P、线电流 I_L 及吸收的功率 P 各为多少?

6-11　两组感性负载并联运行,如图 6-28 所示。一组接成△形,功率为 10 kW,功率

因数为 $\cos\varphi = 0.8$；另一组接成 Y 形，功率为 $5.25\ \mathrm{kW}$，功率因数为 $\cos\varphi = 0.885$，线路阻抗 $Z_\mathrm{L} = 0.1 + \mathrm{j}0.2\ \Omega$。若要保证负载的线电压是 380 V，试求电源的线电压。

图 6-28　习题 6-11 图

6-12　如图 6-29 所示，已知三相对称电源线电压为 $u_{AB} = 380\sqrt{2}\sin(\omega t + 30°)\ \mathrm{V}$，其中按星形方式接入某三相对称负载，每相的复阻抗为 $Z = 6 + \mathrm{j}8\ \Omega$，求负载的相电流 i_A、i_B、i_C；并画出相量图。

图 6-29　习题 6-12 图

6-13　两组 Y 形连接的负载接到线电压为 380 V 的对称三相电源上并联运行，如图 6-30 所示。其中一组负载对称，各相阻抗为 Z；另一组负载不对称，阻抗分别为 $Z_A = 10\ \Omega$，$Z_B = \mathrm{j}10\ \Omega$，$Z_C = -\mathrm{j}10\ \Omega$；图中电压表的电阻若为无穷大，试求此电压表的读数。

6-14　某对称三相负载的额定电压为 380 V，其每相负载的复阻抗为 $Z = 50 + \mathrm{j}50\ \Omega$，对称三相电源的线电压 $u_{AB} = 380\sqrt{2}\sin(\omega t + 30°)\ \mathrm{V}$。（1）试问该三相负载应如何接入三相电源，并画出系统电路图；（2）试计算负载的相电流及线电流。

6-15　利用储能元件电感和电容可以组成相数变换电路，从单相电源上获得对称的三相电压，用来向小功率的三相用电器（如电子测量仪器、微型电机等）供电。如图 6-31 所示电路中，若已知负载每相电阻 $R = 20\ \Omega$，所加单相电压的频率为 50 Hz，试计算为使负载上得到对称三相电压所需的 L、C 之值。

图 6-30　习题 6-13 图

图 6-31　习题 6-15 图

非正弦周期电路 第7章

【教学导航】

【教学目标】
➤ 了解非正弦周期信号的产生,理解不同频率的正弦量叠加的结果为非正弦量;

➤ 深刻领会傅里叶分解的基本概念,懂得任一非正弦周期函数可以分解为一系列频率成整数倍的正弦量的叠加;

➤ 了解频谱图的概念,掌握非正弦周期信号波形的平滑性与高次谐波分量的幅度之间的关系;

➤ 了解几种典型的非正弦波所含有的谐波分量,了解波形的对称性与特点;

➤ 学会非正弦周期信号的有效值、平均值和平均功率的计算方法;

➤ 掌握非正弦周期电路的分析方法,懂得常用的几种滤波器的概念与功能。

【教学重点】
➤ 非正弦周期信号分解为傅里叶级数的概念;

➤ 非正弦周期信号波形的平滑性与高次谐波分量的幅度之间的关系;

➤ 非正弦周期信号的有效值、平均值和平均功率的计算方法;

➤ 非正弦周期电路的分析方法,常见滤波器的功能。

【教学难点】
➤ 非正弦波的傅里叶级数分解;

➤ 非正弦周期信号的有效值、平均值和平均功率的计算;

➤ 非正弦周期电路的分析计算。

【参考学时】 8学时

本章提要

本章讨论非正弦周期电流电路的一种分析方法,即谐波分析法,这类电路的分析和计算方法是正弦电流电路分析方法的推广。主要内容有:周期函数分解为傅里叶级数,周期电流的有效值、平均值和平均功率的计算,非正弦周期电流电路的计算,滤波器的概念及应用。

非正弦周期信号的基本概念

前几章讨论的正弦交流稳态电路中的电压和电流都是按正弦规律变化的。也就是说,在一个线性电路中有一个或多个同频率的正弦信号同时作用,电路的稳态响应仍为同频率的正弦量。但在实际工程和科学实验中,通常还会遇到按非正弦规律变化的电源和信号的问题,当这类信号作用于线性电路时,其稳态响应一般也是按非正弦规律变化的。

现举例说明,实际的交流发电机发出的电压波形与正弦波的波形或多或少有些差别,这是因为一般在设计和制造发电机时,虽然总是力求做到使它发出的电压能严格地按照正弦规律变化,但由于种种因素,事实上只能近似地做到。

在电信工程方面传输的各种信号大多也是按照非正弦规律变化的。收音机或电视机所收到的信号电压或电流的波形是非正弦的;在自动控制、电子计算机大量用到的脉冲数字电路中,电压和电流的波形也是非正弦的。此类电路称为非正弦交流电路,实验室用到的信号源产生的几种典型的周期性非正弦电压信号波形如图 7-1 所示。

图 7-1 几种典型的周期性非正弦电压信号波形

如图 7-1(a)所示为矩形波(方波)电压的波形,如图 7-1(b)所示为锯齿波电压的波形,如图 7-1(c)所示为三角波电压的波形。

另外,如果电路存在非线性元件(如二极管、三极管、铁芯线圈等),那么即使电源电压是正弦型,电路中也会产生非正弦电流。例如图 7-2(a)所示的单相半波整流电路,利用半导体二极管单向导电的特性,使电流只能在一个方向通过,而在另一个方向被阻断。这样就得到如图 7-2(b)所示的电压(电流)波形(一般称为半波整流波形)。

图 7-2 单相半波整流电路及波形

非正弦电压、电流又可分为周期的与非周期的两种。上述激励和响应的波形虽然各不相同,但如果它们能按一定规律周而复始地变化,则称为非正弦周期电压或电流,否则为非周期电压或电流。本章涉及的均为非正弦周期电压、电流,仅讨论在周期的非正弦电压、电流激励下线性电路稳态的分析和计算方法,同时把范围局限于线性电路。本章讨论的在非正弦周期电压、电流和信号作用下线性电路的分析和计算方法,主要是利用数学中学过的傅里叶级数,先将非正弦周期电压或电流分解为一系列不同频率的正弦电压或电流之和,然后分别计算在各种频率正弦电压或电流的单独作用下,在电路中产生的正弦电压分量和电流分量,最后根据线性电路的叠加定理,把所得分量按瞬时值相加,就可得到电路中实际的稳态电压和电流。它实质上就是把非正弦周期电路的计算化为一系列正弦电路的计算,这样就能充分利用相量法这个有效工具了。

7.2 非正弦周期信号的分解

7.2.1 非正弦周期信号的傅里叶分解

周期电流、电压信号等都可以用一个周期函数来表示,即

$$f(t) = f(t + kT)$$

式中,T 为周期函数的周期,且 $k = 0, 1, 2, 3, \cdots$

如果给定的周期函数满足狄里赫利条件,那么都可以将其分解为傅里叶级数。狄里赫利条件是指给定的周期函数在有限的区间内,只有有限个第一类间断点及有限个极大值和极小值。电路技术实际应用中常见的信号通常都满足狄里赫利条件。

设给定的周期函数为 $f(t)$,则 $f(t)$ 可展开成

$$\begin{aligned} f(t) &= a_0 + (a_1\cos\omega t + b_1\sin\omega t) + (a_2\cos2\omega t + b_2\sin2\omega t) + \cdots \\ &\quad + (a_k\cos k\omega t + b_k\sin k\omega t) + \cdots \\ &= a_0 + \sum_{k=1}^{\infty}(a_k\cos k\omega t + b_k\sin k\omega t) \end{aligned} \tag{7-1}$$

式中,$\omega = 2\pi/T$,T 为 $f(t)$ 的周期。

式(7-1)还可以合并写成下面的形式

$$\begin{aligned} f(t) &= A_0 + A_{1m}\sin(\omega t + \psi_1) + A_{2m}\sin(2\omega t + \psi_2) + \cdots + A_{km}\sin(k\omega t + \psi_k) + \cdots \\ &= A_0 + \sum_{k=1}^{\infty}A_{km}\sin(k\omega t + \psi_k) \end{aligned} \tag{7-2}$$

不难得出式(7-1)和式(7-2)中的系数有如下直角三角形的边、角关系:

$$A_{km} = \sqrt{a_k^2 + b_k^2}$$

$$\tan\psi_k = \frac{a_k}{b_k}$$

$$a_0 = A_0$$

$$a_k = A_{km}\sin\psi_k$$

$$b_k = A_{km}\cos\psi_k$$

以上的无穷三角级数称为傅里叶级数,式(7-2)的第一项 A_0 称为周期函数 $f(t)$ 的恒定分量(或直流分量);而第二项 $A_{1m}\sin(\omega t + \psi_1)$ 称为一次谐波(或基波分量),其周期或频率与原周期函数相同;其他各项统称为高次谐波。由于高次谐波的频率是基波频率的整数倍,故 $k = 2$ 时就称为二次谐波,其余就依次称为三次谐波、四次谐波等。有时还把各奇次的谐波统称为奇次谐波,各偶次的谐波统称为偶次谐波。因此,有时把一个周期函数展开或分解为具有一系列谐波的傅里叶级数称为谐波分析。

式(7-1)中的系数,可按下列公式计算

$$a_0 = \frac{1}{T}\int_0^T f(t)\mathrm{d}t = \frac{1}{2\pi}\int_0^{2\pi} f(t)\mathrm{d}(\omega t)$$

$$a_k = \frac{2}{T}\int_0^T f(t)\cos k\omega t\,\mathrm{d}t = \frac{1}{\pi}\int_0^{2\pi} f(t)\cos k\omega t\,\mathrm{d}(\omega t)$$

$$b_k = \frac{2}{T}\int_0^T f(t)\sin k\omega t\,\mathrm{d}t = \frac{1}{\pi}\int_0^{2\pi} f(t)\sin k\omega t\,\mathrm{d}(\omega t)$$

(7-3)

这些公式的推导在数学教科书中已有介绍,这里不再做详细推导验证。

下面举例说明。如果要确定系数 a_3,把式(7-1)两边各乘以 $\cos 3\omega t$,并对两边取定积分,有

$$\int_0^{2\pi} f(t)\cos 3\omega t\,\mathrm{d}(\omega t) = \int_0^{2\pi} a_0\cos 3\omega t\,\mathrm{d}(\omega t) + \int_0^{2\pi} a_1\cos\omega t\cos 3\omega t\,\mathrm{d}(\omega t)$$

$$+ \int_0^{2\pi} a_2\cos 2\omega t\cos 3\omega t\,\mathrm{d}(\omega t) + \int_0^{2\pi} a_3(\cos 3\omega t)^2\,\mathrm{d}(\omega t) + \cdots$$

$$+ \int_0^{2\pi} b_1\sin\omega t\cos 3\omega t\,\mathrm{d}(\omega t) + \int_0^{2\pi} b_2\sin 2\omega t\cos 3\omega t\,\mathrm{d}(\omega t) + \cdots$$

从上式右边来看,利用上面的定积分公式,不难看出最后只剩下包括 a_3 的一项,故有

$$\int_0^{2\pi} f(t)\cos 3\omega t\,\mathrm{d}(\omega t) = a_3\pi$$

所以

$$a_3 = \frac{1}{\pi}\int_0^{2\pi} f(t)\cos 3\omega t\,\mathrm{d}(\omega t)$$

不难把此结果推广到 a_k,即

$$a_k = \frac{1}{\pi}\int_0^{2\pi} f(t)\cos k\omega t\,\mathrm{d}(\omega t)$$

(7-4)

同理,如果用 $\sin k\omega t$ 去乘式(7-1)的两边再积分,则可求得

$$b_k = \frac{1}{\pi}\int_0^{2\pi} f(t)\sin k\omega t\,\mathrm{d}(\omega t)$$

(7-5)

至于求 a_0,可以对式(7-1)的两边就一个周期求定积分(右边其余各项定积分为零),得

$$\int_0^T f(t)\mathrm{d}t = a_0 T$$

从而有

$$a_0 = \frac{1}{T}\int_0^T f(t)\mathrm{d}t$$

(7-6)

所以 a_0 是 $f(t)$ 在一个周期内的平均值。

7.2.2　非正弦周期信号的频谱图

频谱图是一种以横轴、纵轴的波纹方式,记录和画出各种信号频率的图形资料。借助频谱图我们可以很直观地了解和表示非正弦周期信号中的各次正弦波分量的大小或相位。常见的有振幅频谱图和相位频谱图。

(1)振幅频谱,是用来表示各谐波分量的振幅与频率之间关系的图形。它是用长度与各次谐波振幅大小相对应的线段,按频率的高低顺序把它们依次排列起来所得到的图形。

（2）相位频谱，是用来表示各谐波分量的初相位与频率之间关系的图形。它是把各次谐波的初相角用相应线段按频率的高低顺序把它们依次排列起来的频谱。

由于各谐波的角频率是 ω_1 的整数倍，所以这种频谱是离散的，又称为线频谱。下面我们用一个具体例子来说明非正弦周期信号的傅里叶分解和频谱图的应用。

【例 7-1】 给定一个周期信号，其波形如图 7-3(a) 所示，是一个周期性的矩形波。求此信号 $f(t)$ 的傅里叶级数展开式并作出相应的频谱图。

(a)矩形波波形图　　(b)矩形波振幅频谱图　　(c)矩形波相位频谱图

图 7-3 【例 7-1】矩形波的波形图及频谱图

解：图示周期函数 $f(t)$ 在一个周期内的表达式为

$$\begin{cases} f(t) = U_{\mathrm{m}}, & 0 \leqslant t < \dfrac{T}{2} \\ f(t) = -U_{\mathrm{m}}, & \dfrac{T}{2} \leqslant t \leqslant T \end{cases}$$

按式(7-3)、式(7-4) 和式(7-5) 就可求得所需要的系数，即

$$a_0 = \frac{1}{T}\int_0^T f(t)\mathrm{d}t = \frac{1}{T}\int_0^{\frac{T}{2}} U_{\mathrm{m}}\mathrm{d}t + \frac{1}{T}\int_{\frac{T}{2}}^T (-U_{\mathrm{m}})\mathrm{d}t = 0$$

$a_0 = 0$ 表示恒定分量为零，这个结论可以直接观察波形得出。因为 a_0 代表 $f(t)$ 在一个周期内波形上下面积的代数平均值，因此当波形上下面积相等时，a_0 即零。

$$a_k = \frac{1}{\pi}\int_0^{2\pi} f(t)\cos k\omega t\,\mathrm{d}(\omega t) = \frac{1}{\pi}\left[\int_0^{\pi} U_{\mathrm{m}}\cos k\omega t\,\mathrm{d}(\omega t) - \int_{\pi}^{2\pi} U_{\mathrm{m}}\cos k\omega t\,\mathrm{d}(\omega t)\right]$$

$$= \frac{2U_{\mathrm{m}}}{\pi}\int_0^{\pi}\cos k\omega t\,\mathrm{d}(\omega t) = 0$$

$$b_k = \frac{1}{\pi}\int_0^{2\pi} f(t)\sin k\omega t\,\mathrm{d}(\omega t) = \frac{1}{\pi}\left[\int_0^{\pi} U_{\mathrm{m}}\sin k\omega t\,\mathrm{d}(\omega t) - \int_{\pi}^{2\pi} U_{\mathrm{m}}\sin k\omega t\,\mathrm{d}(\omega t)\right]$$

$$= \frac{2U_{\mathrm{m}}}{\pi}\int_0^{\pi}\sin k\omega t\,\mathrm{d}(\omega t) = \frac{2U_{\mathrm{m}}}{\pi}\left[-\frac{1}{k}\cos k\omega t\right]_0^{\pi} = \frac{2U_{\mathrm{m}}}{k\pi}(1 - \cos k\pi)$$

当 k 为奇数时，有

$$\cos k\pi = -1, \quad b_k = \frac{2U_{\mathrm{m}}}{k\pi} \times 2 = \frac{4U_{\mathrm{m}}}{k\pi}$$

当 k 为偶数时，有

$$\cos k\pi = 1, \quad b_k = 0$$

由此可求得周期性矩形波的傅里叶级数展开式为

$$f(t) = \frac{4U_{\mathrm{m}}}{\pi}\left[\sin \omega t + \frac{1}{3}\sin 3\omega t + \frac{1}{5}\sin 5\omega t + \cdots\right]$$

最后,根据以上矩形波的傅里叶级数展开式中各次谐波的相应参数,绘出的振幅频谱图和相位频谱图分别如图 7-3(b) 和图 7-3(c) 所示。

上面所讨论的是对任意周期函数 $f(t)$ 而言的。显然 $f(t)$ 可以分别表示一个非正弦周期电流或电压,因而展开式中的各项就分别表示电流、电压的直流分量及各次谐波。

7.2.3　几种典型的非正弦周期信号

1. 典型周期函数波形的傅里叶级数

在之前我们了解了谐波分析法,就是将周期函数 $f(t)$ 分解为直流分量、基波分量和一系列不同频率谐波的傅里叶级数,运用了用数学分析工具进行分解的方法。但工程中,常采用查表的方法得到周期函数的傅里叶级数。现在我们把电子技术中几种典型的周期函数波形及其傅里叶级数展开式列于表 7-1 中。

表 7-1　　　　　　　　几种典型的周期函数波形及其傅里叶级数展开式

名称	函数的波形	傅里叶级数	有效值	整流平均值
正弦波		$f(t) = A_m \sin\omega t$	$\dfrac{A_m}{\sqrt{2}}$	$\dfrac{2A_m}{\pi}$
半波整流波		$f(t) = \dfrac{2}{\pi}A_m\left(\dfrac{1}{2} + \dfrac{\pi}{4}\cos\omega t + \dfrac{1}{1\times3}\cos2\omega t - \dfrac{1}{3\times5}\cos4\omega t + \dfrac{1}{5\times7}\cos6\omega t - \cdots\right)$	$\dfrac{A_m}{2}$	$\dfrac{A_m}{\pi}$
全波整流波		$f(t) = \dfrac{4}{\pi}A_m\left(\dfrac{1}{2} + \dfrac{1}{1\times3}\cos2\omega t - \dfrac{1}{3\times5}\cos4\omega t + \dfrac{1}{5\times7}\cos6\omega t - \cdots\right)$	$\dfrac{A_m}{\sqrt{2}}$	$\dfrac{2A_m}{\pi}$
锯齿波		$f(t) = A_m\left[\dfrac{1}{2} - \dfrac{1}{\pi}\left(\sin\omega t + \dfrac{1}{2}\sin2\omega t + \dfrac{1}{3}\sin3\omega t + \cdots\right)\right]$	$\dfrac{A_m}{\sqrt{3}}$	$\dfrac{A_m}{2}$

名称	函数的波形	傅里叶级数	有效值	整流平均值
三角波	（波形图）	$f(t)=\dfrac{8A_m}{\pi^2}(\sin\omega t-\dfrac{1}{9}\sin 3\omega t+\dfrac{1}{25}\sin 5\omega t+\cdots+\dfrac{(-1)^{\frac{k-1}{2}}}{k^2}\sin k\omega t+\cdots)$ （k为奇数）	$\dfrac{A_m}{\sqrt{3}}$	$\dfrac{A_m}{2}$
矩形波	（波形图）	$f(t)=\dfrac{4A_m}{\pi}(\sin\omega t+\dfrac{1}{3}\sin 3\omega t+\dfrac{1}{5}\sin 5\omega t+\cdots+\dfrac{1}{k}\sin k\omega t+\cdots)$ （k为奇数）	A_m	A_m
梯形波	（波形图）	$f(t)=\dfrac{4A_m}{\omega t_0\pi}(\sin\omega t_0\sin\omega t+\dfrac{1}{9}\sin 3\omega t_0\sin 3\omega t+\dfrac{1}{25}\sin 5\omega t_0\sin 5\omega t+\cdots+\dfrac{1}{k^2}\sin k\omega t_0\sin k\omega t+\cdots)$ （k为奇数）	$A_m\sqrt{1-\dfrac{4\omega t_0}{3\pi}}$	$A_m(1-\dfrac{\omega t_0}{\pi})$

由于傅里叶级数是一个无穷级数,理论上要取无限项才能准确表示原周期函数。在实际应用中,一般根据所需的精确度和级数的收敛速度决定所取级数的有限项数。对于收敛级数,谐波次数越高,振幅越小,所以,只需取级数前几项就可以了。

2. 波形的对称性

电子技术中遇到的周期函数的波形常具有某种对称性,利用函数的对称性可使系数 a_0、a_k 和 b_k 的计算简化。

（1）偶函数——纵轴对称。如果函数为偶函数,即满足 $f(t)=f(-t)$,也就是说,函数的波形对称于纵轴,如图 7-4 所示,那么容易证明式（7-1）中的 $b_k=0$,即将偶函数分解为傅里叶级数时,所得级数只含有偶函数 $\cos k\omega t$ 的分量和恒定分量,而不含 $\sin k\omega t$ 的分量（正弦函数是奇函数）。此时,因为 $[-\pi,0]$ 区间上的积分与 $[0,\pi]$ 区间上的积分相等,故系数 a_k 的计算式简化为

图 7-4 偶函数关于纵轴对称

$$a_k=\frac{2}{\pi}\int_0^{\pi}f(t)\cos k\omega t\,\mathrm{d}(\omega t)$$

（2）奇函数——原点对称。如果函数 $f(t)$ 为奇函数,即满足 $f(t)=-f(-t)$,也就是说,波形对称于原点,如图 7-5 所示,此时如把整个波形绕坐标系原点"O"旋转 180°,则所

得到的图形和原来的图形完全一样。那么容易证明 $a_k = 0$，即将奇函数分解为傅里叶级数时，所得级数只含有奇函数 $\sin k\omega t$ 的分量；恒定分量 a_0 也将等于零。此时，b_k 的计算公式也只需要在半个周期内积分

$$b_k = \frac{2}{\pi} \int_0^{\pi} f(t) \sin k\omega t \, d(\omega t)$$

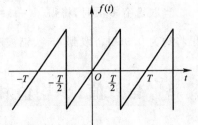

图 7-5　奇函数关于原点对称

(3)偶谐波函数。函数 $f(t)$ 为偶谐波函数，即满足 $f(t) = f(t \pm \frac{T}{2})$，两个相差半个周期的函数值大小相等，符号相同，函数波形如图 7-6 所示。

偶谐波函数的傅里叶级数中只含直流分量和各偶次谐波分量，故称为偶谐波函数。即

$$f(t) = a_0 + \sum_{k=2,4,6,\cdots}^{+\infty} (a_k \cos k\omega t + b_k \sin k\omega t)$$

(4)奇谐波函数——横轴对称。如果函数 $f(t)$ 为奇谐波函数，即满足 $f(t) = -f(t \pm \frac{T}{2})$。也就是说，将波形移动半个周期后便与原波形对称于横轴，如图 7-7 所示。将奇谐波函数分解为傅里叶级数时，可证明无直流分量和偶次谐波分量，只含奇次谐波分量，即

$$f(t) = \sum_{k=1,3,5,\cdots}^{+\infty} (a_k \cos k\omega t + b_k \sin k\omega t)$$

图 7-6　偶谐波函数

图 7-7　奇谐波函数关于横轴对称

应当指出，式(7-2)中的系数 A_{km} 与计时起点无关，但与 ψ_k 是有关的。由于系数 a_k 和 b_k 与初相 ψ_k 有关，所以它们也随计时起点的改变而改变。但是，函数是否为奇谐波函数却与计时起点无关。因此适当选择计时起点有时会使函数的分解简化。

傅里叶级数是一个无穷级数，因此把一个非正弦周期函数分解为傅里叶级数后，从理论上讲，必须取无穷多项方能准确地表示原函数。但从实际运算来看，只能截取有限的项数，因此就产生了误差的问题。截取项数的多少，视要求而定。这里就涉及级数收敛的快慢问题，或者简单地说，就是相继项系数比值大小的问题。如果级数收敛很快，只收级数的前面几项就够了，五次以上谐波一般可以略去。通常来说，函数的波形越光滑或越接近正弦波，其展开函数收敛得越快(可以分析表 7-1 所列的各种函数)。而像【例 7-1】所示的矩形波，其收敛速度是较慢的。

例如，取 $\omega t = \frac{\pi}{2}$ 或 $t = \frac{T}{4}$，则 $f\left(\frac{T}{4}\right) = \frac{4U_m}{\pi}\left(1 - \frac{1}{3} + \frac{1}{5} - \frac{1}{7} + \frac{1}{9} - \frac{1}{11} + \cdots\right)$

当取无穷多项时,将得 $f(\frac{T}{4})=U_\text{m}$ 这个精确的值。但是如取到 11 次谐波,算出的结果将约为 $0.95U_\text{m}$;取到 35 次谐波时,将约为 $0.98U_\text{m}$,这时尚有约 2% 的误差。

7.3 有效值、平均值和平均功率

7.3.1 有效值

非正弦周期量的有效值和正弦量的有效值的定义是相同的,任何周期电流 $i(t)$ 的有效值 I 都可定义为

$$I = \sqrt{\frac{1}{T}\int_0^T i^2 \,\mathrm{d}t}$$

假设一非正弦周期电流 $i(t)$ 可以分解为傅里叶级数

$$i(t) = I_0 + \sum_{k=1}^{\infty} I_{km}\sin(k\omega t + \psi_k)$$

将此 i 代入上式,则得此电流的有效值为

$$I = \sqrt{\frac{1}{T}\int_0^T \left[I_0 + \sum_{k=1}^{\infty} I_{km}\sin(k\omega t + \psi_k)\right]^2 \,\mathrm{d}t}$$

上式右边平方后展开时将包含下列各项

$$\frac{1}{T}\int_0^T I_0^2 \,\mathrm{d}t = I_0^2$$

$$\frac{1}{T}\int_0^T I_{km}^2\sin^2(k\omega t + \psi_k) \,\mathrm{d}t = \frac{I_{km}^2}{2} = I_k^2$$

$$\frac{1}{T}\int_0^T 2I_0 I_{km}\sin(k\omega t + \psi_k) \,\mathrm{d}t = 0$$

$$\frac{1}{T}\int_0^T 2I_{km}\sin(k\omega t + \psi_k)I_{qm}\sin(q\omega t + \psi_q) \,\mathrm{d}t = 0 \quad (k \neq q)$$

这样可以求得非正弦周期电流 $i(t)$ 的有效值为

$$I = \sqrt{I_0^2 + I_1^2 + I_2^2 + I_3^2 + \cdots} \tag{7-7}$$

同理,可以求得非正弦周期电压 $u(t)$ 的有效值为

$$U = \sqrt{U_0^2 + U_1^2 + U_2^2 + U_3^2 + \cdots} \tag{7-8}$$

在正弦电流电路中,正弦量的极大值与有效值之间存在 $\sqrt{2}$ 倍的关系,但对于非正弦量就不存在这个简单关系。所以非正弦周期电流或电压的有效值,等于直流分量和各次谐波分量电流或电压有效值平方和的平方根。例如图 7-8 所示,图 7-8(a)和图 7-8(b)是两个不同的波形,由于其基波及三次谐波的振幅分别相等,所以它们的有效值是相等的,但两个波形的基波与三次谐波之间的相互关系有差别,这两个非正弦波形的形状和峰值就不同了。

另外特别要注意:直流分量的有效值为其本身。

图 7-8　相同有效值、不同幅值波形实例

7.3.2　平均值

在实践中还要用到平均值这样一个概念,以电流为例,其定义由下式表示:

$$I_{av} = \frac{1}{T}\int_0^T \mid i \mid \mathrm{d}t \tag{7-9}$$

即非正弦周期电流的平均值等于此电流绝对值的平均值。之所以要取电流的绝对值,这是因为如果在上式中取电流的代数值,那么它就代表 i 的恒定分量了($I_0 = \frac{1}{T}\int_0^T i\mathrm{d}t$)。当 i 的波形图横轴上下面积相等时,其恒定分量 I_0 为零,但根据式(7-9)的定义,其 $I_{av}\neq0$。

例如一个正弦量,因为正负半周面积相等,故其恒定分量为零,但 $I_{av}\neq0$。按式(7-9)可求得正弦量的平均值为

$$I_{av} = \frac{1}{T}\int_0^T \mid I_m\sin\omega t \mid \mathrm{d}t = \frac{2}{T}\int_0^{\frac{T}{2}} I_m\sin\omega t\,\mathrm{d}t$$

$$= \frac{2I_m}{T\omega}\left[-\cos\omega t\right]_0^{\frac{T}{2}} = \frac{2I_m}{\pi} = 0.637I_m = 0.901I$$

对于正弦电压的平均值也可以同样定义。

另外根据正弦电流平均值的定义,还可以看出,它相当于正弦电流经全波整流后的平均值(如图 7-9 所示),这是因为取电流的绝对值相当于把负半周的各个值变为对应的正值。

图 7-9　正弦电流的平均值

对于同一非正弦周期电流,当我们用不同类型的仪表进行测量时,会得到不同的结果。例如用直流仪表测量,所测结果是直流分量;用电磁系或电动系仪表测量,所测结果为有效值;用全波整流磁电系仪表测量时,所得结果将是电流的平均值,因为这种仪表的偏转角正比于电流的平均值。因此,在测量非正弦周期电流或电压时,要注意选择合适的仪表,并注意各种不同类型仪表的读数所表示的含义。

7.3.3　平均功率

非正弦周期电路中的平均功率仍是按瞬时功率的平均值来定义的。假设一个无源二端网络的端电压 $u(t)$ 为非正弦周期量,电流 $i(t)$ 也是非正弦周期量,则该二端网络的瞬时功率 $p=u(t)i(t)$。如果把 $u(t)$、$i(t)$ 分解为傅里叶级数,则瞬时功率可写为

$$p = \left[U_0 + \sum_{k=1}^{\infty} U_{km} \sin(k\omega t + \psi_{uk}) \right] \left[I_0 + \sum_{k=1}^{\infty} I_{km} \sin(k\omega t + \psi_{ik}) \right]$$

$$= U_0 I_0 + U_0 \sum_{k=1}^{\infty} I_{km} \sin(k\omega t + \psi_{ik}) + I_0 \sum_{k=1}^{\infty} U_{km} \sin(k\omega t + \psi_{uk})$$

$$+ \sum_{k=1}^{\infty} \sum_{q=1}^{\infty} U_{km} I_{qm} \sin(k\omega t + \psi_{uk}) \sin(q\omega t + \psi_{iq})$$

$$+ \sum_{k=1}^{\infty} U_{km} I_{km} \sin(k\omega t + \psi_{uk}) \sin(k\omega t + \psi_{ik}) \quad (k \neq q) \tag{7-10}$$

求平均功率 P 时,应把上式在一个周期内取平均值,即

$$P = \frac{1}{T} \int_0^T p \, dt = \frac{1}{T} \int_0^T u(t) i(t) \, dt$$

把式(7-10)代入后求平均值,则可看出积分式的第一项 $U_0 I_0$ 为常量;平均值就是 $U_0 I_0$;第二项的总和与第三项的总和中的任一项都是正弦量,因此其积分值等于零;第四项的总和中的每一项都是不同频率两正弦量的乘积,因此其积分值也等于零;最后一项的总和中的每一项都是同频率正弦量的乘积,可以化为两余弦的差,即

$$U_{km} I_{km} \sin(k\omega t + \psi_{uk}) \sin(k\omega t + \psi_{ik}) = \frac{1}{2} U_{km} I_{km} \left[\cos(\psi_{uk} - \psi_{ik}) - \cos(2k\omega t + \psi_{uk} + \psi_{ik}) \right]$$

由此可求得其每一项平均功率为

$$\frac{1}{2} U_{km} I_{km} \cos(\psi_{uk} - \psi_{ik}) = U_k I_k \cos\psi_k$$

所以平均功率为

$$P = U_0 I_0 + U_1 I_1 \cos\psi_1 + U_2 I_2 \cos\psi_2 + U_3 I_3 \cos\psi_3 + \cdots$$

这就是说,非正弦周期电流电路的平均功率等于各次谐波平均功率之和;而不同频率的电压和电流不构成平均功率。其实这正是三角函数的正交性质所造成的结果。

7.4 非正弦周期电路的分析

7.4.1 非正弦周期电路的分析方法

在 7.1 节中已指出非正弦周期电路的分析通常采用谐波分析法,其具体步骤如下:

(1)将给定的非正弦周期电源电压或电流分解为傅里叶级数,即分解为恒定分量及各次谐波之和,高次谐波取到哪一项为止,由计算所需的精度决定。

(2)分别计算电路在直流分量和各次谐波分量单独作用时的响应,求出电源的恒定分量以及各次谐波分量单独作用时的各未知电流。对恒定分量,可用直流电路的求解方法。这时要注意,凡有电容的支路都没有电流,相当于开路;而电感则不起作用,相当于短路。对各次谐波分量,则电路的计算如同正弦电流电路一样,可以用相量法进行。

(3)应用叠加定理,将步骤(2)所计算的结果化为瞬时值表达式后把属于同一支路的

各电流分量进行合成。这里应当注意,因不同谐波分量的角频率不同,其对应的相量直接相加是没有意义的。因此,必须把各次谐波分量化为瞬时值后才能进行相加,最终求得的实际电流是用时间函数式表示的。

下面通过两个具体例子来说明上述步骤。

【例 7-2】 由非正弦电源组成的电路如图 7-10(a)所示,已知非正弦电源电压为 $u(t) = [10 + 141.4\sin\omega t + 70.7\sin(3\omega t + 30°)]$ V,$X_L = \omega L = 2$ Ω,$X_C = \dfrac{1}{\omega C} = 15$ Ω,$R_1 = 5$ Ω,$R_2 = 10$ Ω,试求:(1)各支路的电流表达式;(2)电源输出的平均功率;(3)R_1 支路吸收的平均功率。

图 7-10 【例 7-2】电路

解: 电源电压的傅里叶级数展开式已给出,因此可直接进入谐波分析法步骤(2)。

(1)电源直流分量($U = 10$ V)单独作用时,电路如图 7-10(b)所示。这种情况下电感相当于短路,电容相当于开路。各支路电流分别为

$$I_{1(0)} = \frac{U_{(0)}}{R_1} = 2 \text{ A}$$

$$I_{2(0)} = 0 \text{ A}$$

$$I_{(0)} = I_{1(0)} = 2 \text{ A}$$

(2)电源电压的基波分量单独作用时,可按图 7-10(c)的电路来计算,这时应该用相量法进行计算,注意基波的角频率就是 ω。

$$u_{(1)}(t) = 141.4\sin\omega t \text{ V}$$

所以

$$\dot{U}_{(1)} = \frac{141.4}{\sqrt{2}} \underline{/0°} \text{ V} = 100 \underline{/0°} \text{ V}$$

$$\dot{I}_{1(1)} = \frac{\dot{U}_{(1)}}{R_1 + jX_{L(1)}} = \frac{100 \underline{/0°}}{5 + j2} \text{ A} = \frac{100 \underline{/0°}}{5.39 \underline{/21.8°}} \text{ A} = 18.6 \underline{/-21.8°} \text{ A}$$

$$\dot{I}_{2(1)}=\frac{\dot{U}_{(1)}}{R_2-\mathrm{j}X_{C(1)}}=\frac{100\underline{/0°}}{10-\mathrm{j}15}\text{ A}=\frac{100\underline{/0°}}{18.03\underline{/-56.3°}}\text{ A}=5.55\underline{/56.3°}\text{ A}$$

$$\dot{I}_{(1)}=\dot{I}_{1(1)}+\dot{I}_{2(1)}=18.6\underline{/-21.8°}+5.55\underline{/56.3°}$$

$$=17.3-\mathrm{j}6.91+3.08+\mathrm{j}4.62$$

$$=20.38-\mathrm{j}2.29=20.5\underline{/-6.41°}\text{ A}$$

(3)电源电压的三次谐波分量单独作用时的电路如图 7-10(d)所示,注意这时的角频率为 3ω。

$$u_{(3)}(t)=70.7\sin(3\omega t+30°)\text{ V}$$

$$\dot{U}_{(3)}=\frac{70.7}{\sqrt{2}}\underline{/30°}=50\underline{/30°}\text{ V}$$

$$X_{L(3)}=3X_{L(1)}=6\text{ }\Omega,X_{C(3)}=\frac{1}{3}X_{C(1)}=5\text{ }\Omega,$$

$$\dot{I}_{1(3)}=\frac{\dot{U}_3}{R_1+\mathrm{j}X_{L(3)}}=\frac{50\underline{/30°}}{5+\mathrm{j}6}\text{ A}=6.4\underline{/-20.19°}\text{ A}$$

$$\dot{I}_{2(3)}=\frac{\dot{U}_{(3)}}{R_2-\mathrm{j}X_{C(3)}}=\frac{50\underline{/30°}}{10-\mathrm{j}5}\text{ A}=4.47\underline{/56.57°}\text{ A}$$

$$\dot{I}_{(3)}=\dot{I}_{1(3)}+\dot{I}_{2(3)}=8.62\underline{/10.17°}\text{ A}$$

把以上得出的直流分量、基波分量和三次谐波分量化为瞬时值,属于同一支路的进行叠加,得到的最终结果为

$$i_1=[2+18.6\sqrt{2}\sin(\omega t-21.8°)+6.4\sqrt{2}\sin(3\omega t-20.19°)]\text{ A}$$

$$i_2=[5.55\sqrt{2}\sin(\omega t+56.3°)+4.47\sqrt{2}\sin(3\omega t+56.57°)]\text{ A}$$

$$i=[2+20.5\sqrt{2}\sin(\omega t-6.41°)+8.62\sqrt{2}\sin(3\omega t+10.17°)]\text{ A}$$

电源输出的平均功率为

$$P=U_{(0)}I_{(0)}+U_{(1)}I_{(1)}\cos\psi_1+U_{(3)}I_{(3)}\cos\psi_3$$

$$=[10\times2+100\times20.5\cos(0+6.41°)+50\times8.62\cos(30°-10.17°)]\text{ W}=2462.6\text{ W}$$

R_1 支路吸收的平均功率为

$$P_1=U_{1(0)}I_{1(0)}+U_{1(1)}I_{1(1)}\cos\psi_1+U_{1(3)}I_{1(3)}\cos\psi_3$$

$$=(10\times2+100\times18.6\cos21.8°+50\times6.4\cos50.19°)\text{ W}$$

$$=(20+1727+204.8)\text{ W}=1951.8\text{ W}$$

要强调指出,计算非正弦周期电流电路时应注意以下两点:

(1)电感和电容的电抗随频率而改变,因此它们的电抗对不同次的谐波是不同的,对 k 次谐波来说,感抗 $X_L=k\omega L$ 与 k 成正比,而容抗 $X_C=\dfrac{1}{k\omega C}$ 与 k 成反比。因此相对来说,感抗对高次谐波电流有抑制作用,而容抗对高次谐波电流有畅通作用。

(2)在写出最终结果时,应把各次谐波的瞬时值相加,而不能把各次谐波的相量相加。同样,不同频率下的复阻抗也不能放在一起运算。

【例 7-3】 如图 7-11(a)所示为一全波整流器及滤波电路,滤波器由电感 $L=5$ H 和

电容 $C=10\ \mu\text{F}$ 所组成。负载电阻 $R=2\ \text{k}\Omega$。设加在滤波电路上的电压波形如图 7-11(b) 所示,其中 $U_m=157\ \text{V}$。求负载 R 两端电压的各次谐波分量,设 $\omega=314\ \text{rad/s}$。

图 7-11 【例 7-3】图

解: 参阅表 7-1,将给定的电压 $u(t)$ 分解为傅里叶级数,得

$$u(t)=\frac{4}{\pi}U_m\left(\frac{1}{2}+\frac{1}{3}\cos2\omega t-\frac{1}{15}\cos4\omega t+\cdots\right)$$

这里级数收敛较快,取到四次谐波。代入 $U_m=157\ \text{V}$,有

$$u(t)=(100+66.7\cos2\omega t-13.33\cos4\omega t)\ \text{V}$$

(1)对直流分量,电感做短路处理,电容做开路处理,故负载两端电压的直流分量为

$$U_{R(0)}=100\ \text{V}$$

(2)对二次谐波和四次谐波来说,可以用图 7-11(c)所示电路来计算,其中

$$Z_{1(k)}=\text{j}k\omega L \qquad (k=2,4)$$

$$Z_{2(k)}=\frac{R\left(\dfrac{1}{\text{j}k\omega C}\right)}{R+\dfrac{1}{\text{j}k\omega C}} \qquad (k=2,4)$$

所以负载两端的 k 次谐波电压为 $\dot{U}_{2(k)}=\dot{U}_{(k)}\dfrac{Z_{2(k)}}{Z_{1(k)}+Z_{2(k)}}$,式中 $\dot{U}_{(k)}$ 表示外施 k 次谐波电压的相量。代入数据,有

$$Z_{2(2)}=158\ \underline{/-85.4^\circ}\ \Omega \qquad Z_{1(2)}+Z_{2(2)}=2983\ \underline{/89.8^\circ}\ \Omega$$

$$Z_{2(4)}=79.5\ \underline{/-87.7^\circ}\ \Omega \qquad Z_{1(4)}+Z_{2(4)}=6200\ \underline{/89.9^\circ}\ \Omega$$

故得负载两端谐波电压

$$U_{2(2)m}=66.7\times\frac{158}{2983}\ \text{V}=3.53\ \text{V(二次谐波的幅值)}$$

$$U_{2(4)m}=13.33\times\frac{79.5}{6200}\ \text{V}=0.17\ \text{V(四次谐波的幅值)}$$

从本例电路计算结果可见,负载端电压四次谐波分量很小,仅为直流分量的 0.17%,可以略去不计,二次谐波分量也只有直流分量的 3.53%,$u(t)$ 经过该滤波电路后,高频分量受到抑制,获得较平稳的输出电压 $u_R(t)$。

7.4.2 滤波器简介

感抗和容抗对高次谐波的反应是不同的,这种特性在工程上得到了广泛的应用。例如利用电感和电容的电抗随频率而变的特点可以组合成含有电感和电容的各种不同电路,电感 L 对高频电流有抑制作用,电容 C 则对高频电流起旁路分流作用,将这种电路连

接在输入和输出之间时,就可以让某些所需要的频率分量顺利地通过,而抑制某些不需要的分量。这种电路称为滤波器,上例是比较简单常用的滤波器。滤波器还在电信工程中得到广泛的应用,滤波器按照不同功能可以分为多种类型,常见的有低通滤波器、高通滤波器、带通滤波器和带阻滤波器等,下面简单介绍一下。

(1)低通滤波器

为了得到更好的滤波效果,许多电子电路中常常采用图 7-12(a)和图 7-12(b)所示的 T 型和 π 型低通滤波器,图 7-12(a)所示的 T 型低通滤波器首先由 L_1、C 将输入信号的高频分量滤波一次,然后由 L_2 将已滤掉大部分高频分量的信号再次滤波,从而使 C、D 端的输出信号中高频电流分量大大削弱,而低频电流分量则能顺利地通过。同理可以分析图 7-12(b)所示的 π 型低通滤波器。

图 7-12　低通滤波器

(2)高通滤波器

如图 7-13(a)和图 7-13(b)所示两电路是最简单的 T 型和 π 型高通滤波器,它的功能与低通滤波器恰好相反,其作用是抑制低频信号而允许高频信号通过。其原理可与低通滤波器比较,做类似分析。

图 7-13　高通滤波器

(3)带通滤波器

带通滤波器是让某一频率范围的谐波分量通过,而阻止其他谐波分量通过的滤波器。如图 7-14 所示是常见的带通滤波器电路之一,它由一级低通滤波器与一级高通滤波器级联组成。其工作原理是:输入信号先经低通滤波器滤去信号中高于某一截止频率 f_2 的成分,再经高通滤波器滤去低于某一截止频率 f_1 的成分。这样,输出信号中只含有频率 $f_1 \sim f_2$ 的谐波分量。

(4)带阻滤波器

如图 7-15 所示电路为简单的带阻滤波器。它与带通滤波器相反,除某一频率范围的谐波分量不易通过外,其余谐波分量都容易通过。图示电路中 L_1 与 C_1 组成并联阻抗,L_2 与 C_2、L_3 与 C_3 组成串联阻抗。若电路参数满足 $L_1C_1 = L_2C_2 = L_3C_3 = LC$,当 $\omega = 1/\sqrt{LC}$ 时,串联部分及并联部分电路都发生谐振。L_1 与 C_1 并联部分对谐振频率附近的谐波分量呈很高的阻抗,L_2 与 C_2、L_3 与 C_3 串联部分则阻抗很低,所以谐振频率附近的谐波分量很难通过滤波器到达负载。而偏离谐振频率较远的谐波分量则较容易通过滤波器,所以该滤波器具有带阻滤波的功能。

图 7-14　带通滤波器($C_1 = C_3$,$L_1 = L_3$)

图 7-15　带阻滤波器

不过,实际滤波器的电路结构要比以上介绍的电路复杂得多,这里不再做详细论述,今后视有关后续课程需要会专门展开讨论。

【仿真训练】

一个非正弦周期信号,可以根据傅里叶级数分解为一系列频率成整数倍的正弦量(谐波分量)的叠加,即

$$u(t) = U_0 + U_{1m}\sin(\omega t + \psi_1) + U_{2m}\sin(2\omega t + \psi_2) + \cdots + U_{km}\sin(k\omega t + \psi_k) + \cdots$$

为了直观地表示一个非正弦周期信号所包含的各次谐波分量的大小或相位,工程中常用频谱图来表示,频谱图的横坐标表示各次谐波的频率成分,纵坐标表示各次谐波的大小或相位(分别称为振幅频谱或相位频谱)。

仿真训练 1　非正弦周期信号的谐波合成仿真

一、仿真目的

(1)掌握非正弦周期信号的概念;

(2)领会不同频率的正弦量的叠加,可以合成一个非正弦波;

(3)理解非正弦信号(三角波)含有哪些频率的谐波信号。

二、仿真原理

(1)不同频率的正弦量的叠加,可以合成一个非正弦周期信号。

(2)一个三角波所含有的谐波成分(正弦量),其频率为基波的 1,3,5,7,9……倍;幅度是基波的 $1,1/3^2,1/5^2,1/7^2,1/9^2$……倍。即一个三角波电流的表达式为:

$$i = 1\sin\omega t - \frac{1}{3^2}\sin3\omega t + \frac{1}{5^2}\sin5\omega t - \frac{1}{7^2}\sin7\omega t + \cdots$$

$$= 1\sin\omega t - 0.111111\sin3\omega t + 0.040000\sin5\omega t - 0.020408\sin7\omega t + \cdots$$

三、仿真内容与步骤

(1)在仿真软件 Multisim 10.0 窗口中,建立如图 7-16 所示电路,对于不同频率的正弦量,采用正弦电流源并联方式进行叠加(也可以采用正弦电压源串联方式进行叠加),设置各电流源的幅度、频率和极性如图中所示,注意图中的偶数项电流源为负极性。

(2)在测试仪器中选取四通道示波器,分别测试单一正弦量 i_1($i_1 = 1\sin2\pi1000t$ mA)作用电路的波形,2 个正弦量($i_{21} - i_{22}$)作用电路的波形,3 个正弦量($i_{31} - i_{32} + i_{33}$)作用电路的波形,4 个正弦量($i_{41} - i_{42} + i_{43} - i_{44}$)作用电路的波形。各个正弦量的幅度与频率的

图 7-16　三角波信号合成电路的仿真

设置如图 7-16 所示。

（3）双击示波器面板，单击仿真"运行/停止"开关，观察四通道示波器显示的 4 个信号的波形与幅度。将所测数据记录在表 7-2 中。

表 7-2　　　　　　　　　　非正弦周期信号产生仿真数据记录表

正弦量合成项	$i_1 = 1\sin 2\pi 1000 t$	$i_{21} - i_{22}$	$i_{31} - i_{32} + i_{33}$	$i_{41} - i_{42} + i_{43} - i_{44}$
波形幅度 V_p				
波形频率 f				

（4）根据所测波形，分析三角波是由哪些频率成分和幅度的正弦量混合而得的，说明 1 kΩ 电阻上电压的三角波傅里叶展开式是否成立：

$$u = Ri = 10 \times \left(1\sin\omega t - \frac{1}{3^2}\sin 3\omega t + \frac{1}{5^2}\sin 5\omega t - \frac{1}{7^2}\sin 7\omega t + \cdots\right)$$

$$= 10 \times (1\sin t\omega t - 0.111111\sin 3\omega t + 0.040000\sin 5\omega t - 0.020408\sin 7\omega t + \cdots)$$

四、思考题

仿照三角波信号的合成电路，按本章表 7-1 中矩形波的傅里叶展开式，设计一个产生矩形波的合成电路进行仿真测试。

仿真训练 2　非正弦周期信号的傅里叶分解仿真

一、仿真目的

（1）通过仿真，掌握非正弦周期信号的傅里叶分解（谐波分析），从而更好地理解非正弦波由各次谐波组成这个概念。

（2）学会利用频谱分析仪测量非正弦周期信号的各次谐波的频率与幅度的方法，掌握频谱分析仪的基本操作方法。

二、仿真原理

一个非正弦周期信号，可以根据傅里叶级数分解为一系列频率成整数倍的正弦量（谐波分量)的叠加。即 $u(t)=U_0+U_{1m}\sin(\omega t+\psi_1)+U_{2m}\sin(2\omega t+\psi_2)+\cdots+U_{km}\sin(k\omega t+\psi_k)+\cdots$。当矩形脉冲的幅度为 10 V、频率为 1 kHz 时,其傅里叶展开式为:

$$u(t)=\frac{4U_m}{\pi}\left[\sin\omega t+\frac{1}{3}\sin3\omega t+\frac{1}{5}\sin5\omega t+\cdots\right]=12.74\sin\omega t+4.25\sin3\omega t+2.55\sin5\omega t+\cdots$$

为了直观地表示一个非正弦周期信号所包含的各次谐波分量的大小或相位,工程中常用频谱图来表示,频谱图的横坐标表示各次谐波的频率成分,纵坐标表示各次谐波的大小或相位(分别称为振幅频谱和相位频谱)。

三、仿真内容与步骤

(1)利用频谱分析仪(Spectrum Analyzer)测量矩形脉冲信号的各次谐波频率和幅值

①创建如图 7-17 所示测量电路。XFG1 为函数信号发生器(Function Generator),用来产生矩形脉冲波。函数信号发生器可直接从仪器库中选取(或单击菜单 Simulate/Instruments/Function Generator 而得到)。双击 XFG1 图标,可得到图 7-17 左侧所示的函数信号发生器参数设置控制面板,设置输出信号的波形(Waveforms)为脉冲方波,频率为 1 kHz,脉冲占空比为 50%,幅度为 10 V_P,直流偏置电压为 0 V。

图 7-17　用频谱分析仪测量非正弦周期信号的谐波分量

②XSA1 为频谱分析仪(Spectrum Analyzer),用来测量脉冲方波的各次谐波频率和幅值。同样可直接从仪器库中选取(或单击菜单 Simulate/Instruments/Spectrum Analyzer 而得到)。双击 XSA1 图标,便可得到图 7-17 右侧所示的频谱分析仪参数设置控制面板,在 Span Control 选项区中,选择 Set Span(设置测试频率)。

在频率(Frequency)选项区中,设置测试频率范围(Span)为 8 kHz,起始测试频率(Start)为 0 Hz,中心测试频率(Center)为 4 kHz,终止测试频率(End)为 8 kHz。需注意的是该窗口中测试频率设置完成后,必须单击上方的输入(Enter)按钮才能使设置生效。

在振幅(Amplitude)选项区中,设置纵坐标显示格式为线性(Lin),纵坐标显示刻度(Range)为每格 2 V(2 V/Div)。

在频率分辨率(Resolution Frequency)选项区中设置分辨率为 50 Hz。

频谱分析仪控制面板右下角的 Set... 按钮用于触发源参数设置,单击该按钮在弹出的对话框中选择触发源(Trigger Source)为内部(Internal),触发模式(Trigger Mode)为连续(Continuous),触发开启电压(Threshold Volt)为 2.5 V(大于此值便触发采样),傅里叶变换计算的采样点数(FFT Points)为 1024。

③单击仿真"运行/停止"开关,移动游标,即可观察到各次谐波的频率和幅度,将测得的脉冲波的各次谐波分量的振幅值记录在表 7-3 中。

表 7-3　　　　　　　　　　　　频谱分析仪测量数据记录表

谐波分量	直流 (0 Hz)	基波 (1 kHz)	2 次 (2 kHz)	3 次 (3 kHz)	4 次 (4 kHz)	5 次 (5 kHz)	6 次 (6 kHz)	7 次 (7 kHz)
脉冲波幅度/V								
三角波幅度/V								
正弦波幅度/V								

④将函数信号发生器的输出波形分别改为三角波和正弦波,重测各次谐波分量的幅度。将所得数据记录在表 7-3 中。

⑤根据所测数据,对脉冲波、三角波和正弦波的测量值进行比较,说明它们之间各次谐波分量的幅度有何不同。并说明与理论分析的"非正弦波的波形越平滑,所含高次谐波的幅值越小"的结论是否吻合。

(2)利用傅里叶分析(Fourier Analysis)将非正弦周期信号分解为各次谐波分量

①创建如图 7-18 所示电路。函数信号发生器的设置与(1)相同。

图 7-18　非正弦周期信号的傅里叶分析(图形显示方式)

②单击 Simulate/Analysis/Fourier Analysis,弹出傅里叶分析设置对话框。

在分析参数(Analysis Parameters)选项卡中,有两个选项区:在采样数目设定(Sampling option)选项区中,设置仿真电路中的基波频率(Frequency Resolution)为 1 kHz,设置需要计算的谐波个数(Number of harmonics)为 7 个,设置采样停止时间(Stop time for sampling)为 0.1 s;在仿真结果的输出形式(Results)选项区中,设置为以线条图的方式显示傅里叶分析的结果(Display as Bar Graph)。显示方式(Display)有表格(Chart)、图形(Graph)、图和表(Chart and Graph)三种,现选取图形显示方式显示仿真分析的结果。纵坐标的刻度选择(Vertical)设置为线性(Lin)。

在输出(Output)选项卡中,将左侧的电路节点 1 的电压 V_1 选中,单击添加(Add)送至右侧,完成输出节点的设置。

单击傅里叶分析设置对话框底部的仿真(Simulate)按钮,即得到傅里叶分析结果,如图 7-18 所示。在图形显示窗口的菜单(View)中选择显示网格(Show Grid)可更好地观察到各次谐波分量的幅值。

③若在分析参数(Analysis Parameters)选项卡的仿真结果输出形式(Results)选项区中,设置显示方式(Display)为表格(Chart)方式,即得到分析结果如图 7-19 所示。将所得各次谐波分量的幅值记录在表 7-4 中。

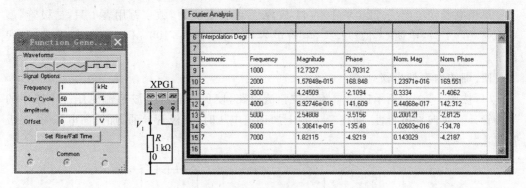

图 7-19　非正弦周期信号的傅里叶分析(表格显示方式)

表 7-4　　　　　　　　　傅里叶分析测量数据记录表

谐波分量	直流 (0 Hz)	基波 (1 kHz)	2 次 (2 kHz)	3 次 (3 kHz)	4 次 (4 kHz)	5 次 (5 kHz)	6 次 (6 kHz)	7 次 (7 kHz)
脉冲波幅度/V								
三角波幅度/V								
正弦波幅度/V								

④分别将函数信号发生器的输出波形改为三角波和正弦波,然后进行傅里叶分析,采用表格显示方式,将所得各次谐波分量的幅值记录在表 7-4 中。并比较三种波形的各次谐波分量的幅度有何不同。

四、思考题

(1)脉冲波与三角波的谐波分析中有哪些频率的谐波分量?

(2)脉冲波、三角波与正弦波的高次谐波分量的幅值有什么不同?

(3)非正弦波形的平滑性与高次谐波分量的幅值之间有什么关系?

【技能训练】

技能训练　半波整流信号的测量与分析

一、训练目的

(1)进一步理解非正弦周期信号的傅里叶分解的概念;

(2)掌握半波整流信号的谐波分析的特点;

(3)观察 L、C 的电抗特性在滤波电路中的效果。

二、训练原理

(1)半波整流信号为偶函数信号,其中含有直流分量(U_m/π)和各偶次谐波。

(2)L、C 元件的电抗随频率而改变,X_L 与 f 成正比,X_C 与 f 成反比。将 L、C 元件接在整流电路后面,可使负载上的电压的交流分量大大减小,从而获得近似的直流电压。

三、训练器材

单相电源变压器(~220 V/10 V)1 只,双踪示波器 1 台,数字万用表 1 只,二极管(型号 1N4007)4 只,电阻(1 kΩ)1 只,电解电容(10 μF/25 V,100 μF/25 V)各 1 只,导线若干。

四、训练内容与步骤

(1)按图 7-20(a)所示连接单相半波整流电路,使负载获得半波整流电压。电路中的二极管具有单向导电特性,即在二极管上加正向电压时,二极管导通;加反向电压时,二极管截止。

(a)半波整流电路   (b)整流滤波电路

图 7-20 半波整流信号测量与分析实验电路

(2)用双踪示波器分别测量图 7-20(a)所示电路中 a、b 端和 c、d 端的电压波形,将波形记录在表 7-5 中。

表 7-5   半波整流信号测量记录表

测量项目	正弦交流电压 u_2 (a、b 端)	半波整流电压 $U_{L(1)}$ (c、d 端无电容)	整流滤波电压 $U_{L(2)}$ (c、d 端接 10 μF 电容)	整流滤波电压 $U_{L(3)}$ (c、d 端接 100 μF 电容)
万用表测电压				
示波器测波形				

(3)用数字万用表分别测量图 7-20(a)所示电路中 a、b 端的电压(用交流电压挡测量)和 c、d 端的半波整流电压(用直流电压挡测量),将数据记录在表 7-5 中。

(4)在电路中接入 10 μF/25 V 滤波电容 C,构成如图 7-20(b)所示的整流滤波电路。

(5)用双踪示波器重测步骤(2)波形;用数字万用表重测步骤(3)电压。将波形和电压数据记录在表 7-5 中。

(6)将电容更换为 100 μF/25 V,重复步骤(5)。

(7)按照表 7-5 中的数据,分析单相半波整流信号的特性、电容在电路中的作用,并与理论值进行比较。

五、注意事项

(1)将电源变压器接入 220 V 电源时,要注意安全,防止触电。

(2)注意万用表的交、直流电压挡、欧姆挡的转换及量程的选择,防止误操作。

(3)避免电源短路和负载短路,以防止烧损变压器、二极管和电容器。

六、思考题

(1)电容器在电路中起什么作用?

(2)电容器的容量大小对输出端电压波形的影响如何?

本 章 小 结

1.非正弦周期信号的谐波分析是指将一个非正弦周期信号分解为直流分量和一系列频率不同的正弦量的叠加过程。谐波分析利用傅里叶级数的分解方法进行,非正弦周期函数 $f(t)$ 的傅里叶级数展开式为

$$f(t) = a_0 + \sum_{k=1}^{\infty}(a_k\cos k\omega t + b_k\sin k\omega t) \quad \text{或} \quad f(t) = A_0 + \sum_{k=1}^{\infty}A_{km}\sin(k\omega t + \psi_k)$$

各项之间的关系为

$$a_0 = A_0 \qquad a_k = A_{km}\sin\psi_k \qquad b_k = A_{km}\cos\psi_k$$

2.非正弦周期信号的有效值、平均值和平均功率可按下列方法求得:

(1)对任何非正弦周期电流、电压,其有效值为

$$I = \sqrt{I_0^2 + I_1^2 + I_2^2 + I_3^2 + \cdots}$$

$$U = \sqrt{U_0^2 + U_1^2 + U_2^2 + U_3^2 + \cdots}$$

(2)平均值为

$$I_{av} = \frac{1}{T}\int_0^T |i|\,\mathrm{d}t$$

对正弦电流来说

$$I_{av} = \frac{2I_m}{\pi} = 0.637I_m = 0.901I$$

(3)平均功率为

$$P = U_0 I_0 + U_1 I_1\cos\psi_1 + U_2 I_2\cos\psi_2 + U_3 I_3\cos\psi_3 + \cdots$$

3.非正弦周期电流电路的分析通常采用谐波分析法,其步骤如下:

(1)将给定的非正弦周期电源电压或电流分解为傅里叶级数,高次谐波分量取到哪一项,与计算所需的精度有关。

(2)分别计算电路在直流分量和各次谐波分量单独作用时的响应。计算时应注意:当直流分量单独作用时,电感相当于短路,电容相当于开路;电感、电容的阻抗随不同谐波分量的角频率不同而不同,即对于基波分量为 $j\omega L$,$\frac{1}{j\omega C}$,对于 k 次谐波分量则为 $jk\omega L$,$\frac{1}{jk\omega C}$。

(3)应用叠加定理,将步骤(2)所计算的结果化为瞬时值表达式后进行相加,最终求得电路的响应。这里要注意:因为不同谐波分量的角频率不同,其对应的相量直接相加是没有意义的。

7-1　有一非正弦周期电流 $i(t)$，波形如图 7-21 所示，当该电流通过一个 $R=3\ \Omega$，$\omega L=4\ \Omega$ 的串联电路时，试求：(1)电路两端的电压表达式 $u(t)$；(2)电路的平均功率 P。

7-2　已知某一端口网络如图 7-22 所示，其端电压 $u=311\sin314t$ V，流入网络的电流为 $i=[0.8\sin(314t-85°)+0.25\sin(942t-105°)]$ A。求该网络吸收的平均功率。

图 7-21　习题 7-1 图

图 7-22　习题 7-2 图

7-3　RLC 串联电路如图 7-23 所示，已知 $u(t)=[10+80\sin(\omega t+30°)+180\sin3\omega t]$ V，$R=6\ \Omega$，$\omega L=2\ \Omega$，$\dfrac{1}{\omega C}=18\ \Omega$，求：(1) $i(t)$ 的表达式；(2)电路中电压表、电流表及功率表的读数(电表均为电磁系仪表)。

7-4　已知电路如图 7-24 所示，原、副边线圈的自感分别为 L_1 和 L_2，$u_1(t)=U_0+U_m\sin\omega t$。求 $u_2(t)$ 的表达式，并解释为什么互感线圈有隔直作用。

图 7-23　习题 7-3 图

图 7-24　习题 7-4 图

7-5　电路如图 7-25 所示，电源包含直流电压源 U 和交流电压源 $u(t)$ 两部分。应用叠加定理，分别画出直流分量和交流分量单独作用时的电路，并判断直流电源中有没有交流电流，交流电源中有没有直流电流。

7-6　要测量线圈的 R 和 L 时，已测出当电流 $I=15$ A，总电压 $U=60$ V 时，有功功率 $P=225$ W，并已知 $\omega=314$ rad/s。设电压的瞬时值表达式为 $u(t)=U_{1m}\sin\omega t+0.4U_{1m}\sin3\omega t$，求：(1)该电压的基波分量幅值 U_1 及线圈的 R 和 L；(2)如果略去电压的三次谐波，即认为 $u=$

图 7-25　习题 7-5 图

$60\sqrt{2}\sin\omega t$ V，则所得的 R 和 L 值为多大？由此引起的误差是多少？

7-7 电路如图 7-26 所示，外施电压 u 与总电流 i 的波形是否可能完全相同？如果可能，此时电路元件参数间应满足什么条件？

7-8 有一滤波器电路如图 7-27 所示，输入电压 $u_1=[U_{1m}\sin\omega t+U_{3m}\sin3\omega t]$V，$L=$0.12 H，$\omega=314$ rad/s。若要使输出电压 $u_2=U_{1m}\sin\omega t$，问 C_1 和 C_2 的值应为多少？

图 7-26 习题 7-7 图

图 7-27 习题 7-8 图

7-9 在图 7-28 所示滤波器中，欲通过滤波器使基波电流被全部滤掉，不到达负载 R，而只将 4ω 的谐波电流送至负载，如电容 $C=1\ \mu$F，$\omega=10^3$ rad/s，求电感 L_1 和 L_2 的值。

7-10 如图 7-29 所示电路，电源电压 $u(t)$ 含有基波和三次谐波，基波角频率 $\omega=10^4$ rad/s。若要求 $u_2(t)$ 中不含基波分量，而将电源电压中的三次谐波分量全部取出，试求电容 C_1 和 C_2 的参数。

图 7-28 习题 7-9 图

图 7-29 习题 7-10 图

动态电路　　第 8 章

【教学导航】

【教学目标】

➢ 了解电路的动态过程及物理本质；

➢ 掌握换路定律及初始值的计算；

➢ 掌握时间常数、零状态响应的概念与计算；

➢ 掌握求解一阶电路动态过程的三要素法；

➢ 了解阶跃函数的概念及一阶电路阶跃响应的计算；

➢ 掌握微分和积分电路的组成条件及功能；

➢ 了解 RLC 串联电路的动态过程；

➢ 了解拉普拉斯变换的定义与性质，线性电路的复频域模型与分析方法。

【教学重点】

➢ 换路定律及初始值的确定；

➢ 时间常数的概念与计算；

➢ 求解一阶电路动态过程的三要素法；

➢ RC 与 RL 一阶动态电路的响应分析；

➢ 微分电路和积分电路的组成条件与功能。

【教学难点】

➢ 换路定律的应用；

➢ 时间常数的确定；

➢ RC 电路、RL 电路的动态过程分析；

➢ RLC 二阶电路的动态过程分析；

➢ 复频域分析的运算法。

【参考学时】　14 学时

8.1 动态电路的概念与换路定律

8.1.1 电路的换路与动态过程

过渡过程

动态电路是相对于稳态电路而言的,这里先介绍动态电路的几个概念。

(1)换路:通常把电路状态的改变(如通电、断电、短路、电信号突变、电路参数的变化等),统称为换路,并认为换路是立即完成的。

(2)稳定状态:所谓稳定状态,就是指电路中的电压、电流已经达到某一稳定值,即电压和电流为恒定不变的直流或者是最大值与频率均固定的正弦交流。

(3)动态过程:电路从一种稳定状态向另一种稳定状态的转变,这个过程称为过渡过程或者动态过程,实际电路中的动态过程是暂时存在而最后消失的,故又称为暂态过程。

产生动态过程的原因有两个:即外因和内因。换路是外因,电路中有储能元件(也叫动态元件)是内因。所以动态过程的物理实质,在于换路迫使电路中的储能元件进行能量的转移或重新分配,而能量的变化又不能从一种状态跳跃式地直接变到另一种状态,必须经历一个逐渐变化的过程。

8.1.2 储能元件与换路定律

1. 储能元件

电路中之所以出现过渡过程,是因为电路中有电感、电容这类储能元件的存在。

在含有储能元件 L、C 的电路中,当电路结构或元件参数发生改变时,会引起电路中电流和电压的变化,而电路中电压和电流的建立或其量值的改变,必然伴随着电容中电场能量和电感中磁场能量的改变。而这种改变只能是能量渐变,而不能是跃变,因为当 $\Delta t \to 0$ 时,将导致功率 $p = \dfrac{\mathrm{d}w}{\mathrm{d}t} \to \infty$,在实际中这是不可能的。

具体来说,电容上的电压只能从零(或者某一初始值)逐渐增大到稳态值。否则,如果电容上电压发生跃变($\dfrac{\mathrm{d}u_C}{\mathrm{d}t} \to \infty$),将会导致其中的电流 $i_C = C\dfrac{\mathrm{d}u_C}{\mathrm{d}t} \to \infty$,这通常也是不可能的。因为电路中总要有电阻,$i_C$ 只能是有限值,以有限电流对电容充电,电容电荷及电压 u_C 就只能逐渐增加或逐渐减少,而不可能跃变。同样,对电感元件来说,电感中的电流一般也不能跃变,否则电感上的感生电压将为 $u_L = L\dfrac{\mathrm{d}i_L}{\mathrm{d}t} \to \infty$。

因此,当电路结构或元件参数发生改变时,电容的电压和电感的电流必然存在一个从初始值到新的稳态值的变化过程,而电路中其他的电流、电压也会有一个变化过程,电路的这种变化过程就称为电路的过渡过程或者动态过程,也称为暂态过程。

综上所述,电路发生动态过程的条件是:(1)电路中含有储能元件(内因);(2)电路发生换路(外因)。

总之,在电路发生动态过程时,一般情况下,电容上的电压不能跃变,电感中的电流也不能跃变。但是,电容中的电流和电感上的电压是可以跃变的。如图 8-1(a)所示电路,在开关 S 闭合前,$i_C = 0$,$u_C = 0$,$i_L = 0$,$u_L = 0$,而在 S 闭合的瞬间,因电容上的电压不能跃变,u_C 仍为 0,此刻的电容相当于短路;电感中的电流不能跃变,i_L 仍为 0,此刻的电感相当于开路。因此,在 S 闭合的瞬间其等效电路如图 8-1(b)所示,有 $u_C = 0$,$i_C = u_S/(R_1 + R_0)$,$i_L = 0$,$u_L = R_1 u_S/(R_1 + R_0)$。可见,虽然 u_C 和 i_L 没有发生跃变,但是 i_C 和 u_L 却发生了跃变。

图 8-1 动态电路的换路过程

2. 换路定律

分析电路的动态过程时,除应用基尔霍夫定律和元件伏安关系外,还应了解和利用电路在换路时所遵循的规律(即换路定律)。

(1)具有电容的电路:在换路后的一瞬间,若流入(或流出)电容的电流保持为有限值,则电容上的电压(或电荷)应当保持换路前一瞬间的原有值而不能跃变。

(2)具有电感的电路:在换路后的一瞬间,若电感两端电压保持为有限值,则电感中的电流(或磁链)应当保持换路前一瞬间的原有值而不能跃变。

若电路在 t_0 时换路,用 t_{0-} 表示换路前的一瞬间,t_{0+} 表示换路后的一瞬间。则换路定律的数学公式表示形式为:

$$\begin{cases} u_C(t_{0+}) = u_C(t_{0-}) \\ i_L(t_{0+}) = i_L(t_{0-}) \end{cases} \quad \begin{cases} q_C(t_{0+}) = q_C(t_{0-}) \\ \psi_L(t_{0+}) = \psi_L(t_{0-}) \end{cases} \tag{8-1}$$

式中 $q_C(t_{0+})$、$u_C(t_{0+})$ 和 $\psi_L(t_{0+})$、$i_L(t_{0+})$ 分别为电容电荷、电压以及电感磁链、电流的初始值。

换路定律只说明与 C 上的电场和 L 中的磁场能量有直接关系的物理量(u_C、q_C、i_L、ψ_L)不能跃变,至于其他物理量(如流过电容元件的电流、电感元件上的端电压等)则是可以跃变的,因为它们的跃变不会导致能量的跃变。

对于图 8-1(a)所示的电路,在换路瞬间,如果电容元件的电流有限,其电压 u_C 不能跃变;如果电感元件的电压有限,其电流 i_L 不能跃变。把电路发生换路的时刻取为计时起点 $t = 0$,而以 $t = 0_-$ 表示换路前的一瞬间,它和 $t = 0$ 之间的间隔趋近于零;以 $t = 0_+$ 表示换路后的一瞬间,它和 $t = 0$ 之间的间隔也趋近于零,则换路定律可表示为:

$$\begin{cases} u_C(0_+) = u_C(0_-) \\ i_L(0_+) = i_L(0_-) \end{cases} \tag{8-2}$$

总之,无论换路前电路的状态如何,如果换路瞬间电容上的电压和电感中的电流为有限值,则在换路后的一瞬间,电容上的电荷和端电压及电感中的磁链和电流都应保持换路前一瞬间的数值而不能跃变。

8.1.3 电路初始值的确定

电路换路后一瞬间($t=0_+$时刻)响应的数值称为动态电路的初始值。对于一阶电路而言,它就是求解一阶微分方程所需要的初始条件。

初始值的计算步骤如下:

(1)由 $t=0_-$ 时的电路,求出 $u_C(0_-)$ 和 $i_L(0_-)$;

(2)根据换路定律,得出 $u_C(0_+)$ 和 $i_L(0_+)$;

(3)画出电路在 $t=0_+$ 时的等效电路:根据置换定理,在 $t=0_+$ 时,用电压等于 $u_C(0_+)$ 的电压源替代电容元件,用电流等于 $i_L(0_+)$ 的电流源替代电感元件,独立电源均取 $t=0_+$ 时的值。这样,原电路在 $t=0_+$ 时变成了一个在直流电源作用下的电阻电路,称为 0_+ 时的等效电路。

(4)根据 $t=0_+$ 时的等效电路,求出 0_+ 时刻各电流、电压的值。

【例 8-1】 已知电路如图 8-2(a)所示,换路前电路处于稳态,L、C 均未储能。试求开关闭合后电路中各电压和电流的初始值。

图 8-2 【例 8-1】电路

解:(1)由换路前电路求:$u_C(0_-)$,$i_L(0_-)$。

由已知条件知:$u_C(0_-)=0$,$i_L(0_-)=0$。

根据换路定律得

$$u_C(0_+)=u_C(0_-)=0$$

$$i_L(0_+)=i_L(0_-)=0$$

(2)画出 $t=0_+$ 的等效电路如图 8-2(b)所示,求其余各电流、电压的初始值。

$u_C(0_+)=0$,换路瞬间,电容元件可视为短路;

$i_L(0_+)=0$,换路瞬间,电感元件可视为开路。

$$i_C(0_+)=i_1(0_+)=\frac{U}{R_1} \qquad i_C(0_-)=0$$

$$u_L(0_+)=u_1(0_+)=U \qquad u_L(0_-)=0 \qquad u_2(0_+)=0$$

【例 8-2】 已知图 8-3(a)所示电路中,$R_0=30\ \Omega$,$R_1=20\ \Omega$,$R_2=40\ \Omega$,$U_s=10\ V$,S 闭合前电路稳定,求 S 在 $t=t_0$ 时刻闭合后,图中电流、电压的初始值。

解:根据题意,S 闭合前为直流稳定电路,$i_C(t_{0-})=0$,$u_L(t_{0-})=0$,当 $t=t_{0-}$ 时等效电路如图 8-3(b)所示,则

图 8-3 【例 8-2】电路

$$i_L(t_{0-}) = \frac{U_s}{R_0 + R_1} = \frac{10}{30 + 20} \text{ A} = 0.2 \text{ A}$$

$$u_C(t_{0-}) = \frac{R_1}{R_0 + R_1} U_s = \frac{20}{30 + 20} \times 10 \text{ A} = 4 \text{ V}$$

S 闭合后，由换路定律知

$$i_L(t_{0+}) = i_L(t_{0-}) = 0.2 \text{ A}$$

$$u_C(t_{0+}) = u_C(t_{0-}) = 4 \text{ V}$$

因为 $u_C(t)$ 和 $i_L(t)$ 不能跃变，所以用电压为 $u_C(t_{0+})$ 的理想电压源代替 C，用电流为 $i_L(t_{0+})$ 的理想电流源代替 L，在 $t = t_{0+}$ 时刻的等效电路如图 8-3(c)所示，则

$$i_1(t_{0+}) = \frac{u_C(t_{0+})}{R_1} = \frac{4}{20} \text{ A} = 0.2 \text{ A}$$

$$i_2(t_{0+}) = \frac{u_C(t_{0+})}{R_2} = \frac{4}{40} \text{ A} = 0.1 \text{ A}$$

$$i_C(t_{0+}) = i_L(t_{0+}) - i_1(t_{0+}) - i_2(t_{0+}) = 0.2 \text{ A} - 0.2 \text{ A} - 0.1 \text{ A} = -0.1 \text{ A}$$

$$u_L(t_{0+}) = U_s - i_L(t_{0+})R_0 - u_C(t_{0+}) = 10 \text{ V} - 0.2 \text{ A} \times 30 \text{ } \Omega - 4 \text{ V} = 0 \text{ V}$$

直流激励下动态电路达到稳定（又称稳态）时具有的两个特征：电容元件相当于断路，通过电容的电流为零；电感元件相当于短路，其端电压为零。即

$$\begin{cases} i_C(\infty) = 0 \\ u_L(\infty) = 0 \end{cases} \tag{8-3}$$

应该注意的是：在直流稳定状态下，电容电流等于零，但电荷和电压不一定为零；电感电压等于零，但磁通链和电流不一定为零。

8.2 一阶电路动态过程的三要素法

8.2.1 一阶线性动态电路

1. 一阶最简 *RC* 动态电路

对于图 8-4(a)所示的由电阻和电容组成的串联型 *RC* 动态电路，若开关 S 在 $t = t_0$ 时刻闭合，由 KVL 得到电路的电压关系为

$$u_R + u_C = u_s$$

电容充/放电过程

(a)串联型RC动态电路   (b)并联型RC动态电路

图 8-4　简单的 RC 动态电路

因为

$$i_C = C\frac{\mathrm{d}u_C}{\mathrm{d}t} \quad , \quad u_R = Ri_C = RC\frac{\mathrm{d}u_C}{\mathrm{d}t}$$

代入上式,得微分方程

$$RC\frac{\mathrm{d}u_C}{\mathrm{d}t} + u_C = u_\mathrm{S} \tag{8-4}$$

在 u_S、R、C 已知的条件下,式(8-4)是电压 u_C 关于时间 t 的一阶常系数线性非齐次微分方程。

对于图 8-4(b)所示的并联型 RC 动态电路,在开关闭合后,根据 KCL 和电容的 VAR 建立微分方程

$$C\frac{\mathrm{d}u_C}{\mathrm{d}t} + \frac{u_C}{R} = i_\mathrm{S} \tag{8-5}$$

若将式(8-5)等式两边同乘 R,并根据 $Ri_\mathrm{S} = u_\mathrm{S}$,则并联型 RC 动态电路的式(8-5)与串联型 RC 动态电路的式(8-4)相同。

2. 一阶最简 RL 动态电路

对于图 8-5(a)所示的由电阻和电感组成的并联型 RL 动态电路,开关 S 在 $t=t_0$ 时刻闭合后,由 KCL 得到电路的电流关系为

$$i_R + i_L = i_\mathrm{S}$$

电感充/放电过程

(a)并联型RL动态电路   (b)串联型RL动态电路

图 8-5　简单的 RL 动态电路

因为

$$u_L = L\frac{\mathrm{d}i_L}{\mathrm{d}t} \quad , \quad i_R - \frac{u_L}{R} = \frac{L}{R}\frac{\mathrm{d}i_L}{\mathrm{d}t}$$

代入上式,得微分方程

$$\frac{L}{R}\frac{\mathrm{d}i_L}{\mathrm{d}t} + i_L = i_\mathrm{S} \tag{8-6}$$

在 i_S、R、L 已知的条件下,式(8-6)是电流 i_L 关于时间 t 的一阶常系数线性非齐次微分方程。

对于图 8-5(b)所示的串联型 RL 动态电路,当开关闭合后,根据 KVL 和电感的 VAR 建立微分方程

$$L \frac{\mathrm{d}i_L}{\mathrm{d}t} + Ri_L = u_\mathrm{S} \tag{8-7}$$

若将式(8-7)等式两边同除以 R,并设 $i_\mathrm{S} = u_\mathrm{S}/R$,则串联型 RL 动态电路的式(8-7)与并联型 RL 动态电路的式(8-6)相同。

可以看出,只要遵循电路分析的基本定律——基尔霍夫定律,电阻元件的欧姆定律,以及动态元件的电压、电流关系,再根据已知电路的连接关系,就可以建立动态电路的动态方程。

在图 8-4 和图 8-5 中,每个电路中只含有一个储能元件,因此电路的动态方程都是一阶微分方程。把由一阶微分方程所描述的电路称为一阶动态电路。依此类推,由二阶微分方程所描述的电路称为二阶动态电路。如果 R、L、C 是线性元件(常数),则对应的电路称为一阶(或二阶)线性动态电路,所建立的方程则是一阶(或二阶)线性微分方程。

【例 8-3】 求解图 8-6 所示 RLC 串联电路的微分方程。

解: 这是一个 RLC 串联电路,根据 KVL 和电阻、电容、电感的 VAR 可得

$$u_L + u_R + u_C = u_\mathrm{S}$$

$$i = C \frac{\mathrm{d}u_C}{\mathrm{d}t} \qquad u_L = L \frac{\mathrm{d}i}{\mathrm{d}t} = LC \frac{\mathrm{d}^2 u_C}{\mathrm{d}t^2} \qquad u_R = Ri = RC \frac{\mathrm{d}u_C}{\mathrm{d}t}$$

根据上述关系,即可得到 RLC 串联电路的微分方程

$$LC \frac{\mathrm{d}^2 u_C}{\mathrm{d}t^2} + RC \frac{\mathrm{d}u_C}{\mathrm{d}t} + u_C = u_\mathrm{S} \tag{8-8}$$

这是一个二阶常系数非齐次线性微分方程,故图 8-6 所示电路是一个二阶线性动态电路。

图 8-6 【例 8-3】电路

8.2.2 三要素法

1. RC 电路的零输入响应

电路没有外加激励时,仅由电路初始储能产生的响应称为零输入响应。设电路如图 8-7(a)所示,开关 S 置于位置 1 时,电路处于稳态,电容 C 被电压源充电到电压 U_0。在 $t=0$ 时将开关 S 拨向位置 2,电容 C 此时通过电阻 R 进行放电。图 8-7(b)为换路后的电路,列写换路后的电路方程,可求出其电路响应。

图 8-7 零输入响应电路

根据图 8-7(b),在所选各量的参考方向下,由 KVL 得

$$-u_R + u_C = 0$$

将元件的电压、电流关系 $u_R = Ri$, $i = -C \mathrm{d}u_C / \mathrm{d}t$（负号表示电容的电压和电流为非关联参考方向）代入上式,得

$$RC \frac{\mathrm{d}u_C}{\mathrm{d}t} + u_C = 0 \qquad (t \geqslant 0) \tag{8-9}$$

该一阶微分方程可以采用积分直接求解。对式(8-9)进行整理后得

$$\frac{\mathrm{d}u_C}{u_C} = -\frac{1}{RC} \mathrm{d}t$$

等式两边进行积分得

$$\int \frac{\mathrm{d}u_C}{u_C} = -\int \frac{1}{RC} \mathrm{d}t$$

$$\ln u_C = -\frac{1}{RC} t + C$$

$$u_C = \mathrm{e}^{-\frac{1}{RC}t + C} = \mathrm{e}^C \cdot \mathrm{e}^{-\frac{1}{RC}t} = A \mathrm{e}^{-\frac{1}{RC}t} \qquad (\diamondsuit A = \mathrm{e}^C)$$

式中的常数 A 由电路的初始条件确定。若 $t = 0$,电容上的初始电压为 $u_C(0_+) = U_0$,由 $u_C(0) = A \mathrm{e}^{-\frac{1}{RC}0}$ 可求得 $A = U_0$。则 RC 放电电路的零输入响应为

$$u_C(t) = U_0 \mathrm{e}^{-\frac{1}{RC}t} \qquad (t \geqslant 0) \tag{8-10}$$

式(8-9)的微分方程,也可以用一阶常系数齐次线性微分方程求解的通常解法来求解,其通解为

$$u_C = A \mathrm{e}^{pt}$$

将其代入式(8-9),得特征方程为 $RCp + 1 = 0$,解得特征根为 $p = -1/RC$。所以有

$$u_C = A \mathrm{e}^{-\frac{t}{RC}} \qquad (t \geqslant 0) \tag{8-11}$$

由换路定律得:$u_C(0_+) = u_C(0_-) = U_0$,即 $t = 0_+$ 时 $u_C = U_0$,将其代入式(8-11)得 $A = U_0$。最后得电容的零输入响应电压

$$u_C = U_0 \mathrm{e}^{-\frac{1}{RC}t} \qquad (t \geqslant 0)$$

令 $\tau = RC$,称为一阶电路的时间常数。则

$$u_C = U_0 \mathrm{e}^{-\frac{1}{\tau}t} \qquad (t \geqslant 0) \tag{8-12}$$

2. 一阶电路的零状态响应

电路在初始储能为零的条件下,由外加激励引起的响应称为零状态响应。

在图 8-8 所示的 RC 电路中,当电容的初始电压为零时,电路与直流电压源或电流源接通。$t < 0$ 时,开关 S 在位置 1,电容电压 $u_C(0_-) = 0$;$t = 0$ 时刻,开关由 1 拨向 2,根据换路定律,$u_C(0_+) = u_C(0_-) = 0$。从 $t = 0_+$ 开始,电源 U_s 通过电阻 R 给 C 充电,电路形成充电电流 i_C。根据 KVL,在 $t \geqslant 0$ 时,有

$$Ri_C + u_C = U_s$$

因为 $i_C = C \dfrac{\mathrm{d}u_C}{\mathrm{d}t}$,所以可得

$$RC \frac{\mathrm{d}u_C}{\mathrm{d}t} + u_C = U_s \tag{8-13}$$

式(8-13)是一个一阶常系数非齐次线性微分方程,其初始条件为

$$u_C(0_+)=u_C(0_-)=0$$

代入初始条件求解后可得

$$u_C=U_S-U_Se^{-\frac{1}{RC}t}=U_S(1-e^{-\frac{1}{RC}t}) \qquad (t\geqslant0) \qquad (8-14)$$

令 $\tau=RC$,则

$$u_C=U_S-U_Se^{-\frac{1}{RC}t}=U_S(1-e^{-\frac{1}{\tau}t}) \qquad (t\geqslant0) \qquad (8-15)$$

3. 一阶电路的全响应

电路的全响应就是在初始状态及外加激励共同作用下的响应。如图 8-9 所示电路中,设 $t<0$ 时开关 S 在位置 1,电容 C 被充电至 U_0,且 $u_C(0_-)=U_0$,在 $t=0$ 时将开关拨到位置 2,RC 串联电路与直流电压源 U_S 接通。

图 8-8 零状态响应电路   图 8-9 全响应电路

显然,换路后的电路响应由输入激励 U_S 和初始状态 U_0 共同产生,是全响应。求解全响应仍然可以用求解微分方程的方法,描述图 8-9 所示的 RC 电路的全响应微分方程与前述 RC 电路的零状态响应的电路方程一样,为

$$RC\frac{du_C}{dt}+u_C=U_S$$

求解全响应,令 $\tau=RC$,则

$$u_C=U_S+(U_0-U_S)e^{-\frac{t}{\tau}}=U_S-U_Se^{-\frac{t}{\tau}}+U_0e^{-\frac{t}{\tau}}=U_S(1-e^{-\frac{t}{\tau}})+U_0e^{-\frac{t}{\tau}} \qquad (t\geqslant0)$$

$$(8-16)$$

由式(8-12)、式(8-15)和式(8-16),对比一阶电路的零输入响应、零状态响应与全响应,根据叠加定理可以得到一阶动态电路全响应的一般求解方法为

全响应=零输入响应+零状态响应

任何只含有一个动态元件的线性电路都可以用一阶常系数线性微分方程描述,这种电路称为一阶电路。对比 RC 一阶电路全响应的微分方程,一阶电路微分方程的一般形式为

$$\tau\frac{df(t)}{dt}+f(t)=k$$

式中,$f(t)$ 为电路任何处的响应;τ 为一阶电路的时间常数;k 代表换路后的恒定激励源常数。

则一阶电路全响应的一般形式为

$$f(t)=f(\infty)+[f(0_+)-f(\infty)]e^{-\frac{t}{\tau}} \qquad (t\geqslant0) \qquad (8-17)$$

式中 $f(0_+)$、$f(\infty)$ 和 τ 分别称为一阶电路的初始值、稳态值和时间常数。

式(8-17)中右端第一项为 $t\rightarrow\infty$ 时函数的稳定值(稳态值),称作恒定激励时的稳态响应,第二项为换路后过渡过程函数随时间 t 增大而呈指数衰减的部分,称作暂态响应。暂态响应过程就是一阶动态电路的过渡过程。因此,一阶动态电路的动态响应也可以分为稳态响应和暂态响应两部分。

从式(8-17)可以看出,一阶电路的零输入响应为

$$f(t)=f(0_+)\mathrm{e}^{-\frac{t}{\tau}} \qquad (t\geqslant0)$$

一阶电路的零状态响应为

$$f(t)=f(\infty)(1-\mathrm{e}^{-\frac{t}{\tau}}) \qquad (t\geqslant0)$$

从上面的分析可知,在一阶动态电路的全响应表达式中,只要将其初始值 $f(0_+)$、稳态值 $f(\infty)$ 和时间常数 $\tau(\tau=RC$ 或 $\tau=L/R)$ 这三个值确定下来,该一阶动态电路的全响应就被完全确定。因此,将一阶动态电路的初始值、稳态值和时间常数这三个物理量称为一阶动态电路的三要素。用求解三要素来求解一阶动态电路动态响应过程的方法称为一阶动态电路的三要素法。三要素法仅适用于一阶动态电路。

【例 8-4】 已知图 8-10(a)所示电路中,$R_1=R_2=R_3=3\ \mathrm{k\Omega}$,$C=10^3\ \mathrm{pF}$,$U_\mathrm{S}=12\ \mathrm{V}$,开关 S 打开前电路稳定,在 $t=0$ 时刻 S 打开,试用三要素法求 $u_C(t)$。

解:
(1)初始值:根据换路定律,有

$$u_C(0_+)=u_C(0_-)=0$$

(2)稳态值:根据稳定条件,$t\rightarrow\infty$,电路稳定,$i_C(\infty)=0$,则

$$u_C(\infty)=\frac{U_\mathrm{S}}{R_1+R_2+R_3}R_2=\frac{12}{3+3+3}\times3=4\ \mathrm{V}$$

(3)时间常数 τ:相对于电容 C 来说,将 U_S 置零后,R_1 与 R_3 串联再与 R_2 并联,求得等效电阻 R_0,如图 8-10(b)所示。所以时间常数为

$$\tau=R_0C=\frac{(R_1+R_3)R_2}{R_1+R_2+R_3}C=\frac{(3+3)\times3}{3+3+3}\times10^3\times10^3\times10^{-12}=2\ \mathrm{\mu s}$$

将三要素代入式(8-17),得

$$u_C(t)=4+(0-4)\mathrm{e}^{-\frac{1}{2\times10^{-6}}t}=4(1-\mathrm{e}^{-5\times10^5t})\ \mathrm{V} \qquad (t\geqslant0)$$

图 8-10 【例 8-4】电路

8.2.3 时间常数

时间常数 τ 的大小反映过渡过程的快慢,因此 τ 具有时间的量纲。

对于 RC 一阶电路: $\tau = R_0 C$,取 R 的单位为欧姆、C 的单位为法拉。由 $R = U/I$ 和 $C = Q/U$ 可知:欧姆=伏/安,法拉=库仑/伏=安·秒/伏,故时间常数 τ 的单位为

$$\tau = R_0 C = \frac{伏}{安} \cdot \frac{安·秒}{伏} = 秒$$

对于 RL 一阶电路: $\tau = L/R_0$,取 R 的单位为欧姆、L 的单位为亨利。由 $R = U/I$ 和 $L = \Psi/I$ 可知:欧姆=伏/安,亨利 =伏·秒/安,故时间常数 τ 的单位仍为

$$\tau = \frac{L}{R_0} = \frac{伏·秒}{安} \cdot \frac{安}{伏} = 秒$$

由此可见,τ 的标准单位为秒(s),其大小反映着过渡过程的快慢。

R_0 的计算:

(1)对于简单的一阶电路,R_0 就是换路后的电路从储能元件两端看进去的等效电阻。

(2)对于较复杂的一阶电路(含电源电路),R_0 为换路后的电路在除去电源和储能元件后,在储能元件两端所求得的无源二端网络的等效电阻,即戴维南等效电阻。

【例 8-5】 已知电路如图 8-11 所示,试分别求出时间常数。

图 8-11 【例 8-5】电路

解:(1)对图 8-11(a),换路后的等效电阻

$$R_0 = R_2$$

所以,时间常数 $$\tau = R_2 C$$

(2)对图 8-11(b),换路后的等效电阻

$$R_0 = R_2 + R_1 // R_3 = R_2 + \frac{R_1 R_3}{R_1 + R_3} = \frac{R_1 R_2 + R_2 R_3 + R_1 R_3}{R_1 + R_3}$$

所以,时间常数 $$\tau = \frac{L}{R_0} = L \frac{R_1 + R_3}{R_1 R_2 + R_2 R_3 + R_1 R_3}$$

(3)对图 8-11(c),换路后的等效电阻

$$R_0 = R_1 // R_2 = 2 // 2 = 1 \ \Omega$$

所以,时间常数 $$\tau = \frac{L}{R_0} = \frac{0.2 \ H}{1 \ \Omega} = 0.2 \ s$$

8.3 一阶电路的动态过程分析

8.3.1 RC 电路的响应

1. RC 一阶动态电路的零输入响应分析

在图 8-7(a)所示的 RC 一阶动态电路中,当开关 S 从 1 拨到 2 后,零输入响应(RC 放电电路)的微分方程为

$$\tau \frac{\mathrm{d}u_C}{\mathrm{d}t} + u_C = 0$$

响应表达式

$$u_C = U_0 \mathrm{e}^{-\frac{t}{\tau}} \qquad (t \geqslant 0) \tag{8-18}$$

时间常数 $\qquad\qquad \tau = RC$

由式(8-18)得,响应与时间常数的关系见表 8-1。

表 8-1　　　　RC 一阶动态电路的零输入响应与时间常数的关系

t/s	0	τ	2τ	3τ	4τ	5τ	…	∞
u_C/V	U_0	$0.368U_0$	$0.135U_0$	$0.05U_0$	$0.018U_0$	$0.0067U_0$	…	0

RC 一阶动态电路的零输入响应曲线如图 8-12 所示。

由式(8-18)可以看出:当 $t=0$ 时,$u_C(0)=U_0$;当 $t=\infty$ 时,$u_C(\infty)=0$;整个动态响应过程按指数规律衰减变化。

2. RC 一阶动态电路的零状态响应分析

在图 8-8 所示的 RC 一阶动态电路中,当开关 S 从 1 拨到 2 后,零状态响应(RC 充电电路)的微分方程为

图 8-12　RC 一阶动态电路的零输入响应曲线

$$\tau \frac{\mathrm{d}u_C}{\mathrm{d}t} + u_C = U_\mathrm{S}$$

响应表达式

$$u_C = U_\mathrm{S} - U_\mathrm{S}\mathrm{e}^{-\frac{1}{RC}t} = U_\mathrm{S}(1 - \mathrm{e}^{-\frac{1}{\tau}t}) \qquad (t \geqslant 0) \tag{8-19}$$

时间常数 $\qquad\qquad \tau = RC$

由式(8-19)得,响应与时间常数的关系见表 8-2。

表 8-2　　　　RC 一阶动态电路的零状态响应与时间常数的关系

t/s	0	τ	2τ	3τ	4τ	5τ	…	∞
u_C/V	0	$0.632U_\mathrm{S}$	$0.865U_\mathrm{S}$	$0.95U_\mathrm{S}$	$0.982U_\mathrm{S}$	$0.9933U_\mathrm{S}$	…	U_S

RC 一阶动态电路的零状态响应曲线如图 8-13 所示。

由式(8-19)可以看出:当 $t=0$ 时,$u_C(0)=0$;当 $t=\infty$ 时,$u_C(\infty)=U_\mathrm{S}$;整个动态响应过程按指数规律上升变化。当 $t=\tau$ 时,$u_C(\tau)=0.632U_\mathrm{S}$;当 $t=3\tau$ 时,$u_C(3\tau)=0.95U_\mathrm{S}$;

当 $t = 4\tau$ 时，$u_C(4\tau) = 0.982U_S$；当 $t = \infty$ 时，$u_C(\infty) = U_S$。可见，RC 一阶动态电路从响应开始到进入稳态响应需要无穷大的时间，这在实际应用中是无法实现的。因此，工程实际中认为，当 $t = (3 \sim 5)\tau$ 时，过渡过程结束，即进入稳态响应。

图 8-13　RC 一阶动态电路的零状态响应曲线

8.3.2　RL 电路的响应

1. RL 一阶动态电路的零输入响应分析

在图 8-5(a)所示的 RL 一阶动态电路中，当 S 闭合后，电路的微分方程为

$$\tau \frac{\mathrm{d}i_L}{\mathrm{d}t} + i_L = i_S \quad , \quad \tau = \frac{L}{R}$$

若 $i_S = 0$，$i_L(0_-) = I_0$，则构成零输入响应（RL 放电）电路，其微分方程为

$$\tau \frac{\mathrm{d}i_L}{\mathrm{d}t} + i_L = 0$$

响应表达式

$$i_L(t) = I_0 \mathrm{e}^{-\frac{1}{\tau}t} \quad (t \geqslant 0) \tag{8-20}$$

时间常数

$$\tau = \frac{L}{R}$$

由式(8-20)得，响应与时间常数的关系见表 8-3。

表 8-3　　　　　　　RL 一阶动态电路的零输入响应与时间常数的关系

t/s	0	τ	2τ	3τ	4τ	5τ	$\cdots$	∞
i_L/A	I_0	$0.368I_0$	$0.135I_0$	$0.05I_0$	$0.018I_0$	$0.0067I_0$	$\cdots$	0

由式(8-20)，画出 RL 一阶动态电路的零输入响应曲线如图 8-14 所示。

由式(8-20)可以看出：当 $t = 0$ 时，$i_L(0) = I_0$；当 $t = \infty$ 时，$i_L(\infty) = 0$；整个动态响应过程按指数规律衰减变化。

2. RL 一阶动态电路的零状态响应分析

如图 8-5(b)所示零状态响应（RL 充电）电路的微分方程为

图 8-14　RL 一阶动态电路的零输入响应曲线

$$\tau \frac{\mathrm{d}i_L}{\mathrm{d}t} + i_L = I_S$$

令 $i_L(0_-) = 0$，则响应表达式

$$i_L(t) = I_S - I_S \mathrm{e}^{-\frac{1}{RC}t} = I_S(1 - \mathrm{e}^{-\frac{1}{\tau}t}) \tag{8-21}$$

时间常数

$$\tau = \frac{L}{R}$$

由式(8-21)得，响应与时间常数的关系见表 8-4。

表 8-4   **RL 一阶动态电路的零状态响应与时间常数的关系**

t/s	0	τ	2τ	3τ	4τ	5τ	$\cdots$	∞
i_L/A	0	$0.632I_S$	$0.865I_S$	$0.95I_S$	$0.982I_S$	$0.9933I_S$	$\cdots$	I_S

由式(8-21),画出 RL 一阶动态电路的零状态响应曲线如图 8-15 所示。

由式(8-21)可以看出:当 $t=0$ 时,$i_L(0)=0$;当 $t=\infty$ 时,$i_L(\infty)=I_S$;整个动态响应过程按指数规律上升变化。当 $t=\tau$ 时,$i_L(\tau)=0.632I_S$;当 $t=3\tau$ 时,$i_L(3\tau)=0.95I_S$;当 $t=4\tau$ 时,$i_L(4\tau)=0.982I_S$;当 $t=\infty$ 时,$i_L(\infty)=I_S$。可见,RL 一阶动态电路从响应开始到进入稳态响应需要无穷大的时间,这在实际应用中是无法实现的。因此,工程实际中认为,当 $t=(3\sim5)\tau$ 时,过渡过程结束,即进入稳态响应。

从图 8-13(或图 8-15)还可以看到,在一阶动态电路响应曲线的起始点作切线并延长与稳态值相交于 A 点,即如果响应以初始斜率上升到稳态值,所经历的时间恰好等于时间常数 τ,这也是一阶动态电路的一个特点。另外,当响应时间等于 3τ 时,响应值与稳态值之间的误差为 $5\%(0.05)U_S(I_S)$,而当响应时间等于 4τ 时,响应值与稳态值之间的

图 8-15 RL 一阶动态电路的零状态响应曲线

误差约为 $2\%(0.02)U_S(I_S)$。因此,一阶动态电路的过渡过程时间 t_S 通常按 $t_S=(3\sim5)\tau$ 来计算。另外,从前面各个响应表达式看出,时间常数越大,暂态分量衰减越慢,过渡过程时间越长,因此时间常数的大小反映了过渡过程的快慢。

【例 8-6】 在图 8-16(a)所示 RL 电路中,实际电感元件的损耗电阻为 $r=2\ \Omega$,$L=2\ \text{H}$,$R=2\ \Omega$,开关 S 打开前电路处于稳态。假设 S 在 $t=0$ 时打开,求 $t \geq 0$ 时的 i_L。

图 8-16 【例 8-6】电路

解:将电感线圈等效成理想电感 L 和电阻 r 串联的电路模型。当 $t \geq 0$ 时,图 8-16(a)所示电路可等效成图 8-16(b)所示电路。并假设各支路电流和各元件电压参考方向如图 8-16(b)所示,则根据 KCL 可得

$$i_L + i_R = I_S$$

因为开关 S 打开前电路稳定,所以,由图 8-16(a)可得

$$i_L(0_+) = i_L(0_-) = 0$$

开关 S 打开后,由图 8-16(b)可得

$$i_L(\infty) = \frac{R}{R+r}I_S = \frac{2}{2+2} \times 3 = 1.5\ \text{A}$$

$$R_0 = R + r = 2 + 2 = 4 \ \Omega$$

则

$$\tau = \frac{L}{R_0} = \frac{2}{4} = 0.5 \ \text{s}$$

(1)由 RL 一阶动态电路的零状态响应公式可得

$$i_L = I_S(1 - e^{-\frac{1}{\tau}t}) = 3(1 - e^{-\frac{1}{0.5}t}) \ \text{A} = 3(1 - e^{-2t}) \ \text{A} \qquad (t \geqslant 0)$$

(2)由三要素公式可得

$$i_L = i_L(\infty) + [i_L(0_+) - i_L(\infty)]e^{-\frac{t}{\tau}}$$

$$= 1.5 + (0 - 1.5)e^{-\frac{t}{0.5}} \ \text{A} = 1.5(1 - e^{-2t}) \ \text{A} \qquad (t \geqslant 0)$$

8.3.3 阶跃响应

1. 阶跃函数

(1)单位阶跃函数。单位阶跃函数定义为

$$1(t) = \begin{cases} 0 & t < 0 \\ 1 & t > 0 \end{cases}$$

单位阶跃函数的基本特性是其所具有的单边性,它在 $t < 0$ 时的值为 0,而在 $t > 0$ 时的值为 1,单位阶跃函数在 $t = 0$ 有一个不连续点或称为跳变点,其跳变值为 1,在该点的函数值不予定义。单位阶跃函数用符号 $1(t)$ 表示,其波形如图 8-17(a)所示。

(a)单位阶跃函数波形　　　(b)幅度为 A 的阶跃函数波形　　　(c)延时阶跃函数波形

图 8-17　阶跃函数

(2)幅度为 A 的阶跃函数。幅度为 A 的阶跃函数表示为 $A \cdot 1(t)$,其数学表达式如下

$$A \cdot 1(t) = \begin{cases} 0 & t < 0 \\ A & t > 0 \end{cases}$$

它的波形如图 8-17(b)所示。

(3)延时阶跃函数。如果幅度为 A 的阶跃发生在 $t = t_0$ 时,则称为延时阶跃函数,用 $A \cdot 1(t - t_0)$ 表示,它的数学表达式为

$$A \cdot 1(t - t_0) = \begin{cases} 0 & t < t_0 \\ A & t > t_0 \end{cases}$$

其波形如图 8-17(c)所示。

利用单位阶跃函数可以表示在 $t = 0$ 时电路接入电压源或电流源,单位阶跃函数的起始特性代替了开关的动作,如图 8-18 所示。

2. 阶跃响应

电路在阶跃激励下的零状态响应称为阶跃响应。阶跃响应的求法与零状态响应求法

相同。如图 8-19 所示的 RC 串联电路的阶跃响应为

图 8-18　用单位阶跃函数代替开关

$$u_C = U_S(1 - \mathrm{e}^{-\frac{t}{\tau}}) \cdot 1(t) \qquad (8\text{-}22)$$

式(8-22)后面不需再标明 $t \geqslant 0$，因为 $1(t)$ 已表示出这一条件。

【例 8-7】　在图 8-20(a)所示电路中，如果 $T=10\tau$，求 $u_C(t)$ 和 $u_R(t)$，并画出波形图。

图 8-19　RC 串联电路

解：如图 8-20(b)所示电压波形是一周期为 $2T$ 的周期函数，第一个周期内的函数可表示为

$$u_S(t) = U_S \cdot 1(t) - U_S \cdot 1(t-T)$$

图 8-20　【例 8-7】的电路与波形图

此电压加在 RC 串联电路上时，电容在前半周期内充电，在后半周期内放电。由于 $T=10\tau$，所以，在每半个周期结束时，已足够精确地认为充电过程和放电过程已经完毕（一阶动态电路的过渡过程时间为 $3\tau\sim5\tau$）。即在前半个周期结束时，电容已充电到电压 U_S；在后半个周期结束时，电容已放电到电压为零。

如此过程周而复始。第一个周期内 $u_C(t)$ 为

$$u_C(t) = U_S(1 - \mathrm{e}^{-\frac{t}{\tau}}) \cdot 1(t) - U_S(1 - \mathrm{e}^{-\frac{t-T}{\tau}}) \cdot 1(t-T)$$

$$u_R(t) = u_S(t) - u_C(t) = U_S \mathrm{e}^{-\frac{t}{\tau}} \cdot 1(t) - U_S \mathrm{e}^{-\frac{t-T}{\tau}} \cdot 1(t-T)$$

$u_C(t)$、$u_R(t)$ 的波形如图 8-20(c)、图 8-20(d)所示。

通过求解 RC 电路对矩形波的响应可以看出：

(1)当时间常数 τ 远小于 T 时，RC 串联电路如果从电阻上取出电压信号，则输出波形 $u_R(t)$ 对应于矩形波的上升沿为正脉冲，对应于下降沿为负脉冲，可以用作微分电路。

(2)如果从电容上取出电压信号，则输出波形 $u_C(t)$ 对应于矩形波输入边沿变平缓，体现了电容电压的滞后作用。当时间常数 τ 增大时，$u_C(t)$ 会将输入的矩形波变成锯齿波或三角波，此特性可在电子线路中用于波形变换；如时间常数 τ 远大于 T，则由于电容充电的累积，$u_C(t)$ 会逐渐增大，这时该电路还可近似作为积分电路。

8.4 微分电路和积分电路

在电路中,经常会碰到如图 8-21 所示的波形,称为矩形脉冲信号。其中 U_S 为脉冲幅度,t_p 为脉冲宽度,T 为脉冲周期。

当矩形脉冲信号作为 RC 串联电路的激励源时,若选取不同的时间常数及输出端,就可得到我们所希望的某种输出波形,以及激励与响应的特定关系。这种激励与响应的关系表现为 RC 电路的输入与输出之间的微分关系或积分关系。

图 8-21　矩形脉冲信号

8.4.1　微分电路

1. 电路

(1)电路结构。RC 微分电路如图 8-22(a)所示,激励源 u_i 为一矩形脉冲信号,响应是从电阻两端取出的电压,即 $u_o = u_R$。

(2)电路参数。电路时间常数远小于脉冲信号的脉宽,即 $\tau = RC \ll t_p$,通常取 $\tau \approx t_p/10$。

(a)RC微分电路

2. 分析

根据图 8-22(a)所示的电路,由 KVL 定律有

$$u_i = u_C + u_o$$

当 R 和 C 的值很小时,u_C 很大,u_R 很小,所以有 $u_i \approx u_C$。则输出电压为

$$u_o = iR = RC\frac{du_C}{dt} \approx RC\frac{du_i}{dt} \qquad (8\text{-}23)$$

由式(8-23)可知,输出电压近似与输入电压对时间的微分成正比。

下面就输出波形进行具体分析:

在 $t < 0$ 时,$u_C(0_-) = 0$ V。

在 $t = 0$ 时,u_i 突变到 U_S,且在 $0 < t < t_1$ 时

(b)微分电路的输入、输出波形

图 8-22　微分电路与波形图

有:$u_i = U_S$,相当于在 RC 串联电路上接了一个恒压源,这实际上就是 RC 串联电路的零状态响应(RC 充电):$u_C(t) = u_C(\infty)\,(1 - e^{-t/\tau})$。由于 $u_C(0_+) = u_C(0_-) = 0$ V,则由图 8-22 电路可知 $u_i = u_C + u_o$。所以 $u_o(0_+) = U_S$,即:输出电压产生了突变,从 0 V 突变到 U_S。由于电路满足 $\tau \approx t_p/10$,所以电容充电极快。当 $t = 3\tau$ 时,有 $u_C(3\tau) = U_S$,则 $u_o(3\tau) = 0$ V。故在 $0 < t < t_1$ 时,电阻两端输出一个正的尖脉冲信号,如图 8-22(b)所示。

在 $t = t_1$ 时,u_i 又突变到 0 V,且在 $t_1 < t < t_2$ 时有:$u_i = 0$ V,相当于将 RC 串联电路短路,这实际上就是 RC 串联电路的零输入响应(RC 放电):$u_C(t) = u_C(0_+)\,e^{-t/\tau}$。由

于 $t = t_1$ ，$u_C(t_1) = U_S$ ，故 $u_o(t_1) = -u_C(t_1) = -U_S$ 。因为 $\tau \approx t_p/10$ ，所以电容放电极快。当 $t = 3\tau$ 时，有 $u_C(3\tau) = 0$ V ，使 $u_o(3\tau) = 0$ V ，故在 $t_1 < t < t_2$ 时，电阻两端输出一个负的尖脉冲信号，如图 8-22(b) 所示。

3. 波形

从图 8-22(b) 所示波形还可看出，输出的尖脉冲信号 u_o 是对输入矩形脉冲信号 u_i 微分的结果，故称这种电路为微分电路。

由于 u_i 为一周期性的矩形脉冲信号，故 u_o 为同一周期正负尖脉冲信号。

尖脉冲信号的用途十分广泛，在数字电路中常用作触发器的触发信号；在变流技术中常用作可控硅的触发信号。

要使 RC 电路实现微分功能，电路应满足三个条件：

(1)激励必须为一周期性的矩形脉冲信号；

(2)响应必须是从电阻两端取出的电压；

(3)电路时间常数远小于脉冲宽度，即 $\tau = RC \ll t_p$ 。

8.4.2 积分电路

1. 电路

(1)电路结构。RC 积分电路如图 8-23(a)所示，激励源 u_i 为一矩形脉冲信号，响应是从电容两端取出的电压，即 $u_o = u_C$ 。

(2)电路参数。电路时间常数远大于脉冲信号的脉宽，即 $\tau = RC \gg t_p$ ，通常取 $\tau \approx 10t_p$ 。

2. 分析

根据图 8-23(a)所示的电路，由 KVL 定律有

$$u_i = u_R + u_o$$

当 R 和 C 的值很大时，u_C 很小，u_R 很大，所以有 $u_i \approx u_R$ ，$i = u_R/R \approx u_i/R$ 。则输出电压为

$$u_o = u_C = \frac{1}{C}\int i \, dt \approx \frac{1}{C}\int \frac{u_i}{R} \, dt = \frac{1}{RC}\int u_i \, dt \tag{8-24}$$

(a)RC积分电路

由式(8-24)可知，输出电压近似与输入电压对时间的积分成正比。

下面就输出波形进行具体分析：

在 $t < 0$ 时，$u_C(0_-) = 0$ V 。

在 $t = 0$ 时，u_i 突变到 U_S ，仍有 $u_C(0_+) = 0$ V 。在 $0 < t < t_1$ 时，$u_i = U_S$ ，此时为 RC 串联电路的零状态响应（RC 充电），即 $u_o(t) = u_C(\infty)(1 - e^{-t/\tau})$ 。由于电路满足 $\tau \approx 10t_p$ ，所以电容充电极慢。

(b)积分电路的输入、输出波形

图 8-23 积分电路与波形图

当 $t = t_1$ 时，电容尚未充电至稳态，输入信号已经发生了突变，从 U_S 突然减小至 0 V 。

在 $t_1 < t < t_2$ 时，$u_i = 0$ V，此时为 RC 串联电路的零输入响应（RC 放电），即 $u_o(t) = u_C(t) = u_C(0_+)\, \mathrm{e}^{-t/\tau}$，放电进行得极慢，当电容电压还未衰减到 0 V 时，u_i 又发生了突变并周而复始地进行。这样，在输出端就得到一个近似的三角波信号，如图 8-23(b) 所示。

3. 波形

从图 8-23(b) 所示波形可见：输出的三角波信号 u_o 是对输入矩形脉冲信号 u_i 积分的结果，故称这种电路为积分电路；此外，电路的时间常数 τ 越大，RC 充、放电进行得越慢，三角波信号的线性就越好。图 8-23(b) 所示的第二个波形的 $\tau = (3 \sim 5)t_p$，第三个波形的 $\tau \approx 10t_p$。

三角波信号的用途很广，如在定时器、函数信号发生器、音频信号的脉宽调制器（PWM）等设备或电路中，都有广泛的应用。

要使 RC 电路实现积分功能，电路应满足三个条件：

(1) u_i 为一周期性的矩形脉冲信号；

(2) 输出电压是从电容两端取出的；

(3) 电路时间常数远大于脉冲宽度，即 $\tau = RC \gg t_p$。

【例 8-8】 在图 8-24(a) 所示电路中，已知输入信号 u_i 为脉宽 $t_p = 12$ ms 的矩形波，$C = 0.1\ \mu\mathrm{F}$，$R = 10\ \mathrm{k}\Omega$。试分析该电路的作用，并画出输出电压 u_o 的波形。

(a)　　　　　　　　　　　　　(b)

图 8-24 【例 8-8】电路

解： 因为 $C = 0.1\ \mu\mathrm{F}$，$R = 10\ \mathrm{k}\Omega$，所以 $\tau = RC = 10 \times 10^3\ \Omega \times 0.1 \times 10^{-6}\ \mathrm{F} = 1\ \mathrm{ms}$，而 $t_p = 12\ \mathrm{ms} = 12\tau$。根据微分电路的构成要素，此电路是一个微分电路，其输入与输出电压波形如图 8-24(b) 所示。

【例 8-9】 电路如图 8-25(a) 所示，输入信号 u_i 是一均值为 0 的矩形波，脉宽 $t_p = 1$ ms，已知 $C = 1\ \mu\mathrm{F}$，$R = 10\ \mathrm{k}\Omega$。试分析该电路的作用，并画出输出电压 u_o 的波形。

(a)　　　　　　　　　　　　　(b)

图 8-25 【例 8-9】电路

解:时间常数 $\tau = RC = 10 \times 10^3 \ \Omega \times 1 \times 10^{-6} \ \text{F} = 10 \ \text{ms}$,满足 $\tau \gg t_\text{p}$ 的电路条件,根据积分电路的构成要素,可见该电路是一个积分电路,输出电压近似为三角波。

在输入电压的若干周期后,输出三角波的均值也变为 0,此时的输入与输出电压的波形如图 8-25(b)所示。

8.5 * RLC 串联电路的动态过程

1. RLC 串联电路的二阶微分方程

如图 8-26 所示为 RLC 串联电路,$t<0$ 时开关在位置 1,根据 KVL,电路的电压方程为

$$u_L + u_R + u_C = u_\text{S}$$

图 8-26 RLC 串联电路

因为

$$i = C \frac{\mathrm{d} u_C}{\mathrm{d} t}$$

$$u_R = iR = RC \frac{\mathrm{d} u_C}{\mathrm{d} t}$$

$$u_L = L \frac{\mathrm{d} i}{\mathrm{d} t} = LC \frac{\mathrm{d}^2 u_C}{\mathrm{d} t^2}$$

在方程中消去 i,并以 u_C 为未知量,得

$$LC \frac{\mathrm{d}^2 u_C}{\mathrm{d} t^2} + RC \frac{\mathrm{d} u_C}{\mathrm{d} t} + u_C = u_\text{S}$$

$$\frac{\mathrm{d}^2 u_C}{\mathrm{d} t^2} + \frac{R}{L} \frac{\mathrm{d} u_C}{\mathrm{d} t} + \frac{1}{LC} u_C = \frac{1}{LC} u_\text{S} \tag{8-25}$$

可见式(8-25)是一个二阶常系数非齐次线性微分方程。

令 $\alpha = R/(2L)$ 为衰减系数,$\omega_0 = 1/\sqrt{LC}$ 为谐振角频率,则式(8-25)可改写为

$$\frac{\mathrm{d}^2 u_C}{\mathrm{d} t^2} + 2\alpha \frac{\mathrm{d} u_C}{\mathrm{d} t} + \omega_0^2 u_C = \omega_0^2 u_\text{S} \tag{8-26}$$

求解该微分方程的初始条件为:电路的初始值 $u_C(0_+)$、$u_C{}'(0_+)$($t=0_+$ 时的一阶导数值)。

二阶微分方程解的结构形式与一阶微分方程解的结构形式相类似,都由所对应的齐次微分方程的通解与非齐次微分方程的特解组成。式(8-26)所对应的齐次微分方程为

$$\frac{\mathrm{d}^2 u_C}{\mathrm{d} t^2} + 2\alpha \frac{\mathrm{d} u_C}{\mathrm{d} t} + \omega_0^2 u_C = 0 \tag{8-27}$$

其特征方程为

$$p^2 + 2\alpha p + \omega_0^2 = 0 \tag{8-28}$$

该方程的两个特征根为

$$p_1 = -\alpha + \sqrt{\alpha^2 - \omega_0^2}$$

$$p_2 = -\alpha - \sqrt{\alpha^2 - \omega_0^2}$$

因为 $\alpha=R/(2L)>0$，所以，当 $\alpha>\omega_0$ 时，p_1 与 p_2 为不相等的负实根；当 $\alpha=\omega_0$ 时，p_1 与 p_2 为相等的负实根；当 $\alpha<\omega_0$ 时，p_1 与 p_2 为负实部共轭复数根。

令 $\omega^2=\omega_0^2-\alpha^2$，$\beta=\arctan(A_2/A_1)$，$A_1$、$A_2$ 为待定常数，则不同 p_1、p_2 值时式(8-28)方程对应的解为：

(1)特征根 $p_1\neq p_2$，两个不相等实根，对应的齐次解为

$$A_1 e^{p_1 t}+A_2 e^{p_2 t}$$

(2)特征根 $p_1=p_2=p$，两个相等实根，对应的齐次解为

$$A_1 e^{p_1 t}+A_2 t e^{p_2 t}=(A_1+A_2 t)e^{pt}$$

(3)特征根 $p_1=-\alpha+j\beta$，$p_2=-\alpha-j\beta$，一对共轭复数根，对应的齐次解为

$$e^{-\alpha t}(A_1\cos\omega t+A_2\sin\omega t)=e^{-\alpha t}\sqrt{A_1^2+A_2^2}\cos(\omega t-\varphi)$$

式(8-26)的特解与激励 u_S 具有相同的函数形式，若 u_S 为直流，则特解为常数 k，代入原方程，再比较两端对应项系数，即可确定 k 值。全解为齐次解与特解之和，根据初始条件可求出齐次解中的待定常数 A_1 和 A_2。

2. RLC 串联电路的零输入响应

在图 8-26 所示的 RLC 串联电路中，设开关 S 从位置 1 拨向位置 2 前电容已经充电到电压 U_0，其极性如图中所示，并且电流 i 为零。现在分析开关 S 拨向位置 2 后电路中电压 u_C、u_L、u_R 和电流 i 随时间的变化规律。

根据对图 8-26 开关 S 在位置 1 时的分析，假设在 $t=0$ 时刻 S 拨到位置 2，则微分方程为

$$\frac{d^2 u_C}{dt^2}+2\alpha\frac{du_C}{dt}+\omega_0^2 u_C=0 \tag{8-29}$$

其初始值为

$$u_C(0_+)=U_0,\ i(0_+)=0$$

因 $i=Cdu_C/dt$，所以有

$$\frac{du_C}{dt}=\frac{1}{C}i,\ u_C{}'(0_+)=\frac{1}{C}i(0_+)=0$$

特征方程的根为

$$p_1=-\alpha+\sqrt{\alpha^2-\omega_0^2},\quad p_2=-\alpha-\sqrt{\alpha^2-\omega_0^2}$$

现在分析 p_1、p_2 取不同值时过渡过程的变化规律。

(1)$\alpha>\omega_0$ 时，过阻尼情况

当 $\alpha>\omega_0$ 时，$R>2\sqrt{L/C}$，p_1、p_2 为两个不相等的负实根，式(8-29)的解为

$$\begin{cases}u_C=A_1 e^{p_1 t}+A_2 e^{p_2 t}\\ \dfrac{du_C}{dt}=A_1 p_1 e^{p_1 t}+A_2 p_2 e^{p_2 t}\end{cases} \tag{8-30}$$

代入初始条件：$t=0_+$ 时，$u_C(0_+)=U_0$，$u_C{}'(0_+)=0$，则

$$\begin{cases}U_0=A_1+A_2\\ 0=A_1 p_1+A_2 p_2\end{cases} \tag{8-31}$$

解式(8-31),得

$$A_1 = \frac{p_2 U_0}{p_2 - p_1}, \quad A_2 = -\frac{p_1 U_0}{p_2 - p_1}$$

将 A_1、A_2 代入式(8-30),得

$$u_C = \frac{p_2 U_0}{p_2 - p_1} e^{p_1 t} - \frac{p_1 U_0}{p_2 - p_1} e^{p_2 t}$$

因为 $i = C\dfrac{du_C}{dt}$,所以

$$i = C\frac{p_1 p_2 U_0}{p_2 - p_1} e^{p_1 t} - C\frac{p_1 p_2 U_0}{p_2 - p_1} e^{p_2 t}$$

又因为 $p_1 p_2 = \omega_0^2 = \dfrac{1}{LC}$,$p_2 - p_1 = -2\sqrt{\alpha^2 - \omega_0^2}$,代入 u_C 和 i 的表达式,得

$$\left.\begin{aligned} u_C &= \frac{p_1 U_0}{2\sqrt{\alpha^2 - \omega_0^2}} e^{p_2 t} - \frac{p_2 U_0}{2\sqrt{\alpha^2 - \omega_0^2}} e^{p_1 t} \\ i &= \frac{U_0}{2L\sqrt{\alpha^2 - \omega_0^2}} e^{p_2 t} - \frac{U_0}{2L\sqrt{\alpha^2 - \omega_0^2}} e^{p_1 t} \end{aligned}\right\} \quad t \geqslant 0 \tag{8-32}$$

电压 u_C 和电流 i 的变化曲线分别如图 8-27(a)、图 8-27(b)所示(注意 $\alpha > \omega_0$,p_1、p_2 是两个不相等的负实根,即 $p_1 < 0$、$p_2 < 0$,且 $|p_2| > |p_1|$)。

(a)   (b)   (c)

图 8-27　RLC 二阶电路的零输入响应曲线

当 $\dfrac{di}{dt} = 0$ 时,电流 i 的绝对值最大,此时 $t = t_m$,则

$$p_1 e^{p_1 t_m} = p_2 e^{p_2 t_m}$$

$$t_m = \frac{\ln(p_2 / p_1)}{p_1 - p_2} \tag{8-33}$$

$$I_m = \frac{U_0}{2L\sqrt{\alpha^2 - \omega_0^2}} (e^{p_2 t_m} - e^{p_1 t_m}) \tag{8-34}$$

电感上的电压 u_L 为

$$u_L = \frac{p_2 U_0}{2\sqrt{\alpha^2 - \omega_0^2}} e^{p_2 t} - \frac{p_1 U_0}{2\sqrt{\alpha^2 - \omega_0^2}} e^{p_1 t} \tag{8-35}$$

电阻上的电压 $u_R = iR$,与电流 i 的变化规律相同。

u_L 随时间变化的曲线如图 8-27(c)所示。RLC 串联电路的这种变化规律为非振荡衰减过程。

(2)$\alpha < \omega_0$ 时,欠阻尼情况

当 $\alpha < \omega_0$ 时,即 $R < 2\sqrt{\dfrac{L}{C}}$,p_1、p_2 为一对共轭复数根。即

$$p_{1,2} = -\alpha \pm \sqrt{\alpha^2 - \omega_0^2} = -\alpha \pm j\sqrt{\omega_0^2 - \alpha^2} = -\alpha \pm j\omega$$

上式中的 $\omega = \sqrt{\omega_0^2 - \alpha^2}$,即表示 ω 与 ω_0 及 α 之间构成了直角三角形的关系。

式(8-29)的解为

$$u_C = e^{-\alpha t}(A_1 \cos\omega t + A_2 \sin\omega t) \tag{8-36}$$

代入初始条件:$t = 0_+$ 时,$u_C(0_+) = U_0$,$u_C{}'(0_+) = 0$,得

$$\begin{cases} U_0 = A_1 \\ 0 = A_2\omega - A_1\alpha \end{cases} \tag{8-37}$$

解得

$$\begin{cases} A_1 = U_0 \\ A_2 = \dfrac{\alpha}{\omega}U_0 \end{cases}$$

将 A_1、A_2 代入式(8-36),得

$$u_C = U_0 e^{-\alpha t}\left(\cos\omega t + \frac{\alpha}{\omega}\sin\omega t\right) = U_0\sqrt{1 + \left(\frac{\alpha}{\omega}\right)^2}\, e^{-\alpha t}\cos\left(\omega t - \arctan\frac{\alpha}{\omega}\right)$$

令 $\beta = \arctan\dfrac{\alpha}{\omega}$,且由 $\omega = \sqrt{\omega_0^2 - \alpha^2}$ 构成的直角三角形(斜边为 ω,角为 β)关系得

$$u_C = U_0\frac{\omega_0}{\omega}e^{-\alpha t}\cos(\omega t - \beta) \qquad (t \geq 0) \tag{8-38}$$

电流 i 为

$$i = -C\frac{\mathrm{d}u_C}{\mathrm{d}t} = -U_0 C\frac{\omega_0^2}{\omega}e^{-\alpha t}\sin\omega t = -U_0\frac{1}{\omega L}e^{-\alpha t}\sin\omega t$$

令 $I_0 = -U_0/(\omega L)$,则

$$i = I_0 e^{-\alpha t}\sin\omega t \qquad (t \geq 0) \tag{8-39}$$

电感电压 u_L 为

$$u_L = L\frac{\mathrm{d}i}{\mathrm{d}t} = U_0\frac{\omega_0}{\omega}e^{-\alpha t}\sin(\omega t - \beta) \qquad (t \geq 0) \tag{8-40}$$

显然,u_C、i、u_R 和 u_L 都是以 ω 为角频率的正弦曲线,但振幅都随时间按指数 $e^{-\alpha t}$ 曲线衰减,衰减常数 $\alpha = R/(2L)$。各物理量随时间变化的曲线如图 8-28 所示。

图 8-28 RLC 串联电路的振荡衰减过程曲线

由图 8-28 可知，RLC 串联电路的这种过渡过程为振荡衰减过程。在这种情况下，若 $\alpha = 0$（即 $R = 0$），则 $\omega = \omega_0 = 1/\sqrt{LC}$，$p_1 = p_2 = p = \pm j\omega_0$，则

$$u_C = U_0 \cos\omega_0 t$$
$$i = -I_0 \sin\omega_0 t = I_0 \cos(\omega_0 t + 90°)$$
$$u_L = U_0 \sin(\omega_0 t - 90°) = U_0 \cos(\omega_0 t - 180°)$$

u_C、i、u_L 都是自由振荡曲线，在相位上，电流 i 超前电容电压 u_C 90°，电感电压 u_L 与电容电压反相。

可以看出，因为 $R = 0$，振荡过程（L、C 能量交换过程）中没有能量消耗，所以 u_C、i、u_L 的振幅不发生变化，即它们的动态过程是一种等幅振荡过程。把这种没有外加激励的振荡称为自由振荡。振荡的频率为 $f = 1/(2\pi\sqrt{LC})$，它仅与电路的参数有关，因此称为 RLC 振荡电路的固有频率。如果外加激励源的频率与振荡频率相等，则电路发生谐振，因此固有频率也被称为谐振频率。

（3）$\alpha = \omega_0$ 时，临界阻尼情况

当 $\alpha = \omega_0$ 时，$R = 2\sqrt{\dfrac{L}{C}}$，p_1、p_2 为两个相等的负实根。式（8-29）的解为

$$u_C = (A_1 + A_2 t)e^{-\alpha t} \tag{8-41}$$

代入初始条件：$t = 0_+$ 时，$u_C(0_+) = U_0$，$u_C'(0_+) = 0$，得

$$\begin{cases} U_0 = A_1 \\ 0 = A_2 - A_1\alpha \end{cases} \tag{8-42}$$

解式（8-42），得 $A_1 = U_0$，$A_2 = \alpha U_0$，所以

$$u_C = U_0(1 + \alpha t)e^{-\alpha t} \tag{8-43}$$

电流 i 和电感电压 u_L 为

$$i = -\alpha^2 CU_0 e^{-\alpha t} t = -\frac{U_0}{L}t e^{-\alpha t} \tag{8-44}$$

$$u_L = -U_0(1 - \alpha t)e^{-\alpha t} \tag{8-45}$$

即电路仍为非振荡衰减过程。若继续减小电阻 R，使 $R < 2\sqrt{L/C}$，便发生振荡。所以，此时的电阻（$R = 2\sqrt{L/C}$）称为临界电阻，这一状态称为临界状态。

8.6 *动态电路的运算法

前面所讨论的动态电路，电路变量都是时间 t 的函数，称为时域函数。通过列写微分方程求解电路变量解的过程叫时域分析法。对于一阶电路和简单的二阶电路，这种方法比较有效。

对于高阶电路来讲，这种时域分析法将非常烦琐，列写的高阶微分方程的求解较为困难，这时可以采用复频域分析法，借助于拉普拉斯变换把线性微分方程转化为复数代数方程进行求解，从而使分析计算简易有效。

8.6.1 拉普拉斯正变换与反变换

1. 拉普拉斯变换的定义

(1)拉普拉斯正变换。时域函数 $f(t)$ 在 $t>0$ 时有定义,则 $f(t)$ 的拉普拉斯变换(简称拉氏变换)定义为

$$F(s) = \int_{0_-}^{\infty} f(t)\mathrm{e}^{-st}\,\mathrm{d}t \tag{8-46}$$

在式(8-46)中,$s = \sigma + \mathrm{j}\omega$ 为复数,称为复频域。复频域函数 $F(s)$ 称为 $f(t)$ 的象函数,时域函数 $f(t)$ 称为 $F(s)$ 的原函数。$F(s)$ 是复频域 s 的函数,其变量是复数 s,而不是时间 t。

由原函数 $f(t)$ 经式(8-46)积分变换后,变换为象函数 $F(s)$ 的过程称为拉普拉斯正变换。拉普拉斯正变换的符号为

$$F(s) = L\big[f(t)\big]$$

在拉普拉斯变换中,积分下限取 0_-,目的是考虑 $t=0$ 时的冲激函数及阶跃函数,因为

$$F(s) = \int_{0_-}^{\infty} f(t)\mathrm{e}^{-st}\,\mathrm{d}t = \int_{0_-}^{0+} f(t)\mathrm{e}^{-st}\,\mathrm{d}t + \int_{0_-}^{\infty} f(t)\mathrm{e}^{-st}\,\mathrm{d}t$$

可见拉普拉斯变换中,已自动将 $t=0$ 时 $f(t)$ 可能包含的冲激函数和阶跃函数考虑到变换中了。当利用单边拉普拉斯变换解微分方程时,可以直接引用已知的状态 $f(0_-)$ 而求得全部结果,无须专门计算 0_- 到 0_+ 的跳变。

常用信号的拉普拉斯变换对照见表 8-5。

表 8-5   常用信号的拉普拉斯变换对照

原函数 $f(t)$	象函数 $F(s)$	原函数 $f(t)$	象函数 $F(s)$
$\delta(t)$	1	$t\mathrm{e}^{-\alpha t}$	$\dfrac{1}{(s+\alpha)^2}$
$1(t)$	$\dfrac{1}{s}$	$\sin\omega t$	$\dfrac{\omega}{s^2+\omega^2}$
t	$\dfrac{1}{s^2}$	$\cos\omega t$	$\dfrac{s}{s^2+\omega^2}$
$\dfrac{1}{n!}t^n$	$\dfrac{1}{s^{n+1}}$	$\mathrm{e}^{-\alpha t}\sin\omega t$	$\dfrac{\omega}{(s+\alpha)^2+\omega^2}$
$\mathrm{e}^{-\alpha t}$	$\dfrac{1}{s+\alpha}$	$\mathrm{e}^{-\alpha t}\cos\omega t$	$\dfrac{s+\alpha}{(s+\alpha)^2+\omega^2}$

(2)拉普拉斯反变换。将象函数 $F(s)$ 变换成与之相对应的原函数 $f(t)$ 的过程,称为拉普拉斯反变换(简称拉氏反变换)。其定义式为

$$f(t) = \frac{1}{2\pi\mathrm{j}} \int_{-\mathrm{j}\infty}^{+\mathrm{j}\infty} F(s)\mathrm{e}^{st}\,\mathrm{d}s \tag{8-47}$$

拉普拉斯反变换的符号为

$$f(t) = L^{-1}\big[F(s)\big]$$

电路分析中遇到的电量函数,一般都可以进行拉普拉斯变换。

2. 拉普拉斯变换的基本性质

拉普拉斯变换有许多运算性质,常用的基本性质见表 8-6。

表 8-6   拉普拉斯变换基本性质

性质名称	时间函数 $f(t)$	象函数 $F(s)$	备注
唯一性质	$f(t)$ 与 $F(s)$ 一一对应		保证解不变
线性性质	$a_1 f_1(t) \pm a_2 f_2(t)$	$a_1 F_1(s) \pm a_2 F_2(s)$	可简化 $f(t)$ 与 $F(s)$ 之间的转换
时域微分	$\dfrac{\mathrm{d}f(t)}{\mathrm{d}t}$	$sF(s) - f(0_-)$	将微分运算转化为代数运算
时域积分	$\displaystyle\int_0^t f(t)\,\mathrm{d}t$	$\dfrac{F(s)}{s}$	将积分运算转化为代数运算
时域移位	$f(t-t_0)1(t-t_0)$	$F(s)\mathrm{e}^{-st_0}$	
频域移位	$f(t)\mathrm{e}^{-\alpha t}$	$F(s+\alpha)$	
时域卷积	$f_1(t) * f_2(t)$	$F_1(s) \cdot F_2(s)$	卷积与相乘对应

由拉普拉斯变换的基本性质可见,时域函数的微分运算及积分运算,都可以通过拉普拉斯变换转化为复频域象函数的代数运算。因此,拉普拉斯变换是求解线性常系数微积分方程的一种有用工具,它的主要优点是可将时域的微分与积分方程变换为复频域的代数方程,而且起始状态自然包含在这一代数方程中,可一举求出方程的全解,求解步骤简明且有规律。

在电路分析中,常用的时域函数如阶跃函数、冲激函数、指数函数和正弦函数的拉普拉斯变换都可通过数学知识求得或者直接通过查拉普拉斯变换表得到。

应用拉普拉斯变换分析线性动态电路的时域响应时,需要将响应的象函数 $F(s)$ 通过拉普拉斯反变换变换为时间的函数 $f(t)$。求解拉普拉斯反变换的最简单方法是利用拉普拉斯变换表,但经过复频域分析求得的象函数有时并非正好为表中所列出的形式,此时常用部分分式展开法将一个象函数分解为若干简单变换式之和,然后分别查表求取原函数。而直接根据定义进行拉普拉斯反变换的复变函数积分运算是比较复杂的。关于拉普拉斯反变换的具体算法这里从略。

8.6.2 动态电路的复频域模型

利用拉普拉斯变换求解电路时,需将电路中的定律及元件电压或电流的时域关系变换成复频域关系。

1. 基尔霍夫定律的复频域形式

(1)KVL:在复频域中任一闭合回路各段电压象函数的代数和为零,即 $\sum U(s) = 0$。

(2)KCL:在复频域中任一节点各支路电流象函数的代数和为零,即 $\sum I(s) = 0$。

2. 电阻、电感、电容元件 VCR 的复频域形式及复频域模型

(1) 电阻元件 R。对 $u(t) = Ri(t)$ 的两边进行拉普拉斯变换,得 R 元件 VCR 的复频域形式为

$$U(s) = RI(s) \qquad 或 \qquad I(s) = GU(s)$$

复频域模型见表 8-7。

表 8-7　　　　　　　　　　　　二端电路元件的复频域模型

电路分析基础

元件	电阻 R	电感 L	电容 C
时域形式	$u_R(t) = Ri_R(t)$	$u_L(t) = L\dfrac{\mathrm{d}i_L(t)}{\mathrm{d}t}$	$i_C(t) = C\dfrac{\mathrm{d}u_C(t)}{\mathrm{d}t}$
复频域串联形式	$U_R(s) = RI_R(s)$	$U_L(s) = sLI_L(s) - Li_L(0_-)$	$U_C(s) = \dfrac{1}{sC}I_C(s) + \dfrac{u_C(0_-)}{s}$
复频域并联形式	$I_R(s) = GU_R(s)$	$I_L(s) = \dfrac{1}{sL}U_L(s) + \dfrac{i_L(0_-)}{s}$	$I_C(s) = sCU_C(s) - Cu_C(0_-)$

（2）电感元件 L。对 $u_L(t) = L\dfrac{\mathrm{d}i_L(t)}{\mathrm{d}t}$ 的两边进行拉普拉斯变换，得 L 元件 VCR 的复频域形式为

$$U_L(s) = sLI_L(s) - Li_L(0_-) \qquad \text{或} \qquad I_L(s) = \dfrac{1}{sL}U_L(s) + \dfrac{i_L(0_-)}{s}$$

复频域模型见表 8-7。

其中 sL 称为复频域感抗，$\dfrac{1}{sL}$ 称为复频域感纳。$Li_L(0_-)$ 是由电感元件初始值产生的附加电压源复频域电压，与 $I_L(s)$ 为非关联参考方向；$\dfrac{i_L(0_-)}{s}$ 是由电感元件初始值产生的附加电流源复频域电流，与 $\dfrac{1}{sL}$ 中电流参考方向相同。

（3）电容元件 C。对 $i_C(t) = C\dfrac{\mathrm{d}u_C(t)}{\mathrm{d}t}$ 的两边进行拉普拉斯变换，得 C 元件 VCR 的复频域形式为

$$U_C(s) = \dfrac{1}{sC}I_C(s) + \dfrac{u_C(0_-)}{s} \qquad \text{或} \qquad I_C(s) = sCU_C(s) - Cu_C(0_-)$$

复频域模型见表 8-7。

其中 $\dfrac{1}{sC}$ 称为复频域容抗，sC 称为复频域容纳。$\dfrac{u_C(0_-)}{s}$ 是由电容元件初始值产生的附加电压源复频域电压，与 $I_C(s)$ 参考方向一致；$Cu_C(0_-)$ 是由电容元件初始值产生的附

加电流源复频域电流，与 $U_C(s)$ 为非关联参考方向。

3. 运算阻抗

运算阻抗也称为运算复阻抗。当单口网络端口电压和端口电流为关联参考方向，且电感、电容的初始状态为零时，无论单口网络内部为何种元件，其运算阻抗（或输入阻抗）的定义为

$$Z(s) = \frac{U(s)}{I(s)} \tag{8-48}$$

该式也可表示为

$$U(s) = Z(s)I(s) \tag{8-49}$$

此式即欧姆定律的复频域形式。

8.6.3　动态电路的运算法步骤

拉普拉斯变换分析线性时域不变电路的过渡过程时，首先把时域电路的各个元件用复频域模型表示，画出该时域电路的复频域等效电路即运算电路，然后根据电路定律和元件特性列出电路方程，即电路的复频域方程，由该方程解出所求响应的象函数，最后对所求出的象函数取拉普拉斯反变换，便可求得其响应的过渡过程。具体步骤可概述如下：

（1）根据换路前一瞬间电路的工作状态计算电感电流和电容电压的原始值，以便确定运算电路中的附加电源（如果电路的初始条件已直接给出，就不需要计算）。

（2）借助拉普拉斯变换表或拉普拉斯变换积分式，把已知激励变换为象函数。

（3）画出复频域模型的运算电路图。

（4）应用线性时域不变电路的分析方法求解运算电路，求出待求响应的象函数。

（5）借助部分分式展开法和拉普拉斯变换表，将（4）得到的象函数进行反变换，求出待求响应的原函数。

【例 8-10】　电路如图 8-29 所示，在开关 S 闭合前已处于稳态，试用运算法求 $u_L(t)$。

图 8-29　【例 8-10】电路

解：（1）求 $i_L(0_-)$ 和 $u_C(0_-)$。$t = 0_-$ 时，电路处于直流稳态，电感短路，电容开路，所以

$$i_L(0_-) = \frac{25}{2.5 + 2.5} = 5\ \text{A}\ ,\ u_C(0_-) = 2.5 i_L(0_-) = 12.5\ \text{V}$$

（2）画出复频域运算电路。如图 8-29（b）所示，其中 25 V 电压源信号，根据表 8-5 变换为象函数 $25/s$，；L 元件根据表 8-7 变换为并联形式的复频域模型，其中复频域感纳 $1/(sL) = 1/s$，附加复频域电流源 $i_L(0_-)/s = 5/s$；C 元件根据表 8-7 变换为并联形式的复

频域模型,其中复频域容纳 $sC = 0.04s = s/25$,附加复频域电流源 $Cu_C(0_-) = 0.5$。

(3)求 $U_L(s)$。将图 8-29(b)中的电压源支路变换为电流源,然后根据节点电压法得

$$\left(\frac{1}{2.5} + \frac{s}{25} + \frac{1}{s}\right)U_L(s) = \frac{25}{2.5s} + 0.5 - \frac{5}{s}$$

整理得

$$(s^2 + 10s + 25)U_L(s) = 12.5s + 125$$

所以

$$U_L(s) = \frac{12.5s + 125}{(s+5)^2} = \frac{62.5}{(s+5)^2} + \frac{12.5}{s+5}$$

(4)求 $u_L(t)$。对 $U_L(s)$ 取拉氏反变换得

$$u_L(t) = (62.5t + 12.5)e^{-5t} = 12.5(5t + 1)e^{-5t} \text{ V } (t > 0)$$

【仿真训练】

仿真训练1　RC 一阶电路充放电特性仿真

一、仿真目的

(1)观察 RC 一阶电路充电和放电曲线;

(2)掌握 RC 一阶电路充电和放电的工作原理与特性。

二、仿真原理

(1)RC 电路充电时,电容器上的电压按指数规律增大, $u_C = U_s(1 - e^{-t/\tau})$;RC 电路放电时,电容器上的电压按指数规律减小, $u_C = U_0 e^{-t/\tau}$ 。

(2)RC 电路充电与放电的快慢,由电路的时间常数 τ 决定, $\tau = RC$ 。

三、仿真内容和步骤

(1)仿真内容

利用仿真软件测试如图 8-30 所示电路中电容两端的电压,并观察 RC 一阶电路充电和放电曲线。电路中的电源电压 $V_1 = 10$ V, $R_1 = 1$ kΩ, $R_2 = 1$ kΩ, $C_1 = 10$ μF。

图 8-30　RC 一阶充放电电路及波形

(2)仿真步骤

①从基本元件库中选择直流电压源和接地符号以及所需的电阻、电容、双掷开关,设

定所需参数。双掷开关 J_1 的切换由默认的空格键（Key＝Space）控制。

②从仪器库中选择示波器 XSC（Oscilloscope）接在电容器两端，以便观察 C_1 上的电压变化情况。双击示波器图标，打开示波器参数设置控制面板，设置 X 轴的时基刻度为每格 10 ms，Y 轴的电压幅度刻度为每格 5 V。

③启动仿真"运行/停止"开关，手动控制电路中的开关切换（按下空格键），从示波器显示面板中观察电路的充、放电情况。当开关 J_1 拨到上面时，电源 V_1 通过 R_1 对电容 C_1 充电；当开关 J_1 拨到下面时，电容 C_1 通过 R_2 放电。电容的充放电电压曲线如图 8-30 所示。

④在电容器充电过程中，测得充电曲线后停止或暂停（按 Pause 钮）仿真，将示波器显示面板上的 T_1 游标指针移到 0 V 位置，将 T_2 游标指针分别移到间隔时间为 τ、2τ、3τ、4τ、5τ（τ 为电路的时间常数，$\tau = RC = 10$ ms）的位置，观察 Y 轴所测得的对应电压幅度值，将测量数据填入表 8-8。

表 8-8　　　　　　　　　　　　　　RC 一阶电路充电与放电测量数据

时间 $t = T_2 - T_1$（$\tau = 10$ ms）		τ	2τ	3τ	4τ	5τ
电容器充电 （电源 10 V）	理论值 U_C/V					
	测量值 U_C/V					
电容器放电 （电容电压 10 V）	理论值 U_C/V					
	测量值 U_C/V					

⑤在电容放电过程中，测得放电曲线后停止仿真，将 T_1 游标指针移到电容初始电压为 10 V 的位置，将 T_2 游标指针分别移到间隔时间为 τ、2τ、3τ、4τ、5τ 的位置，将所测得的对应电压幅度值填入表 8-8。

⑥将电容充电和放电的电压测量值与理论值进行比较，看是否与指数规律相符。

⑦将直流电压源换成脉冲电压源，设置频率为 10 Hz，电压为 10 V，从示波器中观察电路的充电与放电情况。修改电路中电阻与电容的参数，从示波器中观察电路的充电与放电曲线。

⑧修改电路中电阻与电容的参数，从示波器中观察电路的充电与放电的快慢情况。

四、思考题

(1)RC 充电电路中电容上的电压变化规律的数学表达式是什么？与仿真实验所测得的波形进行比较，误差情况如何？当 $t = \tau$ 时，u_C 与电源电压的百分比是多少？

(2)RC 放电电路中电容上的电压变化规律的数学表达式是什么？与仿真实验所测得的波形进行比较，误差情况如何？当 $t = \tau$ 时，u_C 与电容初始电压的百分比是多少？

(3)时间常数 τ 的大小对电路动态变化过程的快慢影响如何？

仿真训练 2　微分电路与积分电路仿真

一、仿真目的

(1)通过仿真，掌握 RC 微分电路和积分电路的结构特征；

(2)掌握有关微分电路和积分电路的概念与对时间常数的要求；

(3)掌握微分电路与积分电路的波形变换作用。

二、仿真原理

(1)微分电路和积分电路都是波形变换电路,由 RC 或 RL 电路组成。微分电路的输出信号近似与输入信号对时间的微分成正比,积分电路的输出信号近似与输入信号对时间的积分成正比。

(2) RC 微分电路的输出信号从 R 上取得,电路的时间常数 $\tau \ll t_p$(t_p 为输入脉冲信号的脉宽),在方波序列脉冲的重复激励下,输出信号为尖脉冲。

(3) RC 积分电路的输出信号从 C 上取得,电路的时间常数 $\tau \gg t_p$(t_p 为输入脉冲信号的脉宽),在方波序列脉冲的重复激励下,输出信号为三角波。

三、仿真内容和步骤

(1)微分电路仿真

①建立如图 8-31 所示的 RC 微分电路,输入脉冲信号加在 RC 电路两端,输出尖脉冲信号从 R 元件上取得。设置 RC 电路的输入脉冲信号的占空比为 50%,输入信号的频率 f 设置为 1 kHz,使脉冲信号的周期 T 为 1 ms(脉冲宽度 t_p 为 0.5 ms),幅度设置为 10 V。 RC 元件参数的设置如图 8-31 所示,使 $\tau = RC = 10\ \Omega \times 1 \times 10^{-6}\ \text{F} = 1 \times 10^{-5}\ \text{s} = 0.01\ \text{ms}$,满足微分电路的构成条件 $\tau \ll t_p$。

图 8-31 RC 微分电路及仿真波形

②从仪器库中选取双通道示波器 XSC(Oscilloscope),A 通道输入端用来测量微分电路的输入信号波形,B 通道输入端用来测量微分电路的输出信号波形,接法如图 8-31 所示(接地线也可空置,如图中 A 通道接法)。双击示波器图标,打开示波器参数设置控制面板,可设置 X 轴的时基刻度为每格 500 μs(与输入脉冲信号的脉宽相对应),Y 轴的电压幅度刻度为每格 10 V(与输入脉冲信号的幅度相对应),A 通道输入信号波形显示位置上移 1 格,B 通道输出信号波形显示位置下移 1 格,以便观察输入与输出信号波形的变换情况。

③启动仿真"运行/停止"开关,得到如图 8-31 所示的显示波形。

④将微分电路输入脉冲的频率改为 $f = 500$ Hz(周期 $T = 2$ ms,脉宽 $t_p = T/2 = 1$ ms),R 参数分别改为 1 kΩ、100 Ω、10 Ω,电容 $C = 1$ μF 不变,使电路的时间常数($\tau = RC$)分别为 1 ms、0.1 ms、0.01 ms(当然也可以使电阻不变而改变电容参数)。启动仿真

"运行/停止"开关,将示波器仿真所得的不同时间常数所对应的波形记录在表 8-9 中,并分析波形的变化情况。

表 8-9　　　　　　　　　　　　　微分电路仿真波形记录表

R 的取值($C=1\ \mu F$)	$R=1\ k\Omega$	$R=100\ \Omega$	$R=10\ \Omega$
时间常数($\tau=RC$)	$\tau=t_p=1\ ms$	$\tau=0.1t_p=0.1\ ms$	$\tau=0.01t_p=0.01\ ms$
输入脉冲信号波形 (脉宽 $t_p=1\ ms$)			
输出微分信号波形			

(2)积分电路仿真

①建立如图 8-32 所示的 RC 积分电路,输入脉冲信号加在 RC 电路两端,输出三角波信号从 C 元件上取得。输入脉冲信号的设置同微分电路(占空比为 50%,频率为 1 kHz,周期为 1 ms,幅度为 10 V)。RC 积分电路元件参数的设置如图 8-32 所示,使 $\tau=RC=10\times10^3\ \Omega\times1\times10^{-6}\ F=1\times10^{-2}\ s=10\ ms$,满足积分电路的构成条件 $\tau\gg t_p$。

图 8-32　RC 积分电路及仿真波形

②从仪器库中选取双通道示波器 XSC(Oscilloscope),A 通道输入端用来测量积分电路的输入信号波形,B 通道输入端用来测量积分电路的输出信号波形,接法如图 8-32 所示(示波器接地线也可空置)。双击示波器图标,打开示波器参数设置控制面板,可设置 X 轴的时基刻度为每格 500 μs(与输入脉冲信号的脉宽相对应);A 通道 Y 轴的电压幅度刻度为每格 10 V(与输入脉冲信号的幅度相对应),B 通道 Y 轴的电压幅度刻度为每格 500 mV(与输出三角波信号的幅度相对应);A 通道输入信号波形显示位置上移 1 格,B 通道输出信号波形显示位置下移 1 格,以便观察输入与输出信号波形的变换情况。

③启动仿真"运行/停止"开关,即得到如图 8-32 所示的显示波形。该波形已将输入的脉冲波变换为三角波输出。

④将积分电路输入脉冲的频率改为 $f=500\ Hz$(脉宽 $t_p=T/2=1\ ms$),R 参数分别改为 1 kΩ、10 kΩ、100 kΩ,电容 $C=1\ \mu F$ 不变,使电路的时间常数($\tau=RC$)分别为 1 ms、

10 ms、100 ms(当然也可以使电阻不变而改变电容参数)。启动仿真"运行/停止"开关,将示波器仿真所得的不同时间常数所对应的波形记录在表 8-10 中,并分析波形的变化情况。

表 8-10　　　　　　　　　　　　　积分电路仿真波形记录表

R 的取值($C=1\ \mu$F)	$R=1\ \text{k}\Omega$	$R=10\ \text{k}\Omega$	$R=100\ \text{k}\Omega$
时间常数($\tau=RC$)	$\tau=t_p=1$ ms	$\tau=10t_p=10$ ms	$\tau=100t_p=100$ ms
输入脉冲信号波形 (脉宽 $t_p=1$ ms)			
输出积分信号波形			

四、注意事项

(1)微分电路的时间常数要小于或者等于 1/10 倍的输入脉冲宽度。

(2)积分电路的时间常数要大于或者等于 10 倍的输入脉冲宽度。

五、思考题

(1)若在微分、积分电路的输入端接入方波,则在微分、积分电路的输出端各自输出的是什么波形?(方波/三角波/尖齿波)

(2)若微分、积分电路中的电阻或电容发生变化后,输出波形的哪个参数(脉宽/幅度)将发生变化?

仿真训练 3　RLC 二阶阻尼振荡电路仿真

一、仿真目的

(1)掌握 RLC 阻尼振荡电路的构成,加深对二阶电路响应的理解;

(2)测试 RLC 二阶并联阻尼振荡电路的零输入响应,观察电流或电压的衰减快慢与阻尼电阻大小之间的关系。

二、仿真原理

(1) L、C 元件都是不消耗能量的储能元件,在由 L、C 两种储能元件所构成的电路中,经电容上的电场能和电感中的磁场能两者间的能量互相交换,电路中产生自由振荡而形成交流电流和交流电压。振荡频率为 $f=1/(2\pi\sqrt{LC}\,)$。

(2)在 RLC 振荡电路中,R 是耗能元件,如果电路得不到能量的补充(无电源),LC 振荡幅度就会不断地衰减直至为 0,这种现象称为阻尼振荡,阻尼振荡的电流或电压衰减快慢由 R 消耗能量的大小决定。

三、仿真内容和步骤

(1)仿真内容

利用仿真软件测试如图 8-33 所示电路中电容两端的零输入响应波形。电路中的电源电压 $V=10$ V,$R=1$ kΩ,$L=1$ mH,$C=1\ \mu$F。

(2)仿真步骤

①建立如图 8-33 所示 RLC 电路,参数设置如图中所示。双掷开关 J 的切换可由默

认的空格键 Space 控制,用于控制电源的通断。首先将双掷开关接在直流电源上,使电容获得初始储能(电容的初始电压为 10 V 电源电压)。示波器的测量端接到 RLC 并联电路两端,用来测量 RLC 振荡电路两端的电压。双击示波器图标,打开示波器参数设置控制面板,设置合适的 X 轴时基刻度(Timebase/Scale)和 Y 轴电压幅度刻度(Channel A/Scale)。

图 8-33　RLC 二阶阻尼振荡电路仿真及输出电压波形

②启动仿真"运行/停止"开关。按空格键使双掷开关由电源端切换到 RLC 电路上,使 RLC 电路获得电容上的初始储能,通过 L、C 的能量相互转换产生自由振荡,因为 R 要消耗电能,从而使振荡电压的幅度逐渐衰减直至为 0。所得 RLC 阻尼振荡电路的电压波形如图 8-33 所示。

③分别将阻尼电阻 R 设为 ∞(开路)、100 kΩ、1 kΩ、100 Ω,测量并观察对应的 RLC 阻尼振荡电路的电压仿真波形,将所测波形记录在表 8-11 中,并比较电压波形的幅度衰减情况。

表 8-11　　　　　　　　　　RLC 振荡电路仿真波形记录表

阻尼电阻 R/Ω	∞	100 k	1 k	100
电压仿真波形				

④根据所观察到的波形,分析阻尼电阻 R 的大小对波形幅度衰减快慢的影响。验证测试与理论分析的结果(当阻尼电阻 R 过小时,能量损耗过大,电路将无法振荡;若阻尼电阻 $R \to \infty$,则电路无能量损耗,振荡波形为等幅振荡)是否一致。

⑤在 R 为 ∞(开路)情况下,改变电容 C 或电感 L 的大小,测量并观察 LC 振荡电压的波形,通过示波器面板上的游标指针测量所显示的仿真波形的振荡周期的变化情况。在 $C = 1$ μF、$L = 1$ mH 时,可测得周期 $T = 200$ μs,即频率为 5 kHz,频率的计算如下:

$$f_0 = \frac{1}{2\pi \sqrt{LC}} = \frac{1}{2\pi \sqrt{1 \times 10^{-3} \times 10^{-6}}} = 5 \text{ kHz}$$

四、思考题

(1)LC 电路在无电源激励(有初始储能)情况下,为什么能测得交流电压?交流电压的幅度与什么因素有关?频率与什么因素有关?

277

(2)LC 电路中有阻尼电阻 R 时,振荡电压的衰减快慢与什么因素有关?R 为 ∞ 时,振荡电压波形的幅度如何?

【技能训练】

技能训练1 RC 一阶电路动态过程的测量

一、训练目的

(1)掌握 RC 一阶电路充电和放电的定义;

(2)掌握电路时间常数 τ 的测定方法;

(3)测绘 RC 一阶电路充电和放电曲线。

二、训练原理

(1)RC 一阶电路充电。RC 一阶电路在充电(零状态响应)时,电容电压按指数规律增大,$u_C = U_S(1 - e^{-t/\tau})$,时间常数($\tau = RC$)越大,充电越慢。当 $t = \tau$ 时,$u_C(t) = 0.63U_S$。

(2)RC 一阶电路放电。RC 一阶电路在放电(零输入响应)时,电容电压按指数规律减小,$u_C = U_S e^{-t/\tau}$,时间常数($\tau = RC$)越大,放电越慢。当 $t = \tau$ 时,$u_C(t) = 0.37U_S$。

三、训练器材

(1)直流电源(+9 V)   1只

(2)数字万用表   1只

(3)秒表   1只

(4)电阻(10 kΩ)、电容(470 μF/50 V)   各1只

(5)导线   若干

四、训练内容和步骤

1.RC 充电实训

(1)按图 8-34(a)连接电路,并使电源电压 $U_S = 9$ V。

(a) RC 充电实训电路   (b) RC 放电实训电路

图 8-34 RC 一阶电路的充放电实训电路

(2)将开关 S 闭合,保证电容初始电压 $u_C(0_-)$ 为零。

(3)断开 S,并开始计时,到电压表指针为 1 V 时停止计时,将所测电容电压增大到 1 V 所需的时间 t 填入表 8-12 中,然后闭合 S 使电容电压重新为零。

表 8-12 RC 充电实训时间记录表

u_C/V	1	2	3	4	5	6	7	8
t/s								

(4)第二次断开 S,使电容电压增大到 2 V,记下时间,填入表 8-12 中。

(5)重复上述过程,测量电压由零增大至 3 V、4 V、5 V、6 V、7 V、8 V 所需的时间,并将数据填入表 8-12 中。

(6)根据上述实训所测数据,在图 8-35 中绘出 RC 充电过程中 u_C 随时间 t 变化的曲线。

图 8-35 RC 充放电曲线

2. RC 放电实训

(1)按图 8-34(b)接好电路,并使 $U_S = 9$ V。

(2)闭合开关 S,使电容器上获得初始电压,并保证电容初始电压为 9 V。

(3)断开 S 并计时,当电容从 9 V 开始放电,减小至 8 V 时停止计时,将所测得的时间记入表 8-13 中。

表 8-13   **RC 放电实训时间记录表**

$u_C/$V	8	7	6	5	4	3	2	1
$t/$s								

(4)重复上述过程,分别测量电容电压由 9 V 减小至 8 V、7 V、6 V、5 V、4 V、3 V、2 V、1 V 所需的时间,记入表 8-13 中。

(5)根据上述实验所测数据,在图 8-35 中绘出 RC 放电过程中 u_C 随时间 t 变化的曲线。

五、注意事项

(1)电容(470 μF/50 V)应选介质损耗小的,电压表的内阻要大,以数字万用表为好。

(2)实验过程中,测量数据时需要两人密切配合,以便注意秒表读数的准确性。

六、思考题

(1)分析电路中时间常数的测量值与理论值间存在误差的可能原因有哪些。

(2)如果将电路中的 R 从 10 kΩ 改为 100 kΩ,对实验的测量误差有何影响?

技能训练 2   微分电路与积分电路的特性测量

一、训练目的

(1)进一步掌握微分电路和积分电路的相关知识;

(2)掌握微分运算与积分运算的关系及基本测量方法;

(3)观察微分电路和积分电路的输入、输出波形。

二、训练原理

(1)微分电路。微分电路的输出信号近似与输入信号对时间的微分成正比。构成 RC 微分电路的条件是:①时间常数 $\tau \ll t_p$;②从电阻两端输出。在脉冲电路中,常应用微分电路把矩形脉冲变换为尖脉冲,作为触发信号。

(2)积分电路。积分电路的输出信号近似与输入信号对时间的积分成正比。构成 RC 积分电路的条件是:①时间常数 $\tau \gg t_p$;②从电容两端输出。在脉冲电路中,常应用积分电路将矩形脉冲变换成近似的三角波。

三、训练器材

(1)函数信号发生器   1台

(2)双踪示波器   1台

(3)电阻(100 Ω、10 kΩ)   各1只

(4)电容(1 μF/25 V)   1只

(5)导线   若干

四、训练内容和步骤

1.微分电路测试

(1)按如图 8-36 所示连接好电路,其中 $R=100$ Ω,$C=1$ μF(使 $\tau=RC=100$ μs);

(2)输入信号 u_i 为方波信号,使其幅度为 10 V,f 为 500 Hz(使脉宽 $t_p=T/2=1$ ms);

(3)调节示波器,观察电阻两端的输出波形,将波形记录在表 8-14 中;

(4)改变输入信号 u_i 的频率,观察波形如何变化。

2.积分电路测试

(1)按如图 8-37 所示连接好电路,其中 $R=10$ kΩ,$C=1$ μF(使 $\tau=RC=10$ ms);

图 8-36 微分电路   图 8-37 积分电路

(2)输入信号 u_i 为方波信号,使其幅度为 10 V,f 为 500 Hz(使脉宽 $t_p=T/2=1$ ms);

(3)调节示波器,观察电容两端的输出波形,将波形记录在表 8-14 中;

表 8-14 微分电路与积分电路实训波形记录表

动态电路	微分电路	积分电路
时间常数($\tau = RC$)	$\tau = 0.1 t_p = 100\ \mu s$	$\tau = 10 t_p = 10\ ms$
输入信号波形 （脉宽 $t_p = 1\ ms$）		
输出信号波形		

（4）改变输入信号 u_i 的频率，观察波形如何变化。

五、注意事项

（1）微分电路的时间常数要小于或者等于 1/10 倍的输入脉冲宽度。

（2）积分电路的时间常数要大于或者等于 10 倍的输入脉冲宽度。

六、思考题

（1）若在微分、积分电路的输入端接入方波，则在微分、积分电路的输出端各自输出的是什么波形？（方波/三角波/尖齿波）

（2）若微分、积分电路中的电阻或电容发生变化后，输出波形的哪个参数（脉宽/幅度）将发生变化？

本 章 小 结

1. 电路的动态过程是指从电路连接关系发生变化开始，到电路响应进入稳定状态的全过程。电路与电源的接通、断开，短路，或者电路的激励、结构改变，统称为换路。

2. 换路定律：无论换路前电路的状态如何，如果换路瞬间电容上的电压和电感上的电流为有限值，则在换路后的一瞬间，电容上的电荷和端电压及电感中的磁链和电流都应保持换路前一瞬间的数值而不能跃变。即：

$$u_C(t_{0+}) = u_C(t_{0-})\ ;\ q_C(t_{0+}) = q_C(t_{0-})$$
$$i_L(t_{0+}) = i_L(t_{0-})\ ;\ \psi_L(t_{0+}) = \psi_L(t_{0-})$$

3. 电路换路后一瞬间（$t = 0_+$ 时刻）响应的数值称为动态电路的初始值。求解初始值的方法：①根据 $t = 0_-$ 时的电路，求出 $u_C(0_-)$、$i_L(0_-)$；②画出 $t = 0_+$ 时的等效电路；③根据 $t = 0_+$ 时的等效电路，求出各电流、电压的初始值。

4. 由一阶微分方程所描述的电路称为一阶动态电路。由二阶微分方程所描述的电路称为二阶动态电路。

5. 一阶动态电路的初始值、稳态值和时间常数称为一阶动态电路的三要素。用求解三要素来求解一阶动态电路动态响应过程的方法称为一阶动态电路的三要素法。

6. 一阶动态电路变化过程的快慢由电路的时间常数决定，RC 一阶动态电路的时间常数为 $\tau = RC$，RL 一阶动态电路的时间常数为 $\tau = L/R$。

7. 只靠储能元件初始能量产生的响应称为零输入响应。一阶电路的零输入响应为

$$f(t) = f(0_+) e^{-\frac{t}{\tau}} \qquad (t \geqslant 0)$$

8.由外加激励引起的响应称为电路的零状态响应。一阶电路的零状态响应为

$$f(t) = f(\infty)(1 - e^{-\frac{t}{\tau}}) \qquad (t \geqslant 0)$$

9.电路的全响应就是在初始状态及外加激励共同作用下的响应。一阶电路的全响应为

$$f(t) = f(\infty) + [f(0_+) - f(\infty)]e^{-\frac{t}{\tau}} \qquad (t \geqslant 0)$$

其中,$f(\infty)$ 为稳态值,$f(0_+)$ 为初始值,τ 为电路的时间常数。

10.微分电路的输出电压近似与输入电压对时间的微分成正比。积分电路的输出电压近似与输入电压对时间的积分成正比。在实际应用中,这两种电路常用来进行波形变换和整形。

11.RLC 串联电路是二阶动态电路,其零输入响应过程根据不同的条件可以分为按指数规律单调变化、振荡衰减变化和按指数规律非单调变化。

*12.拉普拉斯变换是一种从时域到复频域的变换。在电路分析中,利用拉普拉斯变换可以将时域的微分与积分方程变换为复频域的代数方程,从而使动态电路的分析计算大大简化。应用拉普拉斯变换分析计算线性电路的动态过程的方法称为运算法。

习　题

8-1　试分别说明电容和电感元件什么时候可看成开路,什么时候可看成短路。

8-2　什么是零输入响应? 一阶动态电路的零输入响应具有哪些特点?

8-3　什么是零状态响应? 一阶动态电路的零状态响应具有哪些特点?

8-4　什么是全响应? 一阶动态电路的全响应具有哪些特点? 一阶动态电路的三要素是什么,如何求取?

8-5　如何确定一阶动态电路的时间常数? 时间常数的大小与过渡过程有什么关系?

8-6　已知图 8-38 所示电路,在 $t < 0$ 时电路稳定,$t = 0$ 时开关打开,$U_S = 10$ V,$R_1 = 1.6$ kΩ,$R_2 = 6$ kΩ,$R_3 = 4$ kΩ,$L = 0.2$ H,试求开关打开瞬间 $i_L(0_+)$ 和 $u_L(0_+)$ 的值。

8-7　如图 8-39 所示电路,在 $t < 0$ 时电路稳定,$t = 0$ 时开关由 1 拨向 2,求初始值 $i_1(0_+)$、$i_2(0_+)$、$u_L(0_+)$ 和稳态值 $i_1(\infty)$、$i_2(\infty)$、$u_L(\infty)$。

图 8-38　习题 8-6 图

图 8-39　习题 8-7 图

8-8　已知图 8-40 所示电路中,$U_S = 3$ V,$R_1 = 10$ Ω,$R_2 = 30$ Ω,$L_1 = 0.1$ H,$L_2 = 0.2$ H,开关 S 闭合前电路稳定,试求开关闭合后瞬间各支路电流和各元件电压的初始值。

8-9　已知图 8-41 所示电路中，$U_S=10$ V，$R=5$ Ω，$C=0.2$ μF，开关 S 闭合前电容上无电荷存储，在 $t=0$ 时刻 S 闭合，求 $t \geqslant 0$ 时的 i_C，并画出波形图。

图 8-40　习题 8-8 图

图 8-41　习题 8-9 图

8-10　已知图 8-42 所示电路中，$U_S=6$ V，$R=4$ Ω，$L=1$ H，开关 S 闭合前电感上无能量存储，在 $t=0$ 时刻 S 闭合，求 $t \geqslant 0$ 时的 u_L。

8-11　已知图 8-43 所示电路中，$U_S=10$ V，$R_1=5$ Ω，$R_2=2$ Ω，$C=0.5$ μF，开关 S 闭合前电路稳定，在 $t=0$ 时刻 S 闭合，求 $t \geqslant 0$ 时的 u_C 和 i_C。

图 8-42　习题 8-10 图

图 8-43　习题 8-11 图

8-12　如图 8-44 所示电路利用 RC 放电电路的动态过程来测量子弹的速度。子弹离开枪口即将开关 S_1 打开，随即 C 通过 R 进行放电，经过短暂时间 t 后，子弹又将 S_2 打开，C 停止放电。此时用数字电压表 Ⓥ 测得 C 上放电后的剩余电压 $u_C(t)=34.5$ V。设子弹离开枪口后匀速飞行，并已知两只开关之间的距离 $l=3$ m，$u_C(0_-)=100$ V，$R=60$ kΩ，$C=0.1$ μF。求子弹速度 v 的大小（$v=l/t$）。

8-13　已知图 8-45 所示电路中，$U_S=12$ V，$R_1=4$ Ω，$R_2=2$ Ω，$L=0.6$ H，开关 S 打开前电路稳定，在 $t=0$ 时刻 S 打开，求 $t \geqslant 0$ 时的 $u_L(t)$ 和 $i_L(t)$。

图 8-44　习题 8-12 图

图 8-45　习题 8-13 图

8-14 已知图 8-46 所示电路,S 闭合前电路稳定,$t=0$ 时刻 S 闭合,试写出 S 闭合后 u_R 的表达式,并写出 $t=3\tau$ 时 u_R 的瞬时值。

8-15 已知图 8-47 所示电路,S 闭合前电容上已存储了 1×10^{-4} C 的电荷,$t=0$ 时刻 S 闭合,已知 $R_1=R_2=R_4=5$ kΩ,$R_3=10$ kΩ,$C=10$ μF。求:

(1)电路的时间常数 τ;

(2)u_C 的函数表达式;

(3)经过多长时间电容放电电流减小到 0.1 mA。

图 8-46 习题 8-14 图

图 8-47 习题 8-15 图

8-16 已知图 8-48 所示电路,开关 S 闭合前 $u_C(0_-)=1$ V,$U_S=10$ V,$R=10$ Ω,$C=1$ μF,求开关 S 闭合后的 $u_C(t)$,并画出响应曲线。

8-17 已知图 8-49 所示电路,开关 S 打开前电路稳定,$I_S=10$ A,$R_1=R_2=10$ Ω,$R_3=1$ Ω,$L=0.1$ H,求开关 S 打开后的 $i_L(t)$,并画出响应曲线。

图 8-48 习题 8-16 图

图 8-49 习题 8-17 图

8-18 已知图 8-50(a)、图 8-50(b)所示信号,用阶跃函数表示如图所示延迟矩形脉冲和方波信号。

(a)

(b)

图 8-50 习题 8-18 图

8-19 已知图 8-51(a)所示电路中,电阻 $R=5\ \Omega$, $C=0.4$ F,电流源为图 8-51(b)所示的矩形脉冲电流,求阶跃响应 $u_C(t)$。

8-20 已知图 8-52 所示电路中,$R=1$ kΩ,$C=10\ \mu$F,输入电压 u_i 的波形如图 8-52(b)所示,当 $t=0$ 时 $u_o=0$。试画出输出电压 u_o 的波形。

图 8-51 习题 8-19 图   图 8-52 习题 8-20 图

*8-21 对于 RLC 串联电路,在电路分别处于临界阻尼情况、欠阻尼(衰减振荡)情况、过阻尼(不振荡)情况时,R 与 L、C 之间是什么关系? 当 $R=0$ 时,电路的情况又如何?

*8-22 已知图 8-53 所示电路中,$u_C(0_-)=U_0=100$ V,$i(0_-)=0$,$R=1$ kΩ,$L=1$ H,$C=1\ \mu$F,试求开关 S 闭合后的电压 u_C。

*8-23 电路如图 8-54 所示,已知 $u_S(t)=[1(t)+1(t-1)-2\times1(t-2)]$ V,求 $i_L(t)$。

图 8-53 习题 8-22 图   图 8-54 习题 8-23 图

参 考 文 献

[1] 邱关源. 电路. 第四版. 北京:高等教育出版社,1999

[2] 李瀚荪. 电路分析基础. 第三版. 北京:高等教育出版社,1993

[3] 闻跃,高岩,杜普选. 基础电路分析. 第二版. 北京:清华大学出版社,2003

[4] 秦曾煌. 电工学(上册 电工技术). 第五版. 北京:高等教育出版社,1999

[5] 谭恩鼎. 电工基础. 北京:高等教育出版社,1988

[6] 李树燕. 电路基础. 第二版. 北京:高等教育出版社,1994

[7] 石生. 电路基本分析. 第二版. 北京:高等教育出版社,2003

[8] 刘青松. 电路基本分析学习指导. 北京:高等教育出版社,2003

[9] 黄振轩,宋卫海. 电路分析. 济南:山东科学技术出版社,2005

[10] 杨育霞,章玉政,胡玉霞. 电路实验操作与仿真. 郑州:郑州大学出版社,2003

[11] 杨静. 电子设计自动化. 北京:高等教育出版社,2004

[12] 钟文耀,段玉生,何丽静. EWB 电路设计入门与应用. 北京:清华大学出版社,2000

[13] 从宏寿,程卫群,李绍铭. Multisim 8 仿真与应用实例开发. 北京:清华大学出版社,2007

[14] 熊伟,侯传教,梁青,孟涛. Multisim 7 电路设计及仿真应用. 北京:清华大学出版社,2005

[15] 王冠华,王伊娜. Multisim 8 电路设计及应用. 北京:国防工业出版社,2006

[16] 黄培根,任清褒. Multisim 7& 电路分析基础实验. 杭州:浙江大学出版社,2007

附　录

ZH-12 型通用电学实验台功能介绍

一、功能介绍

1.电源输入

三相四线及"地"线(共 5 线)输入接口,并配有漏电保护开关。

2.电源输出

共分 7 组输出,分别为:A、B、C、D、E、F、G。

A 组:三相四线输出接插座(W、V、U、N)。

B 组:7 挡位可调交流电源:0~24 V/2 A,电流表指示。

C 组:连续可调直流稳压电源:1.25~24 V/2 A,电压、电流表指示。

D 组:连续可调直流稳压电源:1.25~24 V/1.5 A,电压、电流表指示。

E 组:固定直流稳压电源:5 V/0.5 A,电流表指示。

F 组:连续可调单相交流电源:0~240 V/2 A,电压表指示。

G 组:单相交流市电输出插座:220 V/5 A,供外接仪器使用。

3.函数信号发生器(正弦波、方波、三角波)

(1)频率范围:5 Hz~550 kHz。具体可分为 5 个频段:①5~55 Hz;②50~550 Hz;③500 Hz~5.5 kHz;④5~55 kHz;⑤50~550 kHz。

(2)频率刻度:由 Hz 来表示,直接读取,基本误差≤3%。

(3)最大输出电压:

①正弦波:600 Ω 负载时,20 Hz~55 kHz 的最大输出电压≥4.5 V,电压表指示,50~550 kHz 的最大输出电压≥3.5 V,衰减分 3 级:0 dB/20 dB/40 dB。

②方波:1 kΩ 负载时,V_{pp}≥3.5 V。

③三角波:空载时 V_{pp}≥1 V。

(4)单次脉冲源:正负脉冲,拨一次"脉冲开关"输出 1 个脉冲波。

(5)音频功率放大器:输入≥2 mV,输出>1 W,音量可调,内有喇叭。

(6)保护电路:

①三相四线输入端电源总开关(漏电断路器),漏电动作开关电流<40 mA。

②三相电源输入端总熔断器:5 A。

③电源开关1：熔断器为1 A，是各低压交直流电源、信号发生器、音频放大器等部分的电源控制开关。

④电源开关2：熔断器为2 A，是F组连续可调单相交流电源的控制开关。

二、使用方法

(1)输入电源。

(2)电路连接方法。

(3)通电实验过程。

(4)储存"元器件插座"的方法。

三、注意事项

(1)使用时，手要干燥、干净，"通用电路板"和"元器件插座"表面勿用锋利的东西刮。

(2)做强电实验时，必须按图先插接好电路，后接通电源，认清零线、地线和相线。

(3)每次使用完毕后必须关断电源总开关(手柄向下拨)。

(4)该设备虽然有多级保护装置，但在操作过程中不允许短路各输出电源。

(5)杜绝违章操作，防止触电事故的发生。

参考答案

第1章

1-1 (1)50 W;(2)300 V、25 V、200 V、75 V;(3)$R_2=12.5\ \Omega,R_3=100\ \Omega,R_4=37.5\ \Omega$

1-2 $V_A=8.5\ V,V_m=6.5\ V,V_B=0.5\ V,V_C=-12\ V,V_D=-19\ V,V_l=-21.5\ V,$
$U_{AB}=8\ V,U_{BC}=12.5\ V,U_{DA}=-27.5\ V$

1-3 电源(产生功率):A、B元件;负载(吸收功率):C、D元件;电路满足功率平衡条件

1-4 (1)$V_A=100\ V,V_B=99\ V,V_C=97\ V,V_D=7\ V,V_E=5\ V,V_F=1\ V,U_{AF}=99\ V,$
$U_{CE}=92\ V,U_{BE}=94\ V,U_{BF}=98\ V,U_{CA}=-3\ V$;(2)$V_C=90\ V,V_B=92\ V,V_A=93\ V,$
$V_E=-2\ V,V_F=-6\ V,V_G=-7\ V;U_{AF}=99\ V,U_{CE}=92\ V,U_{BE}=94\ V,U_{BF}=98\ V,$
$U_{CA}=-3\ V$

1-5 $I\approx0.18\ A$, 6度,2.7元

1-6 $I=4\ A$, $I_1=11\ A,I_2=19\ A$

1-7 (a)$U=6\ V$,(b)$U=24\ V$,(c)$R=5\ \Omega$,(d)$I=23.5\ A$

1-8 (1)$i_6=-1\ A$;(2)$u_4=10\ V,u_6=3\ V$;(3)$P_1=-2\ W$ 发出,$P_2=6\ W$ 吸收,
$P_3=16\ W$ 吸收,$P_4=-10\ W$ 发出,$P_5=-7\ W$ 发出,$P_6=-3\ W$ 发出

1-9 $I=1\ A,U_S=134\ V,R\approx7.8\ \Omega$

1-10 S 断开:$U_{AB}=-4.8\ V,U_{AO}=-12\ V,U_{BO}=-7.2\ V$;S 闭合:$U_{AB}=-12\ V,$
$U_{AO}=-12\ V,U_{BO}=0\ V$

1-11 节点电流方程:(a)$I_1+I_3-I_6=0$,(b)$I_6-I_5-I_7=0$,(c)$I_5+I_4-I_3=0$
回路电压方程:①$I_6R_6+U_{S5}+I_5R_5-U_{S3}+I_3R_3=0$,②$-I_5R_5-U_{S5}+I_7R_7-U_{S4}=0$,
③$-I_3R_3+U_{S3}+U_{S4}+I_1R_2+I_1R_1=0$

1-12 $U_{AB}=11\ V$, $I_2=0.5\ A,I_3=4.5\ A$, $R_3\approx2.4\ \Omega$

1-13 $R_1=19.88\ k\Omega,R_2=20\ k\Omega$

1-14 $R_{P1}=100\ \Omega,R_{P2}\approx11.1\ \Omega$

第 2 章

2-1　$2.4\ \Omega, 5\ A$

2-2　(1)$4\ V, 2\ V, 1\ V$；(2)$40\ mA, 20\ mA, 10\ mA$

2-3　$1.5\ \Omega, 2\ A, 1/3\ A$

2-4　$6\ \Omega, 36\ \Omega$

2-5　$2\ A, 1\ A$

2-6　$1\ A$

2-7　$2\ A$

2-8　$1\ A$

2-9　$I_1 = -1.4\ A, I_2 = 1.6\ A, I_3 = 0.2\ A$

2-10　$I_1 = 0\ A, I_2 = -3\ A, P_1 = 0\ W, P_2 = -18\ W$

2-11　$I_1 = -1\ mA, I_2 = -2\ mA, E_3 = 10\ V$

2-12　$I_1 = 6\ A, I_2 = -3\ A, I_3 = 3\ A$

2-13　$I_1 = 2\ A, I_2 = 1A, I_3 = 1\ A, I_4 = 2\ A, I_5 = 1\ A$

2-14　$V_a = 12\ V, I_1 = -1\ A, I_2 = 2\ A$

2-15　$V_a = 6\ V, I_1 = 1.5\ A, I_2 = -1\ A, I_3 = 0.5\ A$

2-16　$V_a = 15\ V, I_1 = -1\ A, I_2 = 2\ A, I_3 = 3\ A$

2-17　$I_1 = -1\ A, I_2 = 2\ A$

2-18　$I_1 = 1.5\ A, I_2 = -1\ A, I_3 = 0.5\ A$

2-19　$I_1 = 0.8\ A, I_2 = -0.75\ A, I_3 = 2\ A, I_4 = -2.75\ A, I_5 = 1.55\ A$

2-20　$I_3 = 0.5\ A$

2-21　$U_0 = 2\ V, R_0 = 4\ \Omega, I_0 = 0.1\ A$

2-22　$I_5 = -1\ A$

2-23　(1)$I_5 = 0\ A, U_{ab} = 0\ V$；(2)$I_5 = 1\ A, U_{ab} = 11\ V$

2-24　$I_L = 2\ A$

2-25　$I_S = 11\ A, R_0 = 2\ \Omega$

2-26　$18\ \Omega, -2\ \Omega, 12\ \Omega$

2-27　$U = 5\ V$

2-28　$I = 1\ A$

2-29　$U = 5\ V$

2-30　$I = 1\ A$

2-31　$10\ V, 180\ \Omega$

2-32　$U_0 = 9\ V, R_0 = 6\ \Omega, U = 15\ V$

第 3 章

3-1 50 Hz,314 rad/s,0.02 s,141 V,100 V,$-120°$

3-2 200 V,141.4 V

3-3 $u=14.1\sin(314t-60°)$ V

3-4 $(1)\psi_{u1}-\psi_{u2}=120°$；$(2)\psi_1=90°,\psi_2=-30°,\psi_{u1}-\psi_{u2}=120°$(不变)

3-5 $(1)\dot{U}_1=50\sqrt{2}\,\underline{/90°}$ V,$\dot{U}_2=50\sqrt{2}\,\underline{/0°}$ V；

   $(2)u_3=100\sqrt{2}\sin(\omega t+45°)$V,$u_4=100\sqrt{2}\sin(\omega t+135°)$V

3-6 $(1)I_1=14.1\sin(\omega t+72°)$A；$(2)u_2=300\sin(\omega t-60°)$V

3-7 错误：(1),(3),(4),(5)

3-8 $(1)R;(2)L;(3)C;(4)R$

3-9 $i=2.82\sin(10t-30°)$ A,$Q\approx40$ var

3-10 $u=44.9\sin(314t-135°)$ V,$Q=3.18$ var

3-11 $(1)I=20$ A；$(2)P=4.4$ kW

3-12 $(1)I\approx1.4$ A,$i\approx1.4\,\underline{/-30°}$ A；$(3)Q\approx308$ var,$P=0$ W；

   $(4)i\approx0.98\sin(628t-30°)$ A

3-13 $(1)I=9.67$ A,$i=9.67\,\underline{/150°}$ A,$i=13.7\sin(314t+150°)$ A；$(3)Q=2127.4$ var,
$P=0$ W；$(4)I_C=0$ A

3-14 $(1)C=20.3$ μF；$(2)I_L=0.25$A,$I_C=16$ A

第 4 章

4-1 $(a)Z=5\,\underline{/36.87°}$ Ω,$Y=0.2\,\underline{/-36.87°}$ S；$(b)Z=2.5\sqrt{2}\,\underline{/-45°}$ Ω,$Y=0.2\sqrt{2}\,\underline{/45°}$ S

4-2 $Y=(0.06-j0.08)$ S,$R\approx16.67$ Ω,$X_L=12.5$ Ω,$L\approx0.04$ H

4-3 $\dot{U}_R=60\,\underline{/0°}$ V,$\dot{U}_L=80\,\underline{/90°}$ V,$\dot{U}_S=100\,\underline{/53.13°}$ V

4-4 $\dot{I}=20\,\underline{/-36.87°}$A

4-5 $Z=100\sqrt{2}\,\underline{/45°}$ Ω,$\dot{I}=1\,\underline{/0°}$ A,$\dot{U}_R=100\,\underline{/0°}$ V,$\dot{U}_L=125\,\underline{/90°}$ V,$\dot{U}_C=$
$25\,\underline{/-90°}$ V

4-6 $Y=0.25\sqrt{2}\,\underline{/45°}$ S,$\dot{U}=4\sqrt{2}\,\underline{/0°}$ V,$\dot{I}_R=\sqrt{2}\,\underline{/0°}$ A,$\dot{I}_L=0.2\sqrt{2}\,\underline{/-90°}$ A,
$\dot{I}_C=1.2\sqrt{2}\,\underline{/90°}$ A

4-7 $\dot{I}=10\sqrt{2}\,\underline{/45°}$ A,$\dot{U}_S=100\,\underline{/-90°}$ V

4-8 (a)30 V；(b)2.24 A

4-9　(a)10 V；(b)10 A

4-10　(a)10 V；(b)10 V

4-11　$U=14.1$ V

4-12　$U_{L1}=15$ V，$U_{C2}=8$ V，$U_S=15.65$ V

4-13　$U_{X1}=100$ V，$U_2=600$ V，$X_1=10\ \Omega$，$X_2=20\ \Omega$，$X_3=30\ \Omega$

4-14　$Z=20\sqrt{2}\underline{/45^\circ}\ \Omega$，$\dot{I}=2\underline{/-45^\circ}$ A，$\dot{I}_1=\sqrt{2}\underline{/0^\circ}$ A，$\dot{I}_2=\sqrt{2}\underline{/-90^\circ}$ A，$\dot{U}_{ab}=0$ V

4-15　(1)$I=\sqrt{2}$A，$|Z_{RC}|=5\sqrt{2}\ \Omega$，$|Z|=5\sqrt{10}\ \Omega$；(2)$R=10\ \Omega$，$X_C=10\Omega$

4-16　$P=774.4$ W，$Q=580.8$ var，$S=968$ V·A

4-17　$I_1=5$ A，$I_2=4$ A

4-18　$I_1=1$ A，$I_2=2$ A，$\dot{I}=\sqrt{5}\underline{/26.565^\circ}$ A，$\overline{S}=44.72\underline{/-26.565^\circ}$ V·A

4-19　$Z=10\ \Omega$，$\dot{I}=1\underline{/90^\circ}$ A，$\dot{U}_{R2}=5\sqrt{2}\underline{/135^\circ}$ V，$P=10$ W

4-20　$\omega_0=5\times10^6$ rad/s，$\rho=1000\ \Omega$，$Q=100$，$I=2$ mA，$U_R=20$ mV，$U_L=U_C=2$ V

4-21　$\omega_0=10^4$ rad/s，$\rho=100\ \Omega$，$Q=100$，$U=10$ V，$I_R=1$ mA，$I_L=I_C=100$ mA

4-22　$L_1=1$ H，$L_2\approx0.33$ H

第 5 章

5-3　$M=35.5$ mH

5-4　$\omega_{01}=1000$ rad/s，$\omega_{0}2=2236$ rad/s

5-5　$Z_1=$j31.4 Ω，$Z_2=$j6.28 Ω

5-6　$Z_{in}=3+7.5\ \Omega$

5-7　$M=130$ mH

5-8　$\dot{I}_2=\sqrt{2}\underline{/45^\circ}$ A

5-9　$U_1=44.8$ V

5-10　$M_{12}=20$ mH，$I_1=4$ A

5-11　$U_2=220$ V，$I_1=4$ A

5-12　$n=1.9$

5-13　$N_2=254$ 匝，$N_3=72$ 匝

5-14　$n=10$，$P_2=31.25$ mW

第 6 章

6-1　(1)A 相灯泡电压为零，B、C 相各位为 220 V

6-2　$U_{AB}=U_{CA}=200$ V，$U_{BC}=380$ V

6-3 $I_L = I_P = 4.4 \text{ A}, U_P = 220 \text{ V}, U_L = 380 \text{ V}, P = 2.3 \text{ kW}$

6-4 (1)$I_P = 4.4 \text{ A}, I_L = 7.6 \text{ A}$；(2)$I_P = 7.6 \text{ A}, I_L = 13.16 \text{ A}$

6-5 A、C 相各为 2.2 A，B 相为 3.8 A

6-6 $U_L = 403 \text{ V}$

6-7 $\dot{U}_{A'N'} \approx 202.5 \underline{/29.2°} \text{ V}$

6-8 $\cos\varphi = 0.96, Q = 5.75 \text{ kvar}$

6-9 $I_L = 19.7 \text{ A}, Z = 33.4 \underline{/28.4°} \Omega$

6-10 (1)$I_P = 11.26 \text{ A}, \cos\varphi = 0.74, Z = 19.54 \underline{/42.25°} \Omega$；(2)$I_P = I_L = 11.26 \text{ A}$,

$P = 5.48 \text{ kW}$

6-11 $U_1 = 391 \text{ V}$

6-12 $i_A = 22\sqrt{2}\sin(\omega t - 53.13°) \text{A}$

$i_B = 22\sqrt{2}\sin(\omega t - 173.13°) \text{A}$

$i_C = 22\sqrt{2}\sin(\omega t + 66.87°) \text{A}$

6-13 $U_V = 161 \text{ V}$

6-14 (1)负载以三角形方式接入三相电源

(2)$\dot{I}_{AB} = 3.8\sqrt{2} \underline{/-15°} \text{ A}, \dot{I}_{BC} = 3.8\sqrt{2} \underline{/-135°} \text{ A}, \dot{I}_{CA} = 3.8 \underline{/105°} \text{ A}$

$\dot{I}_A = 3.8\sqrt{6} \underline{/-45°} \text{ A}, \dot{I}_B = 3.8\sqrt{6} \underline{/-165°} \text{ A}, \dot{I}_C = 3.8\sqrt{6} \underline{/75°} \text{ A}$

6-15 $L = 27.58 \text{ mH}, C = 367.7 \text{ μF}$

第 7 章

7-1 $u(t) = [6 + 20\sin(\omega t + 53.13°)] \text{V}, P = 60 \text{ W}$

7-2 $P = 10.84 \text{ W}$

7-3 (1)$i(t) = [4.68\sin(\omega t + 99.44°) + 3\sin 3\omega t] \text{A}$

(2)$I \approx 3.94 \text{ A}, U \approx 27.6 \text{ V}, P \approx 92.67 \text{ W}$

7-4 $u_2(t) = \dfrac{\omega M U_m}{\sqrt{R^2 + (\omega L_1)^2}}\sin(\omega t + \dfrac{\pi}{2} - \arctan\dfrac{\omega L_1}{R}) \text{V}$

7-5 直流电源中有交流，交流电源中无直流

7-6 $U_1 = 55.7 \text{ V}, R = 1 \text{ }\Omega, L = 11.4 \text{ mH}; L' = 12.33 \text{ mH}, \delta \approx 8.16\%$

7-7 使总阻抗或总导纳为实数(虚部为 0)的条件为 $R_1 = R_2 = R_X = \sqrt{L/C}$

7-8 $C_1 = 9.39 \text{ μF}, C_2 = 75.13 \text{ μF}$

7-9 $L_1 = 1 \text{ H}, L_2 = 66.7 \text{ mH}$

7-10 $C_1 = 10 \text{ μF}, C_2 = 1.25 \text{ μF}$

8-6　$i_L(0_+)=1.5$ mA，$u_L(0_+)=-15$ V

8-7　$i_1(0_+)=2$ A，$i_2(0_+)=1$ A，$u_L(0_+)=2$ V，$i_1(\infty)=3$ A，$i_2(\infty)=0$，$u_L(\infty)=0$

8-8　$i_1(0_+)=75$ mA，$i_2(0_+)=75$ mA，$i_3(0_+)=0$，$u_{L1}(0_+)=0$，$u_{L2}(0_+)=2.25$ V

8-9　$i_C(t)=2\mathrm{e}^{-10^6 t}$ A

8-10　$u_L(t)=6\mathrm{e}^{-4t}$ V

8-11　$u_C(t)=10(1-\mathrm{e}^{-10^6 t})$ V，$i_C(t)=5\mathrm{e}^{-10^6 t}$ A

8-12　$u_C(t)=100\mathrm{e}^{-\frac{1}{6\times10^{-3}}}$，$t=6.39\times10^{-3}$ s，$\nu\approx469.5$ m/s

8-13　$u_L(t)=12\mathrm{e}^{-10t}$ V，$i_L(t)=2(1-\mathrm{e}^{-10t})$ A

8-14　$u_R(t)=-U_S\mathrm{e}^{-\frac{1}{R_2 C}t}$ V，$u_R(3\tau)=-U_S\mathrm{e}^{-3}$ V

8-15　$(1)\tau=0.1$ s，$(2)u_C(t)=10\mathrm{e}^{10t}$ V，$(3)t=0.23$ s

8-16　$u_C(t)=10-9\mathrm{e}^{-10^5 t}$ V

8-17　$i_L(t)=5\mathrm{e}^{-10t}$ A

8-18　$(a)f(t)=1(t-t_0)-1(t-2t_0)$；

$(b)f(t)=1(t)-1(t-t_0)-[1(t-t_0)-1(t-2t_0)]=1(t)-2\times1(t-t_0)+1(t-2t_0)$

8-19　$u_C(t)=[5(1-\mathrm{e}^{-0.5t})1(t)-5(1-\mathrm{e}^{-0.5(t-1)})1(t-1)]$ V

8-20　$u_。$ 为三角波，峰值为 ±0.05 V

*8-21　临界阻尼 $R=2\sqrt{\dfrac{L}{C}}$，欠阻尼 $R<2\sqrt{\dfrac{L}{C}}$，过阻尼 $R>2\sqrt{\dfrac{L}{C}}$

*8-22　$u_C(t)=115\mathrm{e}^{-500t}\sin(866+60°)$ V

*8-23　$i_L(t)=[(1-\mathrm{e}^{-6t})1(t)+(1-\mathrm{e}^{-\frac{t-1}{6}})1(t-1)-2(1-\mathrm{e}^{\frac{t-2}{6}})1(t-2)]$